U0151399

"十四五"国家重点图书出版规划项目

未来能源技术系列·新型电力系统

总主编 黄震

电力系统大数据与数字孪生系统

BIG DATA ANALYTICS AND DIGITAL TWIN FOR POWER SYSTEM

贺兴 艾芊 潘博 著

内容提要

本书为“十四五”国家重点图书出版规划项目“未来能源技术系列·新型电力系统”之一。本书共7章，介绍了电力领域的数字孪生技术和大数据技术及其发展方向与应用。第1章是电力物联网、现代能源系统及其数字化概述；第2章介绍了电力系统建模技术；第3章是在建模的基础上讨论了电力系统态势感知与优化调度；第4～6章为本书的核心部分，分别从数字孪生框架与数据利用方法论，数据信息化的理论、算法与案例，电力数字孪生系统的智能应用三个方面阐述了电力数字孪生系统的理念与框架、功能设计与工程实践；第7章对电力数字孪生系统工程项目的现状与未来趋势进行了介绍与展望。

本书的绝大部分内容为原创性研究成果，可供从事能源领域、系统态势感知相关工作的人员，以及数据技术、数据科学领域的研究人员参考。

图书在版编目(CIP)数据

电力系统大数据与数字孪生系统／贺兴，艾芊，潘博著. —上海：上海交通大学出版社，2022.9
(未来能源技术系列)
ISBN 978-7-313-26161-8

Ⅰ. ①电… Ⅱ. ①贺… ②艾… ③潘… Ⅲ. ①数据处理—应用—电力系统—研究 Ⅳ. ①TM7-39

中国版本图书馆CIP数据核字(2022)第029990号

电力系统大数据与数字孪生系统
DIANLI XITONG DASHUJU YU SHUZI LUANSHENG XITONG

著　　者：贺　兴　艾　芊　潘　博
出版发行：上海交通大学出版社　　地　　址：上海市番禺路951号
邮政编码：200030　　电　　话：021-64071208
印　　制：苏州市越洋印刷有限公司　　经　　销：全国新华书店
开　　本：710 mm×1000 mm　1/16　　印　　张：16
字　　数：302千字
版　　次：2022年9月第1版　　印　　次：2022年9月第1次印刷
书　　号：ISBN 978-7-313-26161-8
定　　价：118.00元

前　言

数字孪生(digital twin, DT)旨在通过充分挖掘/发挥海量数据资源所带来的福利,在数字空间中设计虚体模型并建立虚体与实体的映射关系进而"镜像(mirror)"实体。DT概念于2003年由美国学者Michael Grieves提出,早期应用于航空航天领域,即利用DT技术在数字空间建立作业飞行器的虚拟模型并实现两者的状态同步,从而对作业飞行器的运行状态进行及时准确的评估。DT技术连续四年(2016—2019年)被信息技术研究和分析权威公司Gartner认定为年度十大技术趋势之一。

电力系统数字孪生(digital twin of power systems, PSDT)是电力系统日渐复杂、数据呈现井喷趋势以及数据科学软硬件发展完善等多方面背景共同作用下的新兴产物。相比于侧重于实体运营监测的信息物理系统或物理仿真系统,PSDT更倾向于多维度、多时间尺度,即关注贯穿电力系统的数字化、信息化和智能化建设推进所涉及的多元设备全过程。PSDT通过对电力系统一次层面、系统设备层面、用户层面等实体进行预制数字建模,并充分利用各类传感器,实现物理实体与数字模型之间的无缝交互,进行涵盖多学科、多业务、多场景、多实体、多时间尺度、不同生命周期、不同发生概率的仿真分析,进而辅助系统完成运管调控的决策制定。

本书从数据利用方法论的角度出发,系统性地分析和阐述了数字孪生技术在电力领域的应用,通过引入高维数据空间来映射/表征电力系统中各类繁杂的实体及事件,通过对时空数据的挖掘实现数据驱动的系统认知方案。本书的特点是系统性与学科交叉性,融合了数据科学发展的前沿和热点,即高维分析和人工智能,从工程和科学双视角剖析了PSDT的背景和建设思路,并进一步构建其顶层架构——基于数据驱动、实时交互和闭环反馈三大特点,提出实现基于预学习的数字建模、实时态势感知和超实时虚拟推演三大功能的方法，为推进PSDT的建设和智能电网的数字化、信息化、智能化进程提供辅助参考。

感谢国家自然科学基金项目“基于随机矩阵理论和深度学习技术融合的配电网故障高维判据构建及其智能诊断方法研究”的资助，以及国网上海市电力公司提供的宝贵建议与资料。

由于时间仓促，书中难免存在不足之处，敬请读者批评指正。

目　录

1 电力物联网、现代能源系统及其数字化概述

1.1 电力系统发展

1.1.1 能源系统发展现状

随着化石能源危机与环境问题的日趋严峻，建立更加高效、安全与可持续的能源开发和利用模式是未来能源行业发展的必然选择。迄今为止电力系统是世界上工业系统中规模最庞大、层次最复杂、资金和技术最为密集的人造复合系统，是人类工程科学史上最重要的成就之一。电网形态演变、企业经营瓶颈和新社会经济形态是当前电力能源系统建设发展的三大基本背景。

电网形态在源、网、荷端均发生显著变化。① 在源端，可再生能源(如风能、太阳能)持续渗透，其安全性和经济性亟须保障。由于风、光发电具有间歇性，因此对系统的调节能力(调峰、调频)提出更高要求；而我国以火力发电为主，电源结构单一，能够调峰、调频的水力机组等相对不足，储能技术尚未大规模应用，致使电网灵活性不足，造成弃风、弃光现象经常发生。② 在网端，组网及运行形式更为灵活，微网、多微网、虚拟电厂等的运行及其并网、离网行为给电力系统的管理带来挑战。③ 在荷端，用户侧新能源大量涌现，其特点为规模小、数量多、分布式、不确定性高等，给电网建模与分析造成困难，而新型产消型(prosumer)负荷如电动汽车充放一体站、家居太阳能等的出现及规模化应用则将颠覆传统的配电网继电保护机制。

企业经营遇到瓶颈。一是为响应国家提出的工商业用电降价政策，电力公司逐年递减电价，使得相关企业经营形势更加严峻，迫切需要寻找新的增长点。二是市场竞争主体增多，随着电力体制改革进一步深入(电力体制改革 9 号文明确了放开售电侧和增量配电网业务)，几千家售电公司出现，传统电力公司面临着愈加严重的竞争、转型等压力。三是新能源电力系统的大量建设导致传统电量增长减速，特别是分布式电源(distributed generation, DG)大量出现，形成产消一体和供需直接交易的新模式，进一步削减了传统电量的增长。

社会经济形态发生变化。互联网思维和技术推动社会进入网络经济时代，社会多要素共享俨然成为新一轮科技竞争和产业变革的新业态、新模式，传统电网企业被迫面临自我变革。网络经济时代，通过网络平台对接匹配供需双方，打造双边市场，这一趋势颠覆了很多传统产业的经营形式，同时也有诸多行业依托互联网思维形成新业态。特别是伴随着数字化新基建的持续推进，新一轮的数字生态圈即将构建，电网企业如何适应乃至主导新的能源生态圈将成为长久的探索方向。

上述三大基本背景下，十九大报告中指出需要推进能源生产和消费革命，构建清洁低碳、安全高效的能源体系。国家电网有限公司提出建设具有中国特色国际领先的能源互联网企业的新时代战略目标，利用互联网思维变革电网企业经营模式。电力系统的数字化、信息化与智能化建设成为当下乃至未来相当长时间内电力公司的建设战略目标，与其相关的多个课题相继被列入“十三五”“十四五”规划中。

当前，电力系统虽然部分领域已经达到智能化，但整体仍处于数字化到信息化的过渡阶段。数字化方面主要表现为得益于传感器、通信和存储计算技术，大数据平台、系统已经逐步建成并完善；但信息化建设仍处于起步阶段，其主要表现为数据利用仍处于初级阶段，特别是时空数据难以有效利用和挖掘。大量经典或先进算法仅适用于典型或理想的场景，难以在实际场景中支撑或优化运管调控决策信息。

突破数字化到信息化的壁垒，其首要问题在于实现基于大数据的电力系统认知。由于电力系统的非线性、高维度、分层、分布式等特征使得其难以被准确认知，近年来能源互联网与电力物联网的建设进一步引发了电力系统呈开放式、扁平化、分散式、边界模糊化的发展趋势[1]（见图 1－1），加剧了传统基于机理模型的电力系统认知的复杂性，促进数据驱动的电力系统认知新模式。

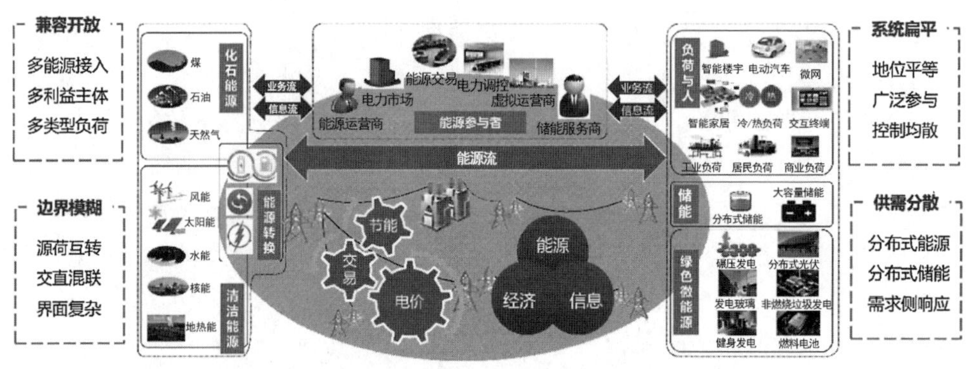

图 1－1　能源互联网下的现代电力系统发展趋势

互联网技术与数据科学的发展为上述系统认知提供了新的手段。随着互联网建设和数据科学研究的不断推进，国家层面相继推出“数字中国”“四个革命、一个合作”“新基建”“高质量发展”“全球能源互联网‘中国倡议’”等战略思想或政策；国家电网迅速响应，提出建设电力物联网等战略目标，积极推动电力企业的战略转型。

1.1.1.1 现代电力系统的特征

1）拥有高比例的可再生能源

近些年我国新能源开发呈现爆发式增长，2010—2020 年并网风电装机容量由约 4 473 万千瓦增长到 28 153 万千瓦，2015—2020 年并网太阳能发电装机容量由 4 318 万千瓦增长到 25 343 万千瓦。未来可再生能源发电量占比将逐步提高，预计到 2040 年超过 50%，到 2050 年达 67%左右，可再生能源将逐步成为电力系统第一大主力能源。

2）拥有高比例的电力电子装备

随着风能及太阳能发电技术的快速发展，新能源大量替代传统能源，风能、太阳能发电装机容量持续增加，其在总发电装机量中的占比不断提高。与此同时，电力电子装备在源端的应用日益广泛，如直驱式风电机组变流器、光伏电站和分布式光伏逆变器、非水储能电站和分布式储能逆变器。

在输变电领域，大容量电力电子直流输电换流器快速发展，2010 年以来先后投入了 10 余条特高压直流输电工程。在西电东送工程的带动下，未来输电容量还要继续增大，电力电子装备在电力系统的应用比例会越来越高。

另外，变频负荷的大规模应用也将依赖于现代电力电子换流与功率控制技术，据估计未来将有 90%的电力需要经过电力变换后使用，含有电力变换中间接口装置的高技术、多样性、强非线性负荷数量将急剧增加，比如民用、工业、交通等各方面都要使用电力电子装置。

3）实现多能互补的综合能源系统

电力系统要扩展应用范围，除了提供电力以外，在多种能源互补的情况下，还要打造一个以电能为核心的综合能源生态圈。这包括两方面内容：一是将源端基地建成综合能源电力系统，建设包括水电、风电、太阳能发电、灵活煤电等能源基地，通过直流输电网实现向中东部输电和就地消纳转化的多能互补格局；二是建设终端消费综合能源电力系统，以多种方式实现热、电、冷联供多能互补，提高能源利用效率。

4）实现信息、物理融合的智能电力系统

实现信息流和电力流有效结合，在“能源互联网”背景下信息系统和物理系统将渗透到每个设备。以电网为核心构建能源网，整合各种可再生能源、传统能源。

以互联网思维和理念改造传统电力系统，以用户为中心构建能源电力共享平台，打造开放、共享、高效的智能电力系统。

1.1.1.2　现代电力系统的新技术

在新一代电力系统中，有很多新技术出现并迅速崛起，主要包括新能源发电技术、储能技术、电力电子技术、新型输电技术、电力系统稳定性分析与控制技术和人工智能技术。

1）高效、低成本的风能、太阳能等新能源发电技术

近年来光伏和光热发电的效率不断提升，这主要得益于新材料开发、制造工艺的改善以及相应光伏电池转化效率的提升。另外，风、光发电成本持续降低，近10年来我国光伏组件价格从每瓦近50元降到2元左右，逆变器从每瓦2元降到0.1元左右，光伏系统成本从每瓦60元降到5元左右。预计未来十年我国陆上风电度电成本将下降约30%。

2）高效、低成本、长寿命的储能技术

储能技术可以实现能源“断点续传”，其以能源和信息的实时交互为基础，为电力系统供需平衡提供额外裕度，提升电网运行的经济性。从物理基础层面来说，储能可消纳弃风、弃光，助力可再生能源比例的提高；从价值实现层面来说，创新的价差套利模式，可提高系统的综合效益。

同时，电池储能技术发展迅速。2018年锂离子电池的技术进步和成本下降首次触及循环寿命5 000次、电池系统成本为1.5元/(W·h)，已经逼近商业化应用的拐点；2021年上半年，锂离子电池普遍实现5 000次以上循环寿命，龙头企业生产的产品循环寿命超过1万次，储能系统成本少于1元/(W·h)。储能技术的大规模应用未来可期。

3）高可靠性、低损耗的电力电子技术和新型输电技术

电力电子技术的发展，提高了能源传输与分配的安全性、可控性，推动了能源互联。特别是宽禁带半导体技术的研发、推广和应用，极大地推动了电网中电力电子装备的升级换代，新一代产品具备效率高、耐高温、耐高压等优点，促进了直流输配电网的形成和发展，提升了新能源接入电网的效果。

4）新一代电力系统运行稳定性分析与控制技术

当大量的电力电子装备和新能源接入电网之后，电网特性将发生重大变化。需要解决的问题也复杂起来，列举如下：① 输电受端故障闭锁引起的交直流输电系统大范围功率转移、连锁故障问题的分析和控制；② 系统惯性减少造成的频率波动和频率稳定问题的分析和控制；③ 受端多馈入直流换相失败再启动引起的电压稳定问题的分析、仿真和控制；④ 随着电压源型换流器(VSC)等电力电子设备的应用，电力电子设备之间及其与交流电网之间相互作用产生1 kHz的宽频震荡

现象;⑤ 弱交流互联下多端柔性直流输电(VSC-HDVC)并网小信号稳定机理分析与控制;⑥ 由西电东送工程引发的对仿真分析的需求。过去数十年间,电网运行分析工作经历了由省、区域电网独立分析向全网一体化分析模式转变的历程,仿真手段也经历了从单纯的机电暂态仿真逐步向机电-电磁混合仿真以及全电磁仿真发展的过程,迫切需要新一代的电力系统仿真平台做技术支撑。

5) 安全、高效、低成本的氢能生产、储运和应用技术

国家战略需求是实现能源的清洁、可持续供给。针对未来以风电、光电为主的新能源电力系统的运行难题,以氢为桥梁,可构建高效、可靠、清洁的风-光-氢能源系统。采用这种系统,当前存在的弃风、弃光难题有望得到根本解决。但氢能的安全、高效应用,还面临一系列生产、储运和应用的技术难题,需要国家和企业层面集中力量研究解决。

6) 新一代人工智能技术

新一代能源系统基于信息物理系统(CPS),它通过信息实时交互、网络连接互动、多种能源协同、需求实时响应,实现能源生产、传输、消费的自动、自主、自治的目标。新一代人工智能技术涉及数据信息的全面感知、可靠传输、智能处理、机器学习等支持算法,以期解决系统的不确定性、随机性、复杂性。面向能源电力系统应用的人工智能平台,还有大量的研究开发工作有待展开。

1.1.2 电力物联网与综合能源网

1.1.2.1 电力物联网

建设具有中国特色国际领先的能源互联网企业是国家电网有限公司(简称"国家电网")的重点布局。"能源互联网"概念的提出,标志着国家电网将告别"重资产"的电网建设阶段和传统的商业模式、业务模式,向着物联网化、智能化发展新阶段迈进。

1) 电力物联网的发展进程

国家电网致力于打造具有中国特色国际领先的能源互联网企业,其核心在于坚强智能电网和电力物联网的深度融合,两张网共同承载能源流、业务流和数据流,从而实现内部更高效的运作和外部更优化的服务,并实现新型业态的拓展。

2009 年,国家电网首次提出"坚强智能电网"战略,正式启动智能电网的建设,开始全面部署物联网技术在智能电网中应用的研究与实践工作,以促进信息化与工业化融合。

2011 年 3 月,在第十一届全国人民代表大会第四次会议上,我国"十二五"规划纲要获得通过,智能电网及物联网工程均被列为我国战略性新兴产业。

2012 年初,结合物联网定义及电网的应用特点,电力物联网的含义被提出,即

“在电力生产、输送、消费、管理各环节，广泛部署具有一定感知能力、计算能力和执行能力的各种智能感知设备，采用基于 IP 的标准协议，通过电力信息通信网络，实现信息安全可靠传输、协同处理、统一服务及应用集成，从而实现电网运行及企业管理全过程的全景全息感知、互联互通及无缝整合。”国家电网全面参与国家发展和改革委员会物联网技术研发及产业化专项申报以及智能电网物联网应用示范工程建设，并于 2012 年初设立智能电网物联网应用试点。

2018 年 5 月 11 日，中国南方电网有限责任公司正式印发了《南方电网公司智能技术在生产技术领域应用路线方案》，对新一代智能技术产业进行了全景式分析，规划了智能技术（包括云计算、大数据、物联网、移动互联网、人工智能等）在南方电网公司生产领域的智能装备、现场作业、状态监测、态势感知和智慧运行五个领域的应用前景。

2019 年 1 月 13 日，国家电网发布了 2019 年 1 号文件，文件明确提出应用先进现代信息技术和通信技术，打造泛在电力物联网，为电网运行与发展提供强大数据支撑，并与承载电力流的坚强智能电网相辅相成、融合发展，共同构成能源流、业务流、数据流“三流合一”的能源互联网。

2019 年 3 月 8 日，泛在电力物联网建设工作部署电视电话会议召开，国家电网制订了泛在电力物联网建设分为“两步走”计划：到 2021 年初步建成，联网设备数达 10 亿，基本实现业务云端运行和协同共享，形成能源互联网产业集群和生态圈，新兴能源互联网业务收入目标超千亿；到 2024 年全面建成，联网设备数达 15 亿，全面实现业务协同、数据贯通和统一物流管理，全面形成共建共治共赢的能源互联网生态圈，引领能源生产、消费的变革，新兴业务利润贡献率达到 50%。

2019 年 4 月 28 日，在中国电力发展促进会的指导下，国网信息通信产业集团有限公司（简称“国网信通产业集团”）联合华为、腾讯、百度、紫光、清华大学、华北电力大学等产业上下游企业、科研院所、高等院校等共同发起成立泛在电力物联网产业生态联盟。

2019 年 10 月 14 日，国家电网在北京召开发布会，发布《泛在电力物联网白皮书 2019》，旨在通过建枢纽、搭平台、促共享，凝聚各方共识，构建开放共建、合作共治、互利共赢的能源生态，形成共同推进泛在电力物联网建设的磅礴力量。

2019 年 12 月，国家电网发布《关于进一步严格控制电网投资的通知》，除明确提出需要严格控制电网投资外，还提出要主动适应输配电价改革和降价预期，提升公司经营绩效。这份通知标志着未来电网投资会出现结构性变化，基于泛在电力物联网建设相关的智能化、信息化领域的投资占比会大幅上升，电网信息化建设时代来临。

2020 年 3 月，国家电网确立了“建设具有中国特色国际领先的能源互联网企业”的建设目标。

2）电力物联网的建设架构

从电力物联网的架构来看，电力物联网可以分为感知层、网络层、平台层、应用层。

感知层是信息采集的关键环节，包含电网各个环节的智能终端、传感器、摄像头等，其功能是读取、检测终端设备的各种数据，并通过通信网络将终端的数据向上传导。感知层主要解决数据采集问题，负责感知外界信息和响应上层指令，是这四层结构的基础，通过各类终端完成数据的统一标准化接入。国家电网对于感知层建设的首要要求是“实现终端标准化统一接入”。物联网操作系统和一般的操作系统的不同之处在于需要满足轻量级、低功耗、快速启动等特性，并同时具备多传感协同、多处理器架构、统一的应用开发平台、支持长短距连接等特点。基于电力物联网的架构，终端厂商可统一信息采集硬件的规范，标准化感知设备的接入，将通用功能通过软件完成（如通信数据处理、数据计算、对接信息采集接口等），以结构化数据和半结构化数据传递信息，打通此前因信息采集设备的不同而造成的兼容性问题，实现自源端的通信、计算等资源共享，遵循“硬件平台化，软件 APP 化”的发展趋势，实现全连接覆盖。

网络层包含核心网和接入网，其核心功能是通过电力无线专网、电力通信专网、互联网等通信网络实现信息的传送。

平台层是一个信息汇总和碰撞的地方，信息汇总要做到彼此相通，做到数据打通、标准打通，此外还要解决数据存储、检索、权限管理等问题。从国家电网对平台层的建设要求看，未来电力物联网平台将会和目前大型的互联网公司一样采取大中台架构。因此，数据中心（或数据中台等）是平台层的最大特点，即依托于超大规模的终端统一物联管理，深化全业务统一数据中心建设，挖掘海量数据采集价值，提升数据高效处理和云雾协同能力。平台层的建设，将为后续智能化建设工作提供强大的基础支撑，会对丰富应用的产生提供强大动力，因此平台层的建设速度直接关系着电力物联网的建设成果。

应用层是电力物联网的用户接口，位于架构的最顶端，其接收平台层传来的信息，并对信息进行处理和决策，再通过平台层和网络层向下发送信息以控制感知层的设备终端。根据《泛在电力物联网建设大纲》的要求，应用层分为面向内部对象的业务和面向外部对象的业务。对内，可以提升客户服务水平，提升企业经营绩效，提升电网安全经济运行水平，促进清洁能源消纳；对外，可以打造智慧能源综合服务平台，构建能源生态体系，培育发展新兴业务。因此，应用层的特点为“依托企业中台，共享平台服务能力，支撑各类应用快速构建”。

若进一步细化，电力物联网主要由芯片及终端、网络、平台、应用、安全、运行维护六部分组成，具有状态全面感知、信息高效处理、应用便捷灵活等特点。① 芯片及终端：实现终端泛在接入，状态全面感知；② 网络：实现网络全时空覆盖，信息高效传输；③ 平台：实现平台先进实用，能力开放共享；④ 应用：驱动业务持续创新，应用便捷灵活；⑤ 安全：实现精准防护，智能防御；⑥ 运行维护：提高全景监测、精益运行和业务自愈能力。

归纳总结来说，电力物联网通过构建四层结构，完成电力系统信息与数据的实时收集、传输与分析，实现电力生产和消费各环节的人、机、物实时连接，在终端层达到万物互联，在网络层实现强大通信，在平台层表现为对相关设备与数据的管控能力。因此，可以看到，电力物联网更加注重全面提升自动化水平，信息采集与控制为其主要应用场景。为了实现这一场景，必须建立自源端的数据整合和数据共享体系。

电类感知层设备在过去 10 多年的智能电网建设中已经逐步完成了铺设，目前国网系统接入的终端设备超过 5 亿只(其中 4.5 亿只电表，各类保护、采集、控制设备几千万台)。配电自动化和智能电表覆盖率已经大幅提升，在《国家能源局关于印发配电网建设改造行动计划(2015—2020 年)的通知》中，曾要求全国配电自动化覆盖率从 2014 年的 20%提升至 2020 年的 90%。预计到 2030 年，接入电力物联网系统的设备数量将达到 20 亿，整个电力物联网将是接入设备最多的物联网生态圈。由此可见，网络层、平台层、应用层的建设实施可能将成为国家电网电力物联网建设的重点。

3) *电力物联网的发展前景*

通过坚强智能电网和电力物联网的融合建设，实现电力流、数据流贯穿能源生产、传输、消费全过程，提升企业核心竞争力，使电力物联网逐渐成为电网应用和社会应用的桥梁。

从开放性和科学性来看，电力物联网使得许多数据可以流通共享，从而为城市的综合治理提供依据。从发展方向看，电力物联网符合能源互联网生态圈的发展方向，即推动上下游、跨行业设备、数据和服务互联互通，实现共建共治共赢。从受益的节奏与体量看，首先受益的当属具备电力物联网整体解决方案综合实力的国家电网系信通产业单元；其次为在电力信息化相关领域深耕多年的电力二次设备企业和相关软件企业。

因此，建设电力物联网的战略意义主要如下：① 可以提升客户服务水平，达到一网通办的效果；② 可以提升电网安全经济运行水平，提高电表数据共享的即时性，以毫秒级准确预测停电故障，让“零断电”成为可能；③ 可以培育发展新兴业务，如综合能源服务、互联网金融、大数据运营、大数据征信等。

未来，电力物联网的信息化建设进程势必持续加快，一系列新型智慧能源控制系统、业务数据管理系统、人机交互系统将会如井喷般涌现，电力设备与新能源行业、高新技术企业等将迎来前所未有的发展机遇。从国家电网“一年试点、两年推广、三年见效”的实施策略来看，未来几年将逐步加大电力物联网领域的投资力度。2018 年 9 月，国家电网已经获批增补 6.25 MHz 频率资源，已拥有 230 MHz 频段的 7.25 MHz 带宽用于电力无线专网的建设。

除此之外，电力物联网的建设还需要两方面保障，其中一方面是先进技术的开发应用，包括智能终端技术的创新应用、能源路由器和新一代智能电表的研发，以及区块链技术的研究与应用。另一方面则是全场景的安全防护体系。电力物联网内的大数据要保持开放，以使所有用户都能够使用大数据平台，但保持开放的同时，应用的安全性必须得到保证。因此，需利用我国自主创新的安全可信体系，构建与“能源互联网”相适应的全场景安全防护体系，开展可信互联、安全互动、智能防御等相关技术的研究及应用，为各类物联网业务做好全环节安全服务保障。

1.1.2.2 综合能源系统

在当前能源转型和电力体制改革的新形势下，电网企业转型开展综合能源服务是必然选择。从履行企业社会责任的角度看，电网企业承担着传输和供应电力的重要职责，肩负着国家节能减排、绿色发展的重要使命。尤其是在建设清洁低碳、安全高效的新一代能源系统的过程中，电网将成为能源转型的中心环节，需要电网企业发挥更积极的作用，承担更为重要的责任。

中国科学院院士、中国电力科学院名誉院长周孝信曾指出，在新一代电力系统建设中，要明确综合能源服务是未来电网的主营业务，不断拓展业务范围，为政府、社会、客户、电网企业创造新的价值。国家电网综合能源服务业务 2020 年实现收入 242 亿元，同比增长约 88%，计划 2025 年实现 800 亿元营收，2030 年营收突破 3 000 亿元。

综合能源系统主要由供能网络（如供电、供气、供冷/热等网络）、能源交换环节[如微型热电冷联产（CCHP）机组、发电机组、锅炉、空调、热泵等]、能源存储环节（储电、储气、储热、储冷等）、终端综合能源供用单元（如微网）和大量终端用户共同构成[2]。

综合能源系统是指一定区域内的能源系统利用先进的技术和管理模式，以“两高三低”为目标（两高：系统综合能效的提高、系统运行可靠性的提高；三低：用户用能成本的降低、系统碳排放量的降低和系统其他污染物排放量的降低），整合区域内石油、煤炭、天然气和电力等多种能源资源，实现多异质能源子系统之间的协调规划、优化运行、协同管理、交互响应和互补互济，在满足多元化用能需求的同时，有效提升能源利用效率，进而促进能源可持续发展的新型一体化能源系统。

当前在各国宏观政策和企业业态不断创新的背景驱动下，综合能源系统逐步整合冷、热、电、气等多种能源资源，打破了传统单一能源发展的技术壁垒、市场壁垒和体制壁垒，实现了多能源的互补互济和协调优化，可有效提升能源利用效率，促进能源可持续发展。

提出综合能源系统有三重意义。第一，创新管理体制，实现多种能源子系统的统筹管理和协调规划，打破体制壁垒。第二，创新技术，通过研究异质能源的物理特性，明晰各种能源之间的互补性以及它们的可替代性；开发转换和存储新技术，提高能源开发和利用效率，打破技术壁垒。第三，创新市场模式，建立统一的市场价值衡量标准以及价值的转换媒介，使得能源的转换和互补能够体现经济和社会价值，不断挖掘新的潜在市场。

除了综合能源系统的飞速发展，综合能源服务也迅速成为我国新的能源重点发展方向，两者相互依存、共同发展。一是综合能源服务的开展依靠综合能源系统的规划优化、运行优化、能源交易、能源大数据等的技术支撑，同时综合能源系统的技术革新也可推动综合能源服务的转变；二是综合能源系统附着在综合能源服务上，为用户提供能源规划、能源管理、能源交易、能效提升等服务。因此，在用户侧构建综合能源系统，推进综合能源服务，成为发展综合能源的重要措施，也成为全面推进能源革命的重大战略支撑。

1.1.3 综合能源网数字孪生系统

随着“美国工业互联网”“德国工业 4.0”及“中国制造 2025”等国家层面制造发展战略的提出，智能制造已成为全球制造业发展的共同趋势与目标。数字孪生(digital twin, DT)作为解决智能制造信息物理融合难题和践行智能制造理念与目标的关键使能技术，得到了学术界与工业界的广泛关注和研究，并被引入到越来越多的领域进行落地应用。

1.1.3.1 数字孪生技术研究现状

“孪生体或双胞胎(twins)”这一概念的出现最早可追溯到美国国家航空航天局(NASA)的阿波罗项目。在该项目中，NASA 需要制造多个完全一样的空间飞行器，在太空中执行任务的飞行器称为本体，留在地球上的飞行器称为孪生体，孪生体用来反映(或作为镜像)本体的状态和状况。在飞行准备期间，孪生体被广泛应用于训练；在任务执行期间，利用孪生体进行仿真试验，通过数据交互尽可能精确地反映和实时感知本体态势，从而辅助太空轨道上的航天员在紧急情况下做出最正确的决策。从这个角度可以看出，孪生体实际上是通过仿真实时反映本体情况的样机或模型，它具有两个显著特点：一是孪生体与本体在外表(指产品的几何形状和尺寸)、内容(指产品的结构组成及其宏观、微观物理特性)和性质(指产品的功能和性能)上基本一致；二是允许以仿真等方式来镜像反映和感知本体的态势。

2003 年，Michael Grieves 教授在密歇根大学的产品全生命周期管理(PLM)课程上提出了“与物理产品等价的虚拟数字化表达”的概念，并给出定义：一个或一组特定装置的数字复制品，能够抽象表达真实装置，并能以此为基础进行真实条件或模拟条件下的测试。该概念的产生源于对装置的信息和数据进行清晰表达的期望，希望能够将所有信息放在一起进行更高层次的分析。在当时并没有把这个概念称为“数字孪生体”，而是在 2003—2005 年称之为“镜像的空间模型(mirrored spaced model)”，在 2006—2010 年称之为“信息镜像模型(information mirroring model)”，但是其概念模型却具备数字孪生体的所有组成要素，即物理空间、虚拟空间以及两者之间的关联或接口，因此可认为是数字孪生体的雏形。2011 年，Michael Grieves 教授在其书《几乎完美：通过 PLM 驱动创新和精益产品》中引用了合作者 John Vickers 描述该概念模型的名词——数字孪生体(digital twin)，并一直沿用至今。

数字孪生体这一概念模型极大地拓展了阿波罗项目中的“孪生体”概念，具有如下特点：

(1) 将孪生体数字化，采用数字化的表达方式建立一个与产品实体在外表、内容和性质上一样的虚拟产品。

(2) 引入虚拟空间，建立虚拟空间和实体空间的关联，彼此之间可以进行数据和信息的交互。

(3) 形象直观地体现了虚实融合、以虚控实的理念。

(4) 对该概念进行扩展和延伸，除产品以外，针对工厂、车间、生产线、制造资源(工位、设备、人员、物料等)，在虚拟空间都可以建立相对应的数字孪生体。

2011 年之后，数字孪生体技术迎来了新的发展契机，美国空军研究实验室对其进行了进一步发展，目的是解决未来复杂服役环境下的飞行器维护问题及寿命预测问题。他们计划在 2025 年交付一个新型号的空间飞行器以及与该物理产品相对应的数字模型即数字孪生体，这一数字孪生体在两方面具有超写实性：① 包含所有的几何数据；② 包含所有的材料数据，如材料微观结构数据。2012 年，美国空军研究实验室提出了“机体数字孪生体”的概念。机体数字孪生体作为正在制造和维护的机体的超写实模型，是一个由许多子模型组成的，可以用来对机体是否满足任务条件进行模拟和判断的集成模型。

最近几年来，数字孪生体在理论层面和应用层面均取得了快速发展，同时应用范围也逐渐从产品设计阶段向产品制造和运维服务等阶段转移，并引起了国内外学者和企业的广泛关注，其原因主要在于以下两个方面。

(1) 模型轻量化、MBD、基于物理的建模等模型数字化表达技术的兴起和广泛应用，使得采用数字化方式在产品全生命周期各阶段精确描述物理产品成为可能。

(2) 大数据、物联网、移动互联网、云计算等新一代信息与通信技术的快速普及与应用，大规模计算、高性能计算、分布式计算等计算机科学技术的快速发展，以及机器学习、深度学习等智能优化算法的不断涌现，使得产品动态数据的实时采集，可靠与快速传输，存储、分析、决策、预测等成为可能，为虚拟空间和物理空间的实时关联与互动提供了重要的技术支撑。

1.1.3.2 综合能源研究现状

传统能源服务产生于20世纪70年代中期的美国，主要针对已建项目的节能改造、节能设备推广等，合同能源管理是其主要商业模式。基于分布式能源的能源服务，以新建项目居多，主要推广热电联供、光伏、热泵、生物质等可再生能源，其融资额度更大，商业模式更加灵活。现如今，互联网、大数据、云计算等技术的出现，融合清洁能源与可再生能源的区域微网技术的新型综合能源模式开始诞生。综合能源模式对提升能源利用效率和实现可再生能源规模化开发具有重要支撑作用，因此，世界各国根据自身需求制定了适合各自发展的综合能源发展战略。

我们根据当前能源互联网的分层结构，对综合能源的研究主要从分布式能源“细胞”层，“细胞-组织”协调层和“组织”层三个层次展开。

在“细胞”层面，分布式能源的多样性使得各种分布式电源具有完全不同的动态特性，研究者运用物理建模、统计分析、人工神经网络等手段对分布式能源实体建立等效模型，研究分布式电源的外特性。对于分布式电源建模问题，根据各发电单元机理建立物理模型的方式较为普及，它将风电、光伏、电力电子变换器等抽象成特定电路模型，目前已形成较为成熟的模型体系。但这种方式的工程仿真工作量大，参数特性复杂，故研究者试图将其简化为统一等效建模问题，通过具有较强非线性映射能力的人工神经网络拟合各类分布式电源。

在“细胞-组织”协调层面，分布式能源纳入能源互联网，其与能源网络中的可调控资源、储能设备等相互耦合组成强非线性系统。相较于能量单向流动的传统辐射状电网，分布式能源接入了多类元件，它们在不同时间尺度上的动态特性相叠加形成复杂的系统动态特性，为系统认知带来较大挑战。研究者致力于分析分布式能源对配电网潮流、电能质量、电网规划、运行安全性、运行经济性等多方面的影响，目前已从定性分析逐步发展到定量评估，也为含分布式能源系统的态势感知、协调控制、优化运行等决策的制定提供了依据。

在“组织”层面，能源系统优化运行的内涵进一步扩充到了以节能环保、经济高效为目标的分布式电源与可调控资源的优化，如协调匹配、优化组合以及分布式电源与配电网的分层分区优化运行等。进而提出了基于多智能体的微网与配电网分层分区优化运行控制策略，通过配电网与以分布式能源为主的微网互联互动，实现协调控制与优化运行。

1.1.3.3　综合能源网数字孪生系统

综合能源网(integrated energy system，IES)是电力物联网的进一步延伸，将热、气、生物质等多种能源纳入进来，如图 1-2 所示。综合能源网存在两大难题。一是机理模型难以建立：各能源系统运行特性各异、设备多元化，特别是耦合关系极为复杂。二是多主体行为利益的协调问题：分布式能源数量大，运行涉及多方利益主体，存在多方博弈现象，且信息不全面，经济运行实现困难；在多能源市场环境下，能源供给与需求侧的互动响应机制复杂。

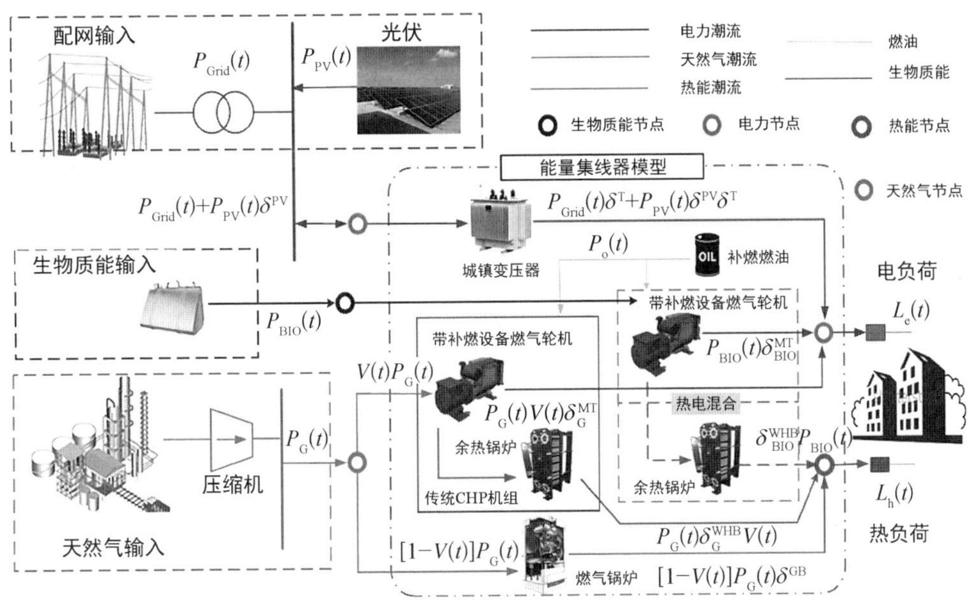

图 1-2　综合能源网示意图(扫描二维码查阅彩图)

当前关于综合能源网的研究中，多数研究依然以模型驱动、机理分析的办法分析分布式能源的特性，鲜有研究融合数据驱动的视角(如高维统计、人工智能等)，且研究层级仅限于某一特定层面而未形成研究体系。因此，将模型驱动、数据驱动、软件仿真等方法相结合，设计数字孪生系统研究综合能源网中各个用能主体和系统整体的特性，进而进行“组织”层面的运行优化具有重要意义。

建设综合能源网数字孪生系统，旨在利用数字技术对综合能源领域相关设备、设施的特征、行为、形成过程和性能等进行描述和建模，形成与本体一致的虚拟镜像模型，实时模拟本体在各类环境中的行为和性能。目的是通过虚拟模型的仿真技术研究综合能源项目的规划、设计及运行阶段的可行性与合理性，发现和探究更好的解决方案，不断激发综合能源服务领域生态圈伙伴的创新思维。

经典的物理机理模型驱动和低维统计指标驱动仿真方法难以处理综合能源网问题，具有以下两个难点：一是难以处理源荷的多元化、环境的不确定性、各响应间的复杂耦合关系；二是难以利用时空大数据这一特殊数据结构。数字孪生技术则可以很好地规避上述难点：一方面，数字孪生技术具有数据驱动、实时交互和闭环反馈三大特点，可激发能源互联网中固有的时空大数据福利；另一方面，数字孪生技术通过引入高维统计分析、人工智能等数据科学前沿技术，可在全面、透明、多层次的观测或推演视角下建立能源“细胞-组织”架构中各功能单元及其交互机制的数字模型。

数字孪生系统架构（见图 1 - 3）以基于预学习的数字建模、实时态势感知、超实时虚拟推演三种手段实现对综合能源系统的认知功能，继而辅助运管调控的决策制定、策略优化等，提升综合能源系统运行的稳定性与经济性。另一方面，数字孪生系统架构也容纳了传统的物理机理模型、低维统计模型、专家系统等，其采用经典模型与高维数据模型双驱动，对综合能源系统的“细胞”特性及其互动机制进行深入实验与研究。在运行过程中也更加注重与真实值的实时比对、校正等互动行为，并依此快速调整虚拟数字系统。通过数字孪生系统动态运行结果，验证物理建模的准确性，设计代理商（Agent）的功能并论证运行策略的正确性和可执行性。

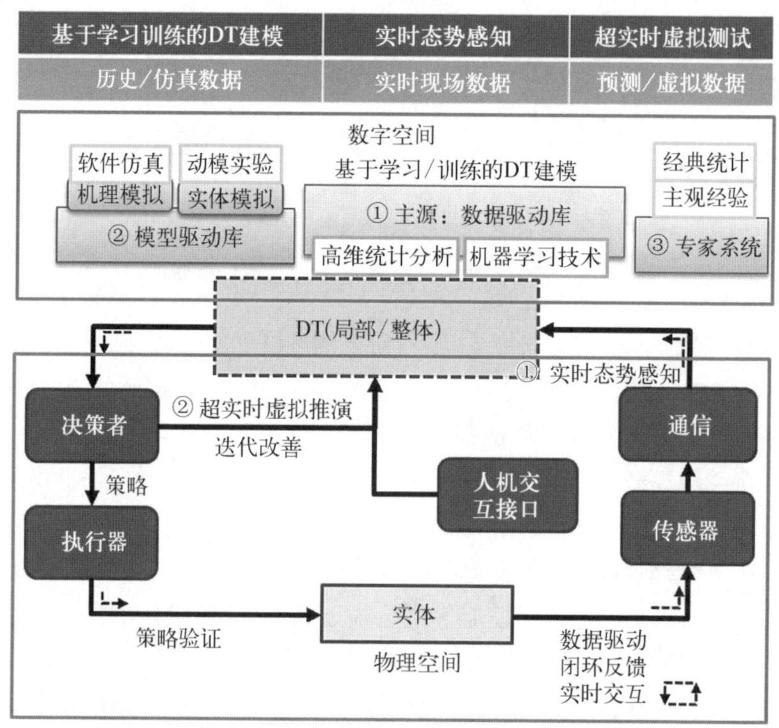

图 1 - 3　数字孪生系统架构

电力系统数字孪生(power system digital twin, PSDT)是电力系统日渐复杂、数据呈现井喷趋势以及数据科学软硬件发展完善等多方背景共同作用下的新兴产物。相比于侧重实体运监的信息物理系统或物理仿真系统,PSDT 更倾向于多维度、多时间尺度,即关注贯穿系统的数字化、信息化和智能化建设,推进所涉及的多元设备全过程。

PSDT 通过对系统一次层面、系统设备层面、用户层面等实体进行预制建模,并充分利用各类传感器,实现物理实体与数字模型之间的无缝交互,并依此进行涵盖多学科、多业务、多场景、多实体、多时间尺度、不同生命周期、不同发生概率的仿真过程。PSDT 通过实时运行态势感知和超实时虚拟推演功能,辅助电力系统运管调控的决策制定。

PSDT 具备三大特征:数据驱动、闭环反馈、实时交互。① 数据驱动让 PSDT 更适用于当今复杂的电力系统,可以仅依据所得数据建立实体系统模型继而对系统进行感知和分析;② 闭环反馈使 PSDT 的数据模型可以在投运后通过主动学习海量数据,实现自适应更新和优化;③ 实时交互联动数据驱动和闭环反馈,进一步完善 PSDT 的实时态势感知和超实时虚拟测试的功能,使其可在常规运行甚至紧急情况下准确把控系统情况并迅速模拟出可行/优化的决策方案。

1.2　综合能源网的数字化、信息化工程背景

1.2.1　电力物联网与综合能源网工程项目

美国在 2001 年提出了综合能源系统发展计划,目标是促进分布式能源 DER 和热电联供 CHP 技术的推广应用以及提高清洁能源的使用比重。2007 年美国颁布了 *Energy independence and security act of 2007*(《2007 能源独立和安全法案》),以立法的形式要求社会主要供用能环节必须开展综合能源规划。而随着天然气使用比例的不断提升,美国国家自然科学基金会、能源部等机构设立多项课题,研究天然气与电力系统之间的耦合关系。

加拿大将综合能源系统视为实现其 2050 年减排目标的重要支撑技术,其关注的重点是区域综合能源系统(integrated community energy system, ICES)的研究与建设,为此加拿大政府在 2009 年后颁布了多项法案,以助推 ICES 的研究、示范和建设。

欧洲同样很早就开展了综合能源系统的相关研究,并最早付诸实施。通过欧盟框架计划,欧洲各国在此领域开展了卓有成效的研究工作。除在欧盟整体框架下推进该领域研究外,欧洲各国还根据自身需求开展了一些特色研究。以英国为

例,英国工程与物理科学研究委员会资助了大批该领域的研究项目,涉及可再生能源入网、不同能源间的协同、能源与交通系统和基础设施的交互影响以及建筑能效提升等诸多方面。

日本由于其能源严重依赖进口,因此成为最早开展综合能源系统研究的亚洲国家,其希望通过该领域的技术创新进步,缓解其能源供应压力。在政府大力推动下,日本各界从不同方面对综合能源系统开展了广泛研究,如日本新能源产业技术综合开发机构(NEDO)倡导开展的智能社区和智能微网研究。

我国已通过973计划、863计划、国家自然科学基金等研究计划,启动了众多与综合能源系统相关的科技研发项目,并与新加坡、德国、英国等国家共同开展了这一领域的诸多国际合作,内容涉及基础理论、关键技术、核心设备和工程示范等多个方面。国家电网、中国南方电网、天津大学、清华大学、华南理工大学、河海大学、中国科学院等研究单位已形成综合能源系统领域较为稳固的科研团队并形成了较为明确的研究方向。

1.2.1.1 德国RegModHarz项目

RegModHarz项目开展于德国的哈茨山区,其基本物理结构为2个光伏电站、2个风电场、1个生物质发电场。RegModHarz项目生产计划由预测的日前市场和日内盘中市场的电价及备用市场来决定。RegModHarz项目的目标是对分散风力、太阳能、生物质等可再生能源发电设备与抽水蓄能水电站进行协调,令可再生能源联合循环利用达到最优。其核心示范内容是在用电侧整合了储能设施、电动汽车、可再生能源和智能家用电器的虚拟电站,包含了诸多更贴近现实生活的能源需求元素。

RegModHarz项目的主要措施:① 通过数字化手段,建立家庭能源管理系统。家电能够“即插即用”到该系统上,系统根据电价决策家电的运行状态,根据用户的负荷也可以追踪可再生能源的发电量变化,实现负荷和新能源发电的双向互动。② 配电网中安装了10个电源管理单元,用以监测关键节点的电压和频率等运行指标,定位电网的薄弱环节。③ 光伏、风机、生物质发电、电动汽车和储能装置共同构成了虚拟电厂,参与电力市场交易。

RegModHarz项目的典型成果:① 开发设计了基于Java的开源软件平台OGEMA,对外接的电气设备实行标准化的数据结构和设备服务,可独立于生产厂商支持建筑自动化和能效管理,能够实现负荷设备在信息传输方面的“即插即用”。OGEMA的软件架构推动了能效管理服务中的数字贯通,是数字孪生技术的一次积极实践。② 虚拟电厂直接参与电力交易,丰富了配电网系统的调节控制手段,为分布式能源系统参与市场调节提供了参考。③ 基于哈茨山区的水电和储能设备调节,很好地平抑了风机、光伏等功率输出的波动性和不稳定性,有效地论证了在可再生能源较为丰富地区的电力市场范围内，达到100%用清洁能源供能是完全可以实现的。

1.2.1.2 美国OPower能源管理公司模式

OPower公司通过自己的软件，对公用事业企业的能源数据以及其他各类第三方数据进行深入分析和挖掘，进而为用户提供一整套适合于其生活方式的节能建议。截至2015年10月，根据Opower网站上的动态信息，其已累计帮助用户节省了82.1亿千瓦时的电力，节省电费约10.3亿美元，减排二氧化碳约549万吨，随着用户规模逐渐增大，这些数据均正以加速度增长。

该公司的典型成果包括：① 基于数字孪生系统中核心的大数据、云计算等数据科学技术，提供个性化的账单服务，可清晰显示用户电量情况。OPower公司利用云平台，结合大数据和行为科学分析，对电力账单的功能进一步拓展。一方面，具体针对用户家中制冷、采暖、基础负荷、其他各类用能等的用电情况进行分类列示，通过柱状图实现电量信息当月与前期对比，用电信息一目了然；另一方面，进行相近区域用户耗能的横向比较，对比相近区域内最节能的20%用户的数据开展邻里间的能耗比较。此外，OPower公司的账单改变了普通账单单调、刻板的风格，在与用户沟通界面上印上“笑脸”或“愁容”的图标，对于有效节能行为给出激励的态度。其与用户沟通的方式也十分丰富，从最传统的纸质邮件到短消息、电子邮件、在线平台等，逐步加强与用户的交流反馈。② 在大数据与云平台的基础上，构建基于数字孪生技术的用能行为分析系统，提供节能方案。OPower基于可扩展的Hadoop大数据分析平台搭建其家庭能耗数据分析平台，通过云计算技术，实现对用户各类用电及相关信息的分析，建立每个家庭的能耗档案，并在与用户邻里进行比较的基础上，形成用户个性化的节能建议。这种邻里能耗比较，充分借鉴了行为科学相关理论，将电力账单引入社交元素，与我国“微信运动”的模式十分类似，为用户提供了直观、冲击感较强的节能动力。

1.2.1.3 南京青奥城区域能源项目

南京青奥城是为2014年南京国际青年奥林匹克运动会提供配套服务而建，其主要包括南京青奥村、青奥轴线平台、南京青奥中心和青奥博物馆四大类项目，总建筑面积103万平方米。南京青奥城是一座城市综合体，汇集了酒店、公寓、住宅、办公、博物馆、演艺、商业等多种业态，供能要求相对较高，其所需冷、热源均由南京河西远大能源服务有限公司(下称“南京远大”)投资运营的青奥城区域能源中心提供。

南京远大自2014年起，投资过亿资金来探索采用废热利用、多能互补，以及节电与非电空调“双模”模式，通过建设区域能源站实现能源综合利用，大幅提高能源综合使用效率和安全用能水平。

所谓非电空调，即不用电的空调，主要是利用南京华润热电有限公司的发电余热蒸汽带动设备的制冷、制热。发电余热蒸汽通过管道输送到区域能源中心内的分气缸，分气缸将蒸汽分入两个系统，其中一个系统供应采暖；而另一个系统则供应蒸汽型非电空调，通过非电空调直接利用蒸汽制取 7 ℃的冷水，用于建筑制冷。

此外，南京远大自主研发生产的节电空调采用磁悬浮无级变频技术，通过与非电空调结合，其综合部分负荷性能系数(IPLV)可达到10以上，节省维护费用超过 90%，相比其他常规电空调，节能超过 40%，是暖通行业公认能效等级最高的供能空调。

无论是制冷还是制热，不同用能负荷以及不同能源结构的建筑，均可使用非电空调和节电空调的双模模式，从而实现多能互补，在保障供能安全的同时，提升用能品质，大幅提升能源综合利用效率，不仅可减少建筑的电力支出，还可使建筑总体能耗降低超过 20%。

目前，南京青奥城区域能源项目供能面积达 103 万平方米，通过构建区域能源体系，已实现年节省能源折合 4 700 吨油当量，年减排二氧化碳 14 100 吨。采用废烟气、废蒸汽等发电余热及工业余热作为能源，利用节电空调与非电空调双模模式制冷、制热的区域能源方案已在江苏省全面铺开。通过采用区域能源供能理念，南京儿童医院(河西院区)年节省能源折合 825 吨油当量，年减排二氧化碳 2 475 吨；江苏省妇幼保健院年节省能源成本上百万元。

南京青奥城区域能源项目是先进区域能源技术方案创新的产物，其在满足高端用户舒适性要求的前提下，能够显著优化城市能源结构，大幅节能减排，为我国区域能源的发展提供了“范式”。

1.2.2 信息物理系统

信息物理系统(cyber-physical systems, CPS)是一个综合了计算、网络和物理环境的多维复杂系统，通过 3C(computation, communication, control)技术的有机融合与深度协作，实现大型工程系统的实时感知、动态控制和信息服务。

信息物理系统主要分为 3 个部分，分别是感知层、网络层和控制层。感知层主要由传感器、控制器和采集器等设备组成。感知层中的传感器作为信息物理系统中的末端设备，主要采集的是环境中的具体信息，并将环境信息数据定时发送给服务器，服务器接收到数据之后进行相应处理，再返回给物理末端设备相应信息，物理末端设备接收数据之后要进行相应的变化；网络层主要是连接信息世界和物理世界的桥梁，主要实现的是数据传输，为系统提供实时的网络服务，保证网络分组的实时可靠；控制层主要是根据感知层的认知结果，对物理设备传回来的数据进行相应的分析，将相应的结果返回给客户端以可视化的界面呈现给客户。

如果把一些高端的 CPS 应用比作客户机或服务器的架构，那么物联网则可视为客户机或服务器，因为物联网中的物品不具备控制和自治能力，通信也大都发生在物品与服务器之间，因此物品之间无法进行协同。从这个角度来说，物联网可以看作 CPS 的一种简约应用，或者说，CPS 让物联网的定义和概念明晰起来。尽管物联网与 CPS 都强调物理实体之间的互联互通，物联网关注物理元件的整合，而 CPS 是在物理世界的基础上突破时空限制的整体优化实时控制。

CPS 的提出促进了实际物理系统与信息计算系统的深度融合，以更新信息的手段完成状态感知以更好地实现运行控制，从而赋予整体系统新能力，达到智能化与自动化的目标。其特点可以概括为以下几点：

(1) 传感器嵌入每个物理实体中，采集信息并对状态进行感知。

(2) 覆盖全网的通信网络可实现信息在系统内的流动和共享。

(3) 通信网络可以依照物理实体的特性和需求传递有用的信息，实现信息筛选，节省通信带宽。

(4) CPS 在物理实体中加入嵌入式装置，运用大规模分布式计算技术、并行计算技术和多代理技术，对大量信息进行处理或预处理。

(5) 物理和信息系统在全网范围内协同控制，由嵌入在物理实体的控制器决定整个系统的功能和运行特性。

(6) CPS 具有自组织和自适应能力，自组织能力即自动识别并搜索区域内的分布式能源，立即获得其信息并加以控制；自适应能力即快速反应区域内物理和信息系统故障并快速处理，保证系统安全运行。

(7) CPS 可实现系统模块化和系统模块的动态重组，软件可以实现在线更新。

电力系统作为 CPS 的一个重要应用场景，衍生出的电力信息物理融合系统(cyber-physical energy system, CPES)在国内外受到很大重视，包括自动发电控制(AGC)、能量管理系统(EMS)、配电网综合调度自动化系统(SCADA)、电力计量管理系统(TMR)、地理信息系统(GIS)和继电保护信息管理系统等。

传统的电力系统分析方法关注功率流，随着大量传感设备嵌入电网，信息的筛选汇总和控制优化高度依赖于信息通信网络，因此对信息流的研究尤为重要。并且，物理系统的特性可为信息的提取、分析和传送提供依据，信息系统可为物理系统提供多元化的信息，优化物理系统的调度控制，所以，信息物理系统作为一个整体，不应该将它们割裂开来。CPES 有机地整合了物理系统和信息系统，为最终实现电网智能化提供一种新思路。CPES 体系结构如图 1-4 所示。

传统电网在配置高级测量体系与监测设备后，其高可靠性、高速度的通信系统以及先进的能量管理系统，将使电网的计算分析、大数据处理以及分布式智能与全局优化协调运作的能力得到显著提高。CPES 对解决决策变量数量大、复杂运行环境下的问题往往可以得到更好的优化方案。CPES 利用大数据分析技术，可以提升电网状态感知与预测的精确度，因而在电网可靠性分析方面，可以较准确灵活地监测异常状态、进行安全校验并计算电网安全运行裕度。

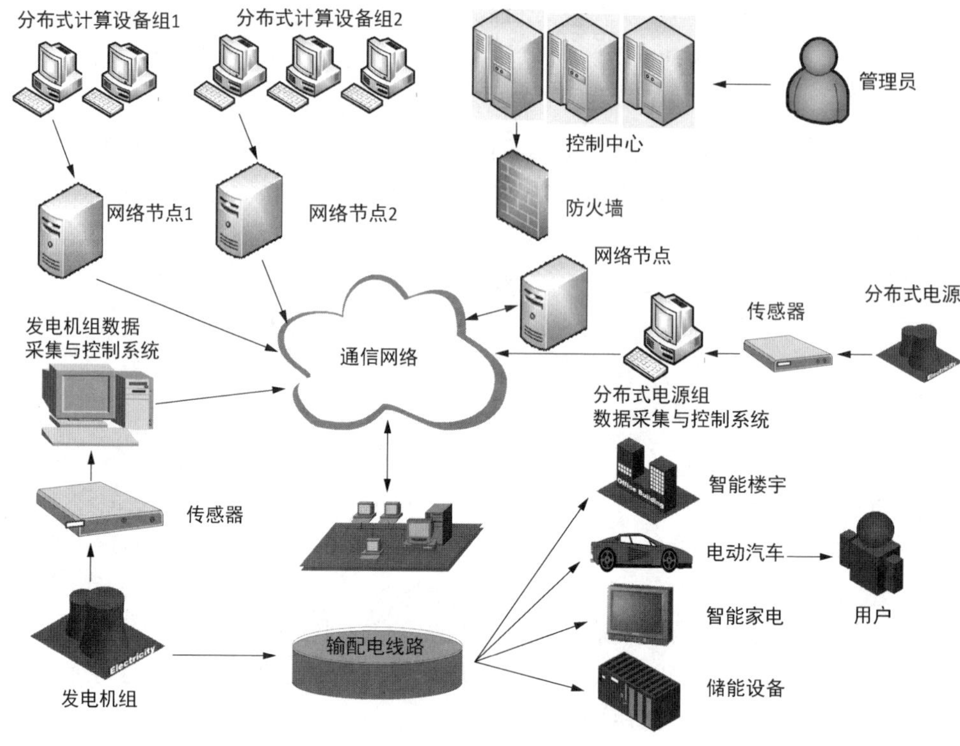

图 1-4　CPES 体系结构图

我国电力物联网的建设需要的两个保障之一就是先进技术的开发应用：第一是基于“国网芯”智能终端技术开发的保障创新应用，第二是能源路由器和新一代智能电表的研发，第三是区块链技术的研究与应用。先进的技术提升了电网的数据处理水平。面临着海量的终端设备接入，在系统部署上采用“云＋边＋端”的策略，按照业务需求设置边缘服务器，包括边缘的数据处理，可以把有些连接管理和信息转换在边缘就进行处理，从而大大提升系统性能和处理效果。

1.3　数据科学进展

1.3.1　科学认知论的第四范式演化过程

哲学上定义科学研究范式是指关于科学研究的一系列基本观念，主要包含存在论问题、认识论问题和方法论问题。存在论问题解释实在的本质到底为何；认识论问题解释知识的本质到底为何；方法论问题解释如何获得知识。这说明在整个科学研究的过程中，科学研究一直以来是以问题为驱动的。随后“范式”的理论被应用到各个学科，作为研究本学科范式的基础。

2009 年，微软在 *The Fourth Paradigm: Data-Intensive Scientific Discovery* 一书中从科学研究方法的角度解释了科学研究范式并指出新的科学研究范式——针对数据密集型科学的第四范式的产生，引起了公众对于数据密集型科学的重视。

到目前为止，科学研究范式的发展经历了四个阶段：几千年前，是经验科学，主要用来描述自然现象；几百年前，是理论科学，使用模型或归纳法进行科学研究；几十年前，是计算科学，主要模拟复杂的现象；当前是数据密集型科学，统一于理论、实验和模拟。

第一范式："经验科学"亦称"实验科学"，是以实验方法为基础的科学。这种方法由 17 世纪的科学家 Francisc Bacon 阐明，他指出科学必须是实验的、归纳的，一切真理都必须以大量确凿的事实材料为依据，并提出一套实验科学的"三表法"，即寻找因果联系的科学归纳法。其方法是先观察，进而假设，再根据假设进行实验。如果实验的结果与假设不符合，则修正假设再进行实验。

第二范式：理论科学，指人类对自然、社会现象按照已有的实证知识、经验、事实、法则、认知以及经过验证的假说，经由一般化与演绎推理等方法，进行合乎逻辑的推论性总结。人类借由观察实际存在的现象或进行逻辑推论，而得到某种学说。如果未经社会实践或科学实验证明，只能属于假说；如果假说能借由大量可重现的观察与实验而验证，并为众多科学家认定，这项假说可称为理论。理论科学是与经验科学相对的，指偏重理论总结和理性概括，强调较高普遍的理论认识而非直接实用意义的科学。在研究方法上，理论科学以演绎法为主，但不局限于描述经验事实。

第三范式：计算科学，又称科学计算，是一个与数据模型构建、定量分析方法以及利用计算机来分析和解决科学问题相关的研究领域。在实际应用中，计算科学主要用于对各个科学学科中的问题进行计算机模拟和其他形式的计算，其问题域包括数值模拟、模型拟合与数据分析、计算优化。

第四范式：数据密集型科学，是由传统的模型驱动向基于科学数据进行探索的科学方法的转变，其特点是数据依靠工具获取或者模拟产生；利用计算机软件处理；依靠计算机存储；利用数据管理和统计工具分析数据。数据密集型科学的研究对象可以分为四类：即时收集到的观察数据、源自实验室仪器设备的实验数据、源自测试模型的模拟仿真数据和互联网数据。其中互联网数据主要是指受信息技术革新的影响在互联网环境下产生的行为大数据和交易大数据。

1.3.2 数据科学——高维统计分析、人工智能技术

1.3.2.1 高维数据建模与分析

能源互联网所承载的数据流是一种时空大数据，满足以下大数据的定义：

(1) 在某个时间点 i，系统中的采样数据可以排列成一个 n 维的向量，即

$\boldsymbol{x}_i \in \mathbf{R}^n$；

(2) 系统数据采样的时间 t 足够长，其观测数据可形成数据库 $\Omega \in \mathbf{R}^{n \times t}$；

(3) 对系统中任意一段时间 ($k=1, 2, \cdots, T$) 的采样数据 $\boldsymbol{x}_1, \boldsymbol{x}_2, \cdots, \boldsymbol{x}_T$，可以定义函数 $f(\boldsymbol{x}_1, \boldsymbol{x}_2, \cdots, \boldsymbol{x}_T)$。

大数据挖掘体系包含高维数据建模与分析所涉及的基础理论、数学工具和处理算法等，其实现的难点在于维度高(而非数据量大)，这同时也是大数据的最主要特征。高维度(即多量测点)开辟了数据集的空间维度，从而得以通过高维统计分析计算出多个变量间的相关性，即得到高维统计信息。高维度与高密度(即高采样率)的融合即构成了高维时空数据结构——数据维度 N 和样本数 T 均较大且数值相当($N/T=c>0$)。

对于这种结构，绝大部分的工具往往无法从中提取到有效的统计信息——传统的物理模型和分析算法往往是低维的，低维工具往往通过分而治之的方式处理高维数据集，即进行多次独立分析而每次分析仅处理低维数据，这种处理方式割裂了高维时空数据(又称时空大数据)的时空联合相关性(spatio-temporal correlation)，丢失了最主要的统计信息。更重要的是，从统计学角度来说，传统意义上的大数定律和中心极限定理不再适用——采用以经典极限理论为基础的参数或非参数统计方法来处理时空大数据其结果可能严重错误。

随机矩阵理论(random matrix theory, RMT)是一种高维统计分析工具，它以谱为主要研究对象在高维空间通过数据建模和数据分析研究数据的时空关联性和波动性等统计信息，萃取高维统计特征以映射物理系统。RMT 是种普适的数学框架而不仅仅是一种算法，正如大数定律和中心极限定理是低维统计的基础，RMT 在高维统计中扮演类似的角色，它具有免模型、不引入系统误差、指标构建灵活、适用范围广等优势，适用于处理模型较为复杂、不确定性较强、因果关系不明确、数据维度较高的系统，上述特性均与配电网的特性相契合，可对应多类电力系统问题。

1.3.2.2 人工智能技术

神经网络自 20 世纪 50 年代被提出后开始迅速发展起来，因其良好的非线性处理能力而备受研究者的关注。然而，传统的神经网络仍存在一些局限：一是随着层数的增加，深度神经网络的参数会大幅增加，在训练时需要有很大的标签数据，且模型训练的时间过长；二是随着层数的增加，梯度下降容易陷入局部最优解，而很难找到误差范围内的整体最优解，在反向传播的过程中也会发生梯度饱和的情况，导致模型结果精度很低。2006 年，Hinton 提出了深度信念网络(deep belief network, DBN)，解决了这类问题。

深度信念网络(也称深度置信网络)由一系列受限玻尔兹曼机(restricted Boltzmann machines, RBM)堆叠组成，是一种概率生成模型。一个 RBM 中的神经元可以分为两层，一层称为显层(visible layer)，由显元(visible units)组成，用于输入训练的数据；另一层叫做隐层(hidden layer)，由隐元(hidden units)组成。在网络中，任意两个相连的神经元之间具有一个权值参数 w 表示其连接强度，同时每个神经元自身也有一个偏置系数 b(用于显层神经元)和 c(用于隐层神经元)来表示其自身权重。一个常见的 RBM 模型如图 1-5 所示。

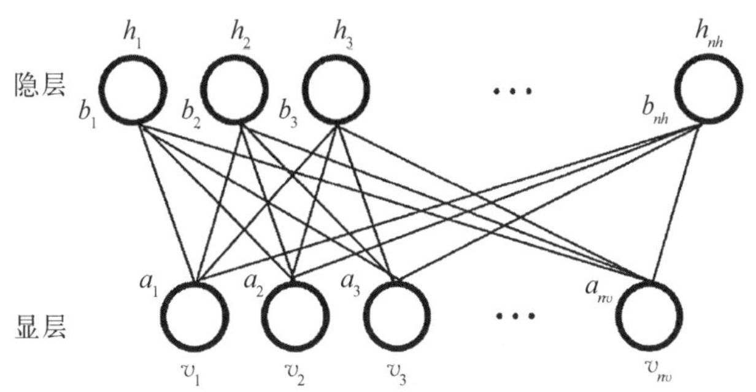

图 1-5 受限玻尔兹曼机模型

将若干个 RBM 串联起来可构成深度置信网络，其中，上一个 RBM 的隐层即为下一个 RBM 的显层，上一个 RBM 的输出即为下一个 RBM 的输入。而最后一层的 RBM 与输出层神经元之间是单向连接的。其结构如图 1-6 所示。

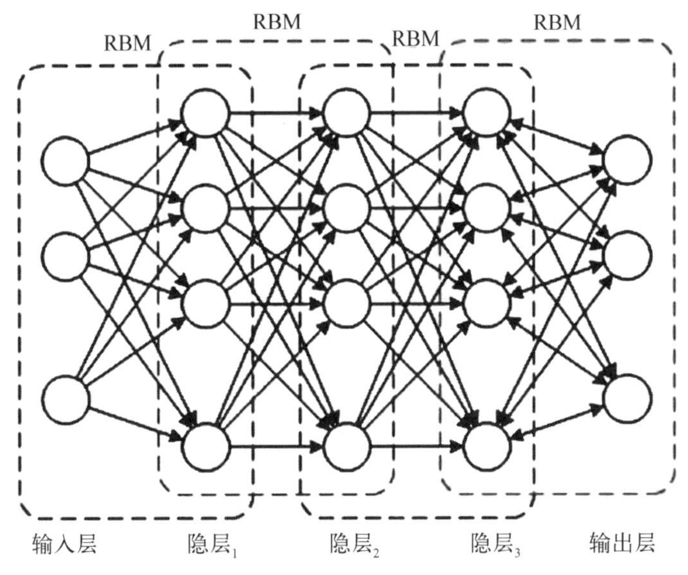

图 1-6 深度置信网络模型

深度信念网络的具体训练步骤：① 将输入层作为第一个 RBM 的显层充分训练完成第一个 RBM；② 固定第一个 RBM 的权重和偏移量，将第一个 RBM 的隐性神经元作为第二个 RBM 的输入向量；③ 充分训练第二个 RBM 后，确定第二个 RBM 的参数；④ 重复前三个步骤，直到最后一层。通过这种逐层训练的方法得出网络初始参数，之后再通过传统的学习算法（如 BP 神经算法）对网络进行微调，使模型收敛到最优点，从而完成一个深度信念网络模型的训练。

1.4 传统模式和工具及其局限性

1.4.1 综合能源数字孪生系统的态势感知技术

态势感知（situation awareness，SA）的概念最早由美国提出并应用于太空领域，1995 美国 Endsley 教授给出了态势感知的定义，并将态势感知分成了 3 个层次，即提取觉察、理解和预测[4]。进入 21 世纪之后，态势感知的概念开始被逐渐接受，并且应用于军事、网络安全、国际关系等多个领域[5]。基于态势感知技术进行能源网络因素的主动感知，是掌握能源网络运行状态的重要技术手段。通过对广域时空范围内，对涉及网络运行变化的各类因素的采集、理解与预测，力求准确有效地掌握能源网络的安全态势，使得网络的安全管理从被动变为主动，从而较为准确地判断系统运行状态与趋势，在系统遭受扰动和故障之前，及时采取防御措施和安全策略。

常用的态势感知方法主要包括模型驱动和数据驱动两种类型。其中，模型驱动法通过研究环境影响的作用机理或是利用简单的模拟实验进行态势理解及预测，典型方法有专家经验模型、状态枚举法等。该类方法对建模精度有较高要求，且难以处理不确定性因素，致使仿真结果难以评估。而数据驱动方法利用能源网络运行产生的实时/历史数据挖掘有效信息[6]，对网络拓扑结构已知性的依赖度低，故数据驱动的态势感知技术的应用更为广泛，且在一定程度上可实现免模型。现有数据驱动方法包括贝叶斯网络、马尔可夫模型[7]、人工神经网络[8]、模糊逻辑方法、随机矩阵等，从测量分析的数据体量出发，又可将此类方法分为低维数据驱动和高维数据驱动方法。例如，Lu[9] 和 Braun[10] 等人使用支持向量机作为合成基础，对多种类型的信息进行融合，以此实现态势感知；还有其他学者基于随机矩阵理论的衍生模型，提出了适用于低信噪比场景的电网态势感知方法[11,12]。目前，这些方法存在以下问题：① 研究对象不能很好地涵盖能源网络的特点，大部分研究依赖电力系统典型场景；② 多数方法停留在低维层面，存在感知精度低、收敛性差等问题；③ 态势要素采集的信息不全面、不快捷，造成感知理解环节响应延迟；④ 不少方法仍处于理论研究阶段，缺乏实验仿真验证。以上问题可能导致系统判断错误，最终威胁能源网络的稳定运行。因此，提高态势要素采集的实时性，研究准确有效的态势感知算法，设计高效、可靠的环境主动感知方法，对于能源网络的安全、经济运行具有重要意义。

1.4.2 综合能源系统用能行为特性分析及关键因素溯源

针对综合能源系统分布式能源的不确定性，基于灵敏度的相关性分析能定量分析输入随机变量对系统输出的影响，从而辨别影响系统状态的关键因素。数据利用的难点在于提取高维复杂数据中的有效信息，一般可采取专家经验法和数据挖掘法。数据挖掘的方法可以实现信息的自动提取，其中，主成分分析法（principal component analysis，PCA）是一种常用的线性提取方法，但受到线性映射能力的限制，其提取信息的能力较为有限。基于神经网络强大的映射能力，数据驱动的非线性映射方法近年来受到了广泛的重视，文献[13]提出了基于神经网络的特征提取方法，并通过对比 PCA 验证其优越性。

对关键因素的灵敏度的相关性分析包括局部灵敏度分析和全局灵敏度分析，局部灵敏度分析用于研究参数变化对系统输出的局部影响，已在电力系统中得到广泛应用。文献[14]通过逐次线性化思路，建立了潮流无功优化的灵敏度模型，并采用对偶线性化求解以简化计算。文献[15]以梯度为基础，提出一种基于直接求导法的断面潮流定向控制方法，能满足不同潮流目标变动的定向要求。而基于输入随机变量的概率分布的全局分析适用于非线性、非单调的复杂系统，用来研究输入变量的单独作用及交互作用对系统输出的影响。目前全局灵敏度分析在电力系统中应用较少，文献[16]采用多元回归法，引入粗糙集理论与 D－S 证据理论，对负荷预测的经济、社会、气候等因素进行灵敏度分析，提出了一种基于信息论的影响因素筛选方法，通过将电压暂降信息和天气因素离散化，建立了电压暂降和外界环境之间的联系，从而对电压暂降区域进行分类。

先进计量基础设施（AMI）是能源互联网信息流的基础。随着智能电表的大量部署，AMI 为电力企业提供了更高频率的海量用电量数据，实现了对用户行为的精准建模、负荷预测、负荷估计、需求响应等功能。信息与能源的双向流动是能源互联网的重要特征。而以多源数据为基础，筛选出影响能源“细胞”决策的数据类型，将是管理员提供给“细胞”内最佳行为决策参考的技术基础。文献[17]应用 HOMER 软件对某综合能源系统进行在不同空气污染惩罚、柴油价格、年均日照强度、年均风速以及设备投资成本变化等条件下的仿真，通过对各因素的灵敏度分析来验证经济模型的合理性，提出采用增广矩阵的方法将多维信息进行融合，利用随机矩阵理论从高维的视角判断各个因素之间的相关性。文献[18]提出了一种基于影响因素相关性分析的区域综合能源园区的容量优化配置思想，根据待建综合能源园区所处地域的资源分布特点，建立多种综合能源园区候选配置方案，采用拟合法建立优化目标与关键因素之间的函数关系，求出优化目标与这些关键因素的相关性，并根据相关性判断关键因素变化对优化结果的影响程度，利用遗传算法，最终获得综合能源园区全生命周期适应性优化配置方案。以上文献皆从电网元件模型入手，利用仿真方法来寻找影响因素的影响力并进行排序和整合。

但是，模型描述使得数据的利用受限于模型的维度和带入模型所选样本的质量。同时，物理模型的建立存在一定的简化和假设，单纯依靠物理建模分析的理念和方法，已无法充分适应区域能源系统的高维、时变、非线性、高不确定性所带来的综合挑战，因此，有必要研究数据驱动的分析方法。

参考文献

[1] 郭剑波.电力系统特性演变及相关思考[C].西安：第二届“清洁能源发展与消纳”专题研讨会，2019.

[2] 王伟亮，王丹，贾宏杰，等.能源互联网背景下的典型区域综合能源系统稳态分析研究综述[J].中国电机工程学报，2016，36(12)：3292－3305.

[3] 邓仲华，李志芳.科学研究范式的演化——大数据时代的科学研究第四范式[J].情报资料工作，2013(4)：19－23.

[4] Endsley M R. Toward a theory of situation awareness in dynamic system[J]. Human Factors The Journal of the Human Factors and Ergonomics Society, 1995, 37(1): 32－64.

[5] 杜嘉薇，周颖，郭荣华，等.网络安全态势感知——提取、理解和预测[M].北京：机械工业出版社，2018.

[6] 黄蔓云，卫志农，孙国强，等.基于历史数据挖掘的配电网态势感知方法[J].电网技术，2017，41(4)：1139－1145.

[7] 段斌，陈明杰，李辉，等.基于电能质量态势感知的分布式发电主动运行决策方法[J].电力系统自动化，2016，40(21)：176－181.

[8] 李刚，唐正鑫，李纪锋，等.智能电网安全态势感知与组合预测[J].电力信息与通信技术，2016，14(11)：1－7.

[9] Lu J, Yang X, Zhang G. Support vector machine-based multi-source multi-attribute information integration for situation assessment[J]. Expert Systems with Applications, 2008, 34(2): 1333－1340.

[10] Braun J J, Dasarathy B V, Jeswani S P. Information fusion of a large number of sources with support vector machine techniques[C]//Multisensor, multi source information fusion: Architectures, algorithms, and applications. Orlando: Proceedings of SPIE — The International Society for Optics and Photonics, 2003, 5099: 13－23.

[11] 周忠强，韩松.基于样本协方差矩阵最大特征值的低信噪比环境电网异常状态检测[J].电力系统保护与控制，2019，47(8)：119－125.

[12] 周忠强，韩松，李洪乾.基于 Spiked 模型的低信噪比环境电网异常状态检测[J].电测与仪表，2018，55(18)：90－96.

[13] 张宇帆，艾芊，李昭昱，等.基于特征提取的面向边缘数据中心的窃电监测[J].电力系统自动化，2020，44(9)：7.

[14] 姚诸香，涂惠亚，徐国禹.基于灵敏度分析的无功优化潮流[J].电力系统自动化，1997，21(11)：19-21.

[15] 贾宏杰，穆云飞，余晓丹.基于直流潮流灵敏度的断面潮流定向控制[J].电力系统自动化，2010，34(2)：34-38.

[16] 陈毅波，郑玲，姚建刚.基于粗糙集理论与D-S证据理论改进的多元回归负荷预测方法研究[J].电力系统保护与控制，2016，44(6)：62-67.

[17] 谭颖，吕智林，李苏川.混合微电网能量优化配置及影响因素灵敏度分析[J].广西大学学报(自然科学版)，2015，40(5)：1210-1219.

[18] Gu W, Wang J, Lu S, et al. Optimal operation for integrated energy system considering thermal inertia of district heating network and buildings[J]. Applied Energy, 2017, 199: 234-246.

2 电力系统及其运行模型

电力系统是非线性动力学系统，其动态行为可用相关的数学机理模型表示。本章主要介绍用来描述电力系统的相关数学模型，包括动态系统数学模型、发电机模型、励磁系统模型等。对孪生对象的了解是孪生工作的第一步；另一方面，机理模型也可作为数字模型的学习与比对对象。

2.1 动态系统的数学模型

2.1.1 线性动态系统模型

2.1.1.1 确定性模型

确定性模型就是系统的输出仅由输入确定而建立的系统模型。

1）*差分方程*

差分方程(difference equation)是描述离散系统的时域模型。在线性动态系统中，设$\{u(kT),\ y(kT)\}$是单输入/单输出(SISO)系统能观测到的确定性输入和输出数据，采样周期 T 为常数，因此简写为$\{u(k),\ y(k)\}$，则确定性系统的差分方程为

$$
\begin{aligned}
&y(k)+a_1y(k-1)+a_2y(k-2)+\cdots+a_ny(k-n)\\
&=b_0u(k-d)+b_1u(k-d-1)+b_2u(k-d-2)+\cdots+b_mu(k-d-m)
\end{aligned}
\tag{2-1}
$$

式中，a_i和b_i是系数，且$a_i\neq 0$，$b_i\neq 0$。若a_i和b_i是常数，该系统是定常的，否则是时变系统；d 是由输入到输出的时延步数，$d\geqslant 1$。

式(2-1)定义的系统模型中，对输出 $y(k)$是 n 阶差分，$y(k)$为最高阶，$y(k-n)$是最低阶，d 表示系统输入的最高阶 $u(k-d)$低于输出最高阶 $y(k)$的阶次。

(1) 差分算子表达式。为简化模型的描述，可引入前向、后向移位算子 q 和 q^{-1}。若 $y(k)$是系统在 kT 时刻的输出，则 $qy(k)$和$q^{-1}y(k)$是系统在$(k+1)T$ 时

刻和$(k-1)T$时刻的输出，且其有如下关系：

$k \geqslant 0$ 时：　　$qy(k)=y(k+1)$，$q^{i}y(k)=y(k+i)$

$k>0$，$k>i$ 时：　　$q^{-i}y(k)=y(k-i)$

$k \geqslant 1$ 时：　　$q^{-1}y(k)=y(k-1)$，$q^{-1}y(0)=0$

$i>k \geqslant 0$ 时：　　$q^{-i}y(k)=0$

将移位算子q^{-1}代入式(2-1)，可得到等价的(左)差分算子表达式：

$$A(q^{-1})y(k)=q^{-d}B(q^{-1})u(k) \tag{2-2}$$

式中：

$$A(q^{-1})=1+a_1q^{-1}+\cdots+a_nq^{-n}$$

$$B(q^{-1})=b_0+b_1q^{-1}+\cdots+b_mq^{-m}$$

多项式$A(q^{-1})$的阶n是差分算子表达式的阶，即差分方程的阶，它是求解差分方程式(2-1)所需要的独立的初始条件参数。

(2) 自回归滑动平均(autoregressive moving average, ARMA)模型，是将系统现时kT的输出$y(k)$用过去输入与输出的线性组合表示，由式(2-1)和式(2-2)分别得到：

$$y(k)=\sum_{i=0}^{m}b_iu(k-d-i)+\sum_{i=1}^{n}a_iy(k-i) \tag{2-3}$$

或

$$y(k)=\frac{q^{-d}B(q^{-1})}{A(q^{-1})}u(k)=\frac{B(q^{-1})}{A(q^{-1})}u(k-d) \tag{2-4}$$

式(2-3)右边第1项为输入的$u(k)$的过去值组合，称为滑动平均部分；右边第2项为输出$y(k)$的过去值组合，称为自回归部分。

2) 脉冲响应

脉冲响应(impulse response)是描述线性离散系统的又一时域模型。若系统的输入是单位脉冲序列：

$$\delta(k)=\begin{cases}1, & k=0\\ 0, & k\neq 0\end{cases} \tag{2-5}$$

则系统的输出脉冲序列$h(k)$称为脉冲响应，如图2-1所示。

已知系统的脉冲响应$h(k)$，则可求出任一序列$u(k)$输入下系统的输出为

$$y(k)=u(k)*h(k)=\sum_{j=0}^{k}u(j)h(k-j)=h(k)*u(k)=\sum_{m=0}^{k}h(m)u(k-m) \tag{2-6}$$

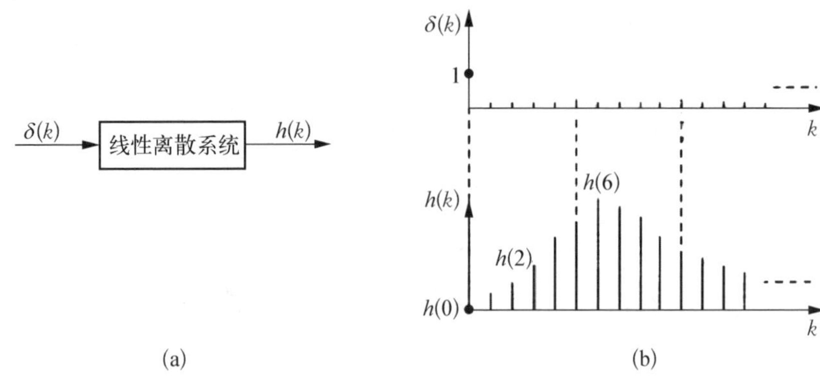

图 2-1 脉冲响应

(a) 系统;(b) 脉冲响应

称 $y(k)$为 $h(k)$与 $u(k)$的卷积和(convolution summation)。式中,$m=k-j$

3) 离散状态空间表达式

离散状态空间表达式是描述线性离散系统的时域模型,主要用于 MIMO 系统。离散状态空间表达式由状态方程和输出方程组成:

$$\begin{aligned} \boldsymbol{x}(k+1) &= \boldsymbol{A}\boldsymbol{x}(k)+\boldsymbol{B}\boldsymbol{x}(k) \\ \boldsymbol{y}(k) &= \boldsymbol{C}\boldsymbol{x}(k)+\boldsymbol{D}\boldsymbol{u}(k) \end{aligned} \tag{2-7}$$

式中,$\boldsymbol{u}(k)$、$\boldsymbol{y}(k)$ 分别为 m 维输入向量、p 维输出向量,$\boldsymbol{u}(k)\in\mathbf{R}^m$, $\boldsymbol{y}(k)\in\mathbf{R}^p$;$\boldsymbol{x}(k)$ 为 n 维状态向量,$\boldsymbol{x}(k)\in\mathbf{R}^n$,是表征系统内部状态的一组最小变量,$n$ 个变量说明系统是 n 阶的;$\boldsymbol{A}$ 为状态转移矩阵,$\boldsymbol{A}\in\mathbf{R}^{n\times n}$;$\boldsymbol{B}$ 为输入矩阵,$\boldsymbol{B}\in\mathbf{R}^{n\times m}$;$\boldsymbol{C}$ 为输出矩阵,$\boldsymbol{C}\in\mathbf{R}^{p\times n}$;$\boldsymbol{D}$ 为传输矩阵,$\boldsymbol{D}\in\mathbf{R}^{p\times m}$。

2.1.1.2 随机系统模型

环境的一些不确定因素输入可归结为附加噪声,考虑噪声的系统模型称为随机系统模型,它有多种形式,以下介绍其中的几种。

1) 含输入和输出噪声的随机模型

SISO 系统的 ARMA 模型如式(2-3)所描述,以时延 $d=1$ 为例,设系统输入 $u(k)$,则输出为

$$y(k)=\sum_{i=1}^{n}b_i u(k-i)-\sum_{i=1}^{n}a_i y(k-i) \tag{2-8}$$

设系统参数

$$\boldsymbol{\theta}=[\theta_1,\ \theta_2,\ \cdots,\ \theta_N]=[a_1,\ a_2,\ \cdots,\ a_n,\ b_1,\ b_2,\ \cdots,\ b_m] \tag{2-9}$$

可将式(2-8)写成模型参数 θ_1, θ_2, …, θ_N的线性组合式:

$$y(k)=h_1(k)\theta_1+h_2(k)\theta_2+\cdots+h_N(k)\theta_N \tag{2-10}$$

其中：

$$\begin{aligned}\boldsymbol{h}(k)&=[h_1(k),\ \cdots,\ h_N(k)]^{\mathrm{T}}\\&=[-y(k-1),\ \cdots,\ -y(k-n),\ u(k-1),\ \cdots,\ u(k-m)]^{\mathrm{T}}\end{aligned}\tag{2-11}$$

设系统输入和输出均含有噪声：

$$\begin{cases}h'_i(k)=h_i(k)+s_i(k), \quad i=1,\ 2,\ \cdots N\\z(k)=y(k)+v(k)\end{cases}\tag{2-12}$$

式中，$s_i(k)$和 $v(k)$为零均值不相关的随机噪声，且

$$E[s_i(k)s_j(k)]=\begin{cases}\delta_{ij}^2, & i=j\\0, & i\neq j\end{cases}\tag{2-13}$$

$$\boldsymbol{s}(k)=[s_1(k),\ s_2(k),\ \cdots,\ s_{n+m}(k)]\tag{2-14}$$

则输入、输出含有噪声时建立的模型为

$$\begin{cases}\boldsymbol{h}'(k)=\boldsymbol{h}(k)+\boldsymbol{s}(k)\\\boldsymbol{z}(k)=\boldsymbol{y}(k)+\boldsymbol{v}(k)=\boldsymbol{h}^{\mathrm{T}}(k)\boldsymbol{\theta}+\boldsymbol{v}(k)\end{cases}\tag{2-15}$$

这是随机线性离散系统的一种模型，如图 2-2 所示。

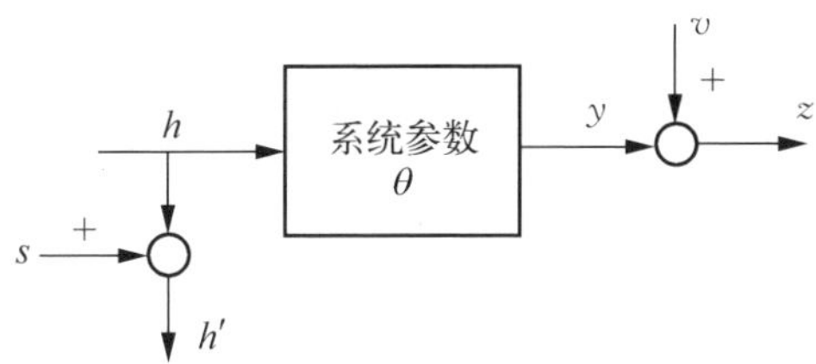

图 2-2　含输入、输出噪声的随机模型

2）离散状态空间表达式

对于 MIMO 系统，用离散状态空间表达式描述的随机模型为

$$\begin{aligned}\boldsymbol{x}(k)&=\boldsymbol{A}\boldsymbol{x}(k)+\boldsymbol{B}\boldsymbol{x}(k)+\boldsymbol{G}\boldsymbol{\mu}(k)\\\boldsymbol{y}(k)&=\boldsymbol{C}\boldsymbol{x}(k)+\boldsymbol{v}(k)\end{aligned}\tag{2-16}$$

式中，$\boldsymbol{\mu}(k)$ 是输入扰动白噪声向量序列，$\boldsymbol{v}(k)$ 是输出量测白噪声向量序列。

2.1.2　非线性动态系统模型

非线性系统没有一般表达式，在此列出几种典型模型[1]。

2.1.2.1 单输入/单输出(SISO)系统的差分方程

$$M_1:\quad y(k)=g[y(k-1),\ \cdots,\ y(k-n),\ u(k-1),\ \cdots,\ u(k-m)] \tag{2-17}$$

$$M_2:\quad y(k)=g[y(k-1),\ \cdots,\ y(k-n)]+\varphi[(k-1),\ \cdots,\ u(k-m)] \tag{2-18}$$

$$M_3:\quad y(k)=g[y(k-1),\ \cdots,\ y(k-n)]u(k-m) \tag{2-19}$$

$$M_4:\quad y(k)=\sum_{i=1}^{n}a_i y(k-i)+\varphi[(k-1),\ \cdots u(k-m)] \tag{2-20}$$

$$M_5:\quad y(k)=g[y(k-1),\ \cdots,\ y(k-n)]+\sum_{i=1}^{n}b_i u(k-i) \tag{2-21}$$

2.1.2.2 离散状态空间表达式

离散状态空间模型有仿射型离散状态空间和一般型离散状态空间两种。

(1) 仿射型离散状态空间表达式:

$$\begin{aligned}\boldsymbol{x}(k+1)&=\phi[\boldsymbol{x}(k)]+\chi[\boldsymbol{u}(k)]\\ \boldsymbol{y}(k)&=g[\boldsymbol{x}(k),\ \boldsymbol{u}(k)]\end{aligned} \tag{2-22}$$

(2) 一般型离散状态空间表达式:

$$\begin{aligned}\boldsymbol{x}(k+1)&=\phi[\boldsymbol{x}(k),\ \boldsymbol{u}(k)]\\ \boldsymbol{y}(k)&=g[\boldsymbol{x}(k),\ \boldsymbol{u}(k)]\end{aligned} \tag{2-23}$$

式中,ϕ、χ、g 是相应的非线性算子;$\boldsymbol{u}(k)$、$\boldsymbol{y}(k)$、$\boldsymbol{x}(k)$ 是系统在采样点 k 的输入、输出和状态向量。

2.2 发电机的常用模型

本节对同步发电机的基本方程与导出模型进行讨论。

2.2.1 *abc* 坐标系下的有名值方程

图 2-3 是双极理想电机示意图,图中标明了各个绕组电磁量的正方向,说明如下:

定子 abc 三相绕组的对称轴 a、b、c 空间互相相差 120°电角度,若设转子逆时针旋转为旋转正方向,则转子依次与静止的 a、b、c 三轴相遇;定子三相绕组磁链 Ψ_a、Ψ_b、Ψ_c 的正方向分别与 a、b、c 三轴正方向一致。[2]

设转子励磁绕组中心轴是 d 轴,并设 q 轴沿转子旋转方向领先 d 轴 90°。在 d 轴

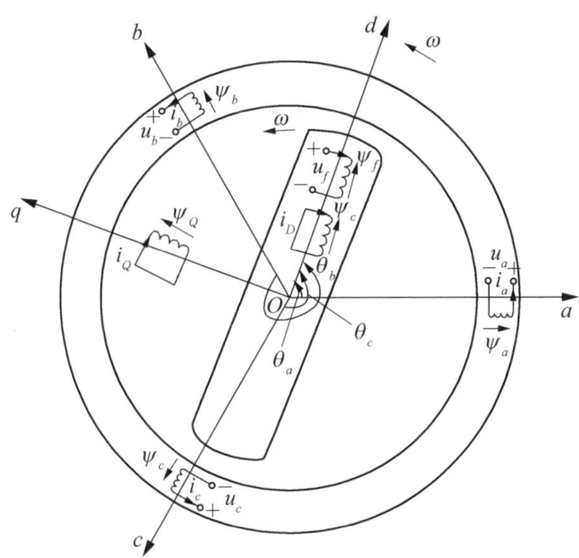

图 2 - 3　双极理想电机示意图

上有励磁绕组 f 和一个等值阻尼绕组 D,在 q 轴上有一个等值阻尼绕组 Q。对于汽轮机实心转子,转子 q 轴的暂态过程需要用两个等值阻尼绕组来描述,即除了与次暂态过程对应的等值阻尼绕组 Q 外,还应考虑与暂态过程对应的等值阻尼绕组 g,该绕组在暂态过程中的特点与 d 轴的励磁绕组 f 对应,不同之处是绕组 g' 为无电源激励。

设 d 轴的 f 绕组、D 绕组和 q 轴的 Q 绕组的磁链正方向分别与 d 轴、q 轴正方向一致。并设 f 绕组、D 绕组、Q 绕组的正值电流产生相应绕组的正值磁动势和磁链。D 阻尼绕组、Q 阻尼绕组端电压恒为零,而励磁绕组电流 i_f 由其端电压 u_f 的正极性端流入励磁绕组,与稳态运行时方向一致。转子 d 轴在空间领先 a、b、c 三轴的电角度分别为 θ_a、θ_b、θ_c,则

$$\theta_b = \begin{cases} \theta_a + 240^\circ \\ \theta_a - 120^\circ \end{cases} \quad \theta_c = \begin{cases} \theta_a + 120^\circ \\ \theta_a - 240^\circ \end{cases} \tag{2-24}$$

以上述电机绕组结构及电磁量正方向的定义为基础,导出 abc 坐标系下同步发电机的有名值电压方程:

$$\begin{bmatrix} u_a \\ u_b \\ u_c \\ u_f \\ u_D \\ u_Q \end{bmatrix} = \begin{bmatrix} p\Psi_a \\ p\Psi_b \\ p\Psi_c \\ p\Psi_f \\ p\Psi_D \\ p\Psi_Q \end{bmatrix} + \begin{bmatrix} -r_a i_a \\ -r_a i_b \\ -r_a i_c \\ r_f i_f \\ r_D i_D \\ r_Q i_Q \end{bmatrix} \tag{2-25}$$

式中，r_a 为定子各相绕组的电阻；$p=\mathrm{d}/\mathrm{d}t$，为对时间的导数算子。对于国际单位制(SI)：电流单位为安培(A)，电阻单位为欧姆(Ω)，电压单位为伏特(V)，磁链单位为韦伯(Wb)，时间单位为(s)。

磁链方程：

$$\begin{bmatrix}\Psi_a\\\Psi_b\\\Psi_c\\\Psi_f\\\Psi_D\\\Psi_Q\end{bmatrix}=\begin{bmatrix}L_{aa}&L_{ab}&L_{ac}&L_{af}&L_{aD}&L_{aQ}\\L_{ba}&L_{bb}&L_{bc}&L_{bf}&L_{bD}&L_{bQ}\\L_{ca}&L_{cb}&L_{cc}&L_{cf}&L_{cD}&L_{cQ}\\L_{fa}&L_{fb}&L_{fc}&L_{ff}&L_{fD}&L_{fQ}\\L_{Da}&L_{Db}&L_{Dc}&L_{Df}&L_{DD}&L_{DQ}\\L_{Qa}&L_{Qb}&L_{Qc}&L_{Qf}&L_{QD}&L_{QQ}\end{bmatrix}\begin{bmatrix}-i_a\\-i_b\\-i_c\\i_f\\i_D\\i_Q\end{bmatrix}\overset{\Delta}{=}\begin{bmatrix}L_{11}&L_{12}\\L_{21}&L_{22}\end{bmatrix}\begin{bmatrix}-i_{abc}\\i_{fDQ}\end{bmatrix}\tag{2-26}$$

在理想电机的假定下，转子绕组的自感和互感 L_{22} 均为恒定值，定子与转子绕组间的互感 L_{12} 和 L_{21} 以 360°为周期，按照正弦规律变化，定子绕组的自感和互感 L_{11}，以 180°为周期，按照正弦规律变化。

转子运动方程：

$$\begin{cases}\dfrac{1}{p_p}J\ \dfrac{\mathrm{d}\omega}{\mathrm{d}t}=M_{\mathrm{m}}-M_{\mathrm{e}}\\\dfrac{\mathrm{d}\theta}{\mathrm{d}t}=\omega\end{cases}\tag{2-27}$$

$$M_{\mathrm{e}}=p_p\ \frac{1}{\sqrt{3}}[\Psi_a(i_b-i_c)+\Psi_b(i_c-i_a)+\Psi_c(i_a-i_b)]\tag{2-28}$$

式中，M_{m} 为原动机加于电机轴的机械力矩；p_p 为极对数；J 为转子的转动惯量；M_{e} 为发电机电磁力矩；θ 为转子的电角度；ω 为转子的电角速度。

上述电压方程、磁链方程及转子运动方程共计 14 个方程，为 8 阶数学模型，其中含有的变量包括 6 个电压、6 个磁链、6 个电流以及 ω、θ 和 M_{m}，共 21 个，考虑 $u_D\equiv0$，$u_Q\equiv0$，则还有 19 个变量，故还需要 5 个约束条件或已知条件方能求解。这 5 个约束条件如下：u_f 为励磁系统输出电压(设为已知)，M_{m} 为原动机的输出机械力矩(设为已知)，定子三相绕组与网络接口由对应的三个网络约束方程与之联立求解，从而总的方程数与变量数相等，方程存在唯一解。

从磁链方程中可以看出，定子绕组的自感和互感、定子与转子绕组间的互感都是随时间变化的，这给计算分析带来了很大困难。因此实际分析同步电机很少采用 abc 坐标系，而采用最常用的 $dq0$ 坐标系，将定子、转子方程统一到同一坐标系下进行研究。

2.2.2 同步发电机的基本方程

电力系统分析与计算中最常采用 $dq0$ 坐标系。用 $dq0$ 坐标系表示同步发电机基本方程有如下假定：

(1) 转子 d 轴有 d 绕组、f 绕组和 D 绕组，转子 q 轴有 q 绕组、g 绕组和 Q 绕组，其中，f 绕组为励磁绕组，D 绕组、g 绕组和 Q 绕组均为等效阻尼绕组。

(2) 定子、转子对应轴上的每两个绕组间的互感相等。

(3) 正方向这样规定，即定子诸量采用发电机惯例，且定子绕组正值电流产生负值磁链。转子诸量采用电动机惯例，q 轴沿转子旋转方向超前 d 轴 90°。

(4) 采用 x_{ad} 标幺值(p. u.)系统。

同步发电机的电压方程：

$$\begin{bmatrix} u_d \\ u_q \\ u_0 \\ u_f \\ u_D \\ u_g \\ u_Q \end{bmatrix} = \begin{bmatrix} \dot{\Psi}_d \\ \dot{\Psi}_q \\ \dot{\Psi}_0 \\ \dot{\Psi}_f \\ \dot{\Psi}_D \\ \dot{\Psi}_g \\ \dot{\Psi}_Q \end{bmatrix} + \begin{bmatrix} -r_a i_d \\ -r_a i_q \\ -r_a i_0 \\ r_f i_f \\ r_D i_D \\ r_g i_g \\ r_Q i_Q \end{bmatrix} \tag{2-29}$$

磁链方程：

$$\begin{bmatrix} \Psi_d \\ \Psi_q \\ \Psi_O \\ \Psi_f \\ \Psi_D \\ \Psi_g \\ \Psi_Q \end{bmatrix} = \begin{bmatrix} X_d & 0 & 0 & X_{ad} & X_{ad} & 0 & 0 \\ 0 & X_q & 0 & 0 & 0 & X_{aq} & X_{aq} \\ 0 & 0 & X_0 & 0 & 0 & 0 & 0 \\ X_{ad} & 0 & 0 & X_f & X_{ad} & 0 & 0 \\ X_{ad} & 0 & 0 & X_{ad} & X_D & 0 & 0 \\ 0 & X_{aq} & 0 & 0 & 0 & X_g & X_{aq} \\ 0 & X_{aq} & 0 & 0 & 0 & X_{aq} & X_Q \end{bmatrix} \begin{bmatrix} -i_d \\ -i_q \\ -i_0 \\ i_f \\ i_D \\ i_g \\ i_Q \end{bmatrix} \tag{2-30}$$

$$M_e = \Psi_d i_q - \Psi_q i_d \tag{2-31}$$

式中，$dq0$ 表示经派克变换后得到新坐标系下的与 abc 绕组对应的绕组；Ψ_d，Ψ_q，Ψ_Q，Ψ_D，Ψ_g，Ψ_f 表示 q 轴、d 轴定子绕组、阻尼绕组和励磁绕组的磁链；i 表示流经各绕组的电流；X_d，X_q，X_g，X_Q，X_D，X_f 表示 q 轴、d 轴定子绕组、阻尼绕组和励磁绕组的自感抗，其中 X_d，X_q 也称为同步电抗；X_{ad} 为 d 轴上三个绕组(d，f，D) 之间的互感抗，又称为 d 轴电枢反应同步电抗；X_{aq} 为 q 轴上两个绕组(q，

Q）之间的互感抗，又称为 q 轴电枢反应同步电抗；r_a，r_f，r_D，r_g，r_Q 分别为定子绕组、励磁绕组、d 轴阻尼绕组和 q 轴阻尼绕组的电阻；u_d，u_q，u_f，u_D，u_Q，u_g 表示各绕组的电压。

对于同步发电机的参数，有些学者采用基本方程进行辨识。但由于用于分析计算的方程未知的参数较多，辨识过程比较困难，且所得参数仍需要转化为实用参数，故现在一般不直接用同步发电机基本方程来进行参数辨识。但是基本方程在同步发电机的频域分析和理论解析等研究方面仍然有重要意义。

2.2.3 同步发电机的实用模型

通常将派克方程中的转子变量（如 i_{fDQ}，Ψ_{fDQ}，u_f）折合到定子侧，并用实用物理量表示，以便在定子侧进行分析度量，从而得到同步发电机的实用模型。该实用模型将动态过程分解为超瞬变、瞬变与稳态过程。对应这些过程，引出的响应参数（如 X_d'，X''_d，X''_q 及 T_{d0}'，T''_{d0}，T''_{q0} 等）称为实用参数，也称为导出参数。它们主要反映同步发电机动态过程中的某些特征（如阻抗大小、衰减时间等）。

实用模型和参数给分析带来方便，且便于互相比较。可用这些定子侧的等效量取代原来的响应转子量，从而得到基于实用等效量的同步发电机实用方程。上述做法除了物理意义明确，便于从定子侧分析、测量和比较外，其标幺值的取值范围也较为合理。

对于原派克方程中的定子量，则可只保留易测量及计算的 i_d，i_q 及 u_d，u_q，可消去 Ψ_d，Ψ_q 两个变量。

另外，实用模型中采用的是实用同步发电机的标幺参数（如 X_d，X'_d，X''_d，X_q，X_q'，X''_q 及 T'_{d0}，T''_{d0}，T''_{q0} 等），这些参数的物理意义更加明确，可以根据其物理意义进行测量，便于参数准备及分析、计算。

2.2.3.1 三阶模型

要计及励磁系统动态的时候，所用的最简单模型为三阶模型。由于三阶模型简单而又能计算励磁绕组动态，因而广泛地用于精度要求不高，但仍需考虑励磁系统动态的电力系统动态分析中。这种模型的导出基于如下假定：

（1）忽略定子 d 轴绕阻、q 轴绕组的暂态，即在定子电压方程中取 $\dot{\Psi}_d = \dot{\Psi}_q = 0$。

（2）在定子电压方程中，设 $\omega \approx 1$(p. u)，因为在速度变化不大的过渡过程中，该假设引起的误差很小。

（3）忽略 D 绕阻、Q 绕组，其产生的影响可在转子运动方程补入阻尼项来近似考虑。

其模型结构（假设不计定子电阻）：

$$\begin{cases}\dfrac{\mathrm{d}\delta}{\mathrm{d}t}=\omega-\omega_s, \quad \omega_s=1\\ M\dfrac{\mathrm{d}\omega}{\mathrm{d}t}=M_m-M_e-D\dfrac{\mathrm{d}\delta}{\mathrm{d}t}\\ T'_{d0}\dfrac{\mathrm{d}E'_q}{\mathrm{d}t}=E_f-E'_q-(X_d-X'_d)i_d\end{cases} \tag{2-32}$$

$$\begin{cases}u_d=X_q i_q\\ u_q=E'_q-X'_d i_d\end{cases} \tag{2-33}$$

式中,E_f 为励磁电势,M_e 为电磁力矩。

$$M_e=E'_q i_q-(X'_d-X_q)i_d i_q \tag{2-34}$$

2.2.3.2 E'_q 恒定模型及经典二阶模型

当进一步忽略 f 绕组的暂态过程后,令 $pE'_q\equiv 0$,即令 $E'_q=\text{const}$,若计及凸极效应,则三阶模型可简化为 E'_q 恒定模型,即

$$\begin{cases}u_d=X_q i_q-r_a i_d\\ u_q=E'_q-X'_d-r_a i_q\\ M\dfrac{\mathrm{d}\omega}{\mathrm{d}t}=M_m-[E'_q i_q-(X'_d-X_q)i_d i_q]\\ \dfrac{\mathrm{d}\delta}{\mathrm{d}t}=\omega-1\end{cases} \tag{2-35}$$

若进一步忽略凸极效应,即设 $X'_d\equiv X_q$,暂态电动势 $\dot{E}'$ 的幅值恒定,则可化为经典二阶模型,即

$$\begin{cases}\dot{u}=\dot{E}'-(r_a+\mathrm{j}X_d)\dot{i}\\ M\dfrac{\mathrm{d}\omega}{\mathrm{d}t}=M_m-E'_q i_q\\ \dfrac{\mathrm{d}\delta}{\mathrm{d}t}=\omega-1\end{cases} \tag{2-36}$$

式中,$\dot{u}=u_d+\mathrm{j}u_q$,$\dot{i}=i_d+\mathrm{j}i_q$,$\dot{E}'=(X_q-X'_d)i_q+\mathrm{j}E'_q$

从同步发电机的几种常用的模型中不难看出,若 δ,u,i 可以测量,则可得出 u_d,u_q,i_d,i_q,从而可以对 d 轴电气参数、q 轴电气参数、机械参数均分开进行辨识。

2.3 励磁系统的常规数学模型

励磁系统的控制对电力系统输送功率乃至整个电力系统的稳定性有重要影响。

2.3.1 发电机励磁系统的原理与分类

以同步发电机为例，同步发电机的励磁系统是指向同步发电机提供励磁的所有部件的总和。励磁系统分为直流励磁机励磁系统、交流励磁机励磁系统和静止励磁机励磁系统。静止励磁机励磁系统即晶闸管励磁系统。与电力系统稳定性计算有关的部件包括励磁机、自动电压调节器(AVR)、电力系统稳定器(PSS)、功率整流器(可控和不可控)及各种限制和保护[例如过磁通(伏赫)限制、低励磁限制和保护，过励磁限制和保护[3]，高起始励磁系统的励磁机磁场电流瞬时过流限制等]。励磁系统的数学模型由上述各个部件的模型组合而成，如图 2-4 所示为发电机励磁系统的调节原理框图，表 2-1 所示为图 2-4 中各变量的含义。

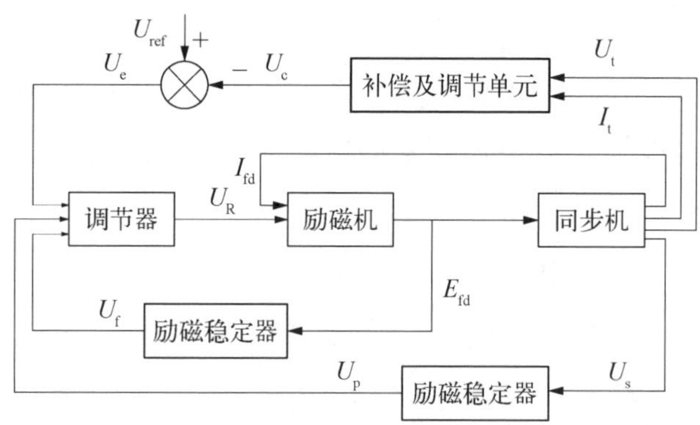

图 2-4 发电机励磁系统的调节原理框图

表 2-1 图 2-4 中各变量的含义

变量名	含 义	变量名	含 义
U_t	发电机端电压	U_p	励磁稳定器输出控制量
I_t	发电机定子电流	U_f	励磁稳定器输出控制量
U_c	补偿及调节单元输出电压	I_{fd}	发电机励磁电流
E_{fd}	励磁机输出电压	U_{ref}	调节系统参考电压
U_R	调节器输出电压	U_e	调节系统偏差电压
U_S	励磁稳定器输入控制量		

2.3.2 发电机励磁系统的数学模型

通常将主励磁系统(励磁电源)和励磁调节器的组合称为励磁系统，而同步发电机和励磁系统共同组成同步发电机励磁控制系统。建立同步发电机励磁控制系统的数学模型，其目的在于分析它本身的稳定性和动/静态性能，特别是为了分析、计算励磁控制系统对电力系统稳定性的影响。

2.3.2.1 同步发电机的数学模型

根据对应目的，我们可以按照某种要求来建立相应的发电机简化数学模型。建立发电机励磁控制系统所用的传递函数模型，发电机的近似传递函数为

$$\frac{U_t(s)}{U_f(s)}=\frac{K_G}{1+T_G s} \tag{2-37}$$

式中，K_G 为发电机放大系数，T_G 为空载时间常数，s 为复变量。

发电机的输出变量可以是机端电压，输入变量则是施加在转子绕组上的励磁电压，这些变量可用其标幺值表示。

2.3.2.2 主励磁系统（励磁电源）的数学模型

本节讨论仅以交流励磁机和静止励磁机的数学模型为例。

1）交流励磁机的数学模型

当交流励磁机处于带整流负荷的特殊运行状态时，它的数学模型包括交流励磁机和功率整流器两部分。我国绝大多数交流励磁机均为他励电机，因此可以使用同步发电机的模型来描述，由于励磁机的负载接近于恒定，因此它的负载电流 I_f（即整流后送到发电机励磁绕组的电流）产生的电枢反应对于励磁机端电压 U_t 的影响不必精确地描述，而是可以近似地用常数代替。交流励磁机的传递函数框图如图 2-5 所示，图中，S_E 为饱和系数；U_R 为励磁调节器输出电压；K_D 为反映励磁机负载电流去磁作用的系数；U_e 为不可控三相全波整流桥的输出电压；T_E 为励磁机励磁绕组空载时间常数；I_{fd} 为发电机励磁电流；K_E 为自励系数。

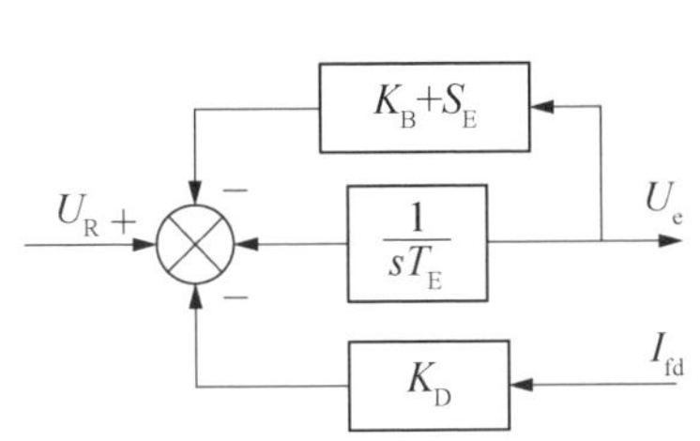

图 2-5 交流励磁机的传递函数框图

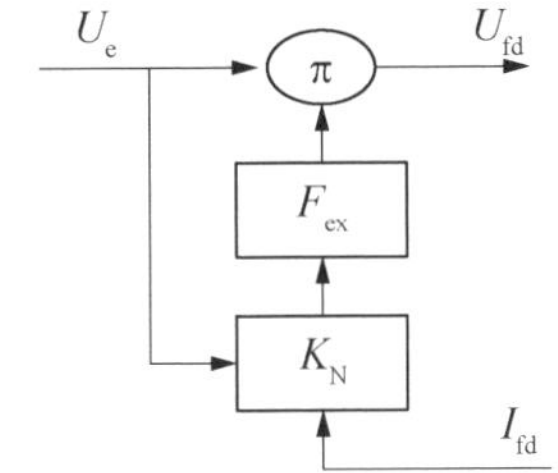

图 2-6 不可控整流器的数学模型

对于送到发电机励磁绕组的电压 U_f，除了与励磁机的电枢反应有关外，还与整流器的换相压降有关，所以必须与功率整流器连接后才能明确。所谓换相压降是指换流过程中电流变化在电感上引起电压降落，使输出电压的波形增加缺口，所导致的输出电压平均值减少。交流励磁机所用的功率整流器可为三相桥式可控或不可控整流器，图 2-6 给出不可控整流器的数学模型。

其中：

$$I_{N}=\frac{K_{c}I_{fd}}{U_{e}} \tag{2-38}$$

图 2-6 中，F_{ex}为整流器调节特性函数，它是与整流器工作状态有关的函数。

2) 静止励磁机的数学模型

自并励静止励磁系统采用接于发电机端的励磁变压器作为励磁电源，经可控整流后供给发电机励磁绕组，实际上就是变压器带整流负荷运行的问题。由于可控整流桥的换相压降相对较小，因此励磁变压器可用比例环节模拟。可控整流桥的电源由励磁变压器供给，它随着发电机机端电压的变化而变化。自并励静止励磁系统常采用余弦波移项触发电路，其可控整流桥的输出电压定义为

$$U_{fd}=KU_{t}\cos\alpha \tag{2-39}$$

式中，K 是整流系数与励磁变压器的变比的乘积；α 为控制角，它是调节器的输出电压和余弦波同步信号电压瞬时值相等时的相位角。

式(2-39)进一步可写为

$$U_{fd}=KU_{R} \tag{2-40}$$

这说明，励磁电压 U_{fd}与调节器输出电压 U_{R}呈线性关系，并且不受发电机端电压的影响，这是采用余弦波移项方式的优点。只有当强行励磁时，控制角 α 为固定值，则其与余弦波同步信号无关，即 U_{fd}受 U_{t}影响。因此，自并励电源可使用限幅器形式表示。若考虑换相压降，并把励磁变压器和可控整流桥的增益归算到调节器，则自并励电源的数学模型如图 2-7 所示。图 2-7 中，K_{a}为移相回路的增益；T_{a}为移相回路的时间常数；U_{Rmax}为发电机额定电压的最大输出电压；U_{Rmin}为发电机额定电压的最小输出电压；K_{c}为整流器换相压降系数；U_{t}和 I_{fd}分别为机端电压和励磁电流。

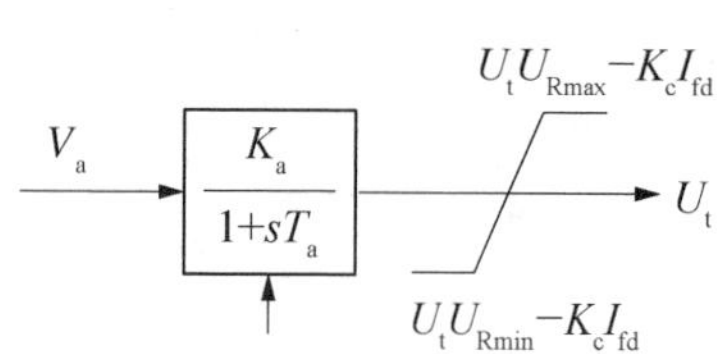

图 2-7　自并励电源的数学模型

在进行小扰动稳定分析时，可以省略限幅环节，自并励电源可以用比例环节模拟，而励磁变压器和可控整流桥的时滞很小，故可以忽略。

2.3.2.3　励磁调节器(AVR)的数学模型

目前我国电力系统中应用的励磁调节器基本上分为三种类型：电磁型电压校正器、相位复式励磁调节器和晶体管可控硅型励磁调节器。下文以可控硅型励磁调节器为例，介绍其数学模型。

1) 电压测量调差补偿单元

电压测量调差补偿单元在对发电机端电压进行处理后，与给定电压 U_{ref}进行

比较,使其偏差值作为控制信号并送入放大单元。由于电压测量单元总滞后时间比较小,为了简化,一般可用一阶惯性环节表示,其等值时间常数为 T_R。

电压测量调差补偿单元由测量比较电路调差补偿电路和滤波整流电路组成,发电机端电压 U_t 及定子电流 I_t 经调差后可构成输出电压 U_c:

$$U_c = |U_t + (R_c + jX_c)I_t| \tag{2-41}$$

式中,R_c 和 X_c 为调差电阻和电抗。整流滤波电路可用一阶惯性环节表示:

$$G_R(s) = \frac{K_R}{1 + T_R s} \tag{2-42}$$

式中,K_R 为电压比例系数;T_R 为时间常数,数值较小,一般在 0.02~0.065 之间。

2) 综合放大控制单元

综合放大控制单元由调节器中的综合放大电路、移相触发电路和可控硅整流电路组成。综合放大电路可看作惯性环节;同步触发器可看作比例环节,无时滞影响;而对于可控硅整流器,考虑到在运行中改变控制电压的调节过程,整流器平均输出电压对触发器电压有滞后作用,但经适当处理后,也可看作一阶惯性环节。综上,综合放大控制单元的传递函数可近似为一阶惯性环节,即

$$G_A(s) = \frac{K_A}{1 + T_A s} \tag{2-43}$$

式中,K_A 为综合放大倍数;T_A 为综合时间常数。

3) 转子软反馈单元

转子软反馈单元可提高调节系统的动态稳定性,改善其调节品质。其实质上是一个惯性微分环节,传递函数为

$$G_F(s) = \frac{K_F}{1 + T_F s} \tag{2-44}$$

式中,K_F, T_F 分别为该环节的放大倍数和时间常数。

4) 励磁稳定器

为了提高励磁控制系统的稳定性,改善调节品质,通常设有串、并联校正单元。

串联校正单元又称为 PID 调节器,其标准模型如图 2-8 所示,共由两个环节组成。其中,$T_1 \sim T_4$ 是时间常数(也称超前滞后补偿时间常数);K 为其增益;K_V 为积分选择因子,$K_V = 0$ 时为纯积分校正。若只使用一个校正环节,则令 $T_3 = T_4$。

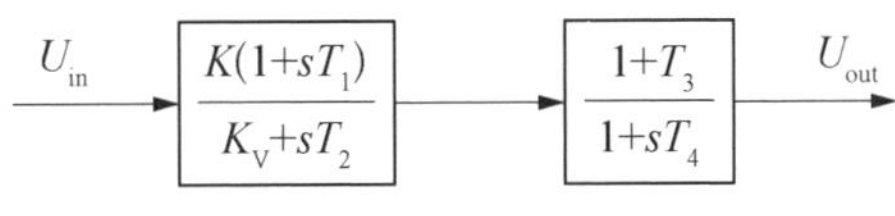

图 2-8 串联校正单元

串联校正单元模型参数包括 $T_1 \sim T_4$ 和 K,都需通过测量或辨识取得。一般一个为超前环节,另一个为滞后环节,即 $T_1 > T_2$, $T_3 < T_4$,或反之。

并联校正单元可称为励磁系统稳定器(PSS),其模型如图 2－9 所示。其输入信号可以是发电机的励磁电压(仅用于有刷励磁系统)E_{fd},也可以是交流励磁机的励磁电流 I_{fd}(有刷或无刷系统均有使用)。输出信号的嵌入点可因调节器的不同而不同。

并联校正单元模型参数有两个,即 K_F 和 T_F,均可通过测量或辨识取得。

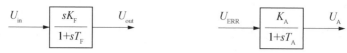

图 2－9　并联校正单元　　　**图 2－10　误差放大单元模型**

5）误差放大单元模型

误差信号放大单元的作用是误差信号的放大,有时误差信号直接由串联校正单元放大,从而省去误差信号放大单元。误差信号放大单元大多数情况下可用一个一阶惯性环节模拟,其模型如图 2－10 所示。

误差信号放大模型参数有增益 K_A 和时间常数 T_A,K_A 和 T_A 均可通过测量或辨识取得。误差信号放大单元有时也用作多种信号的综合单元,此时应注意其对不同信号的增益是否相同。

6）功率放大单元模型及参数

自动电压调节器的功率放大单元的形式大多数为三相可控硅整流桥。功率放大单元模型如图 2－11 所示。

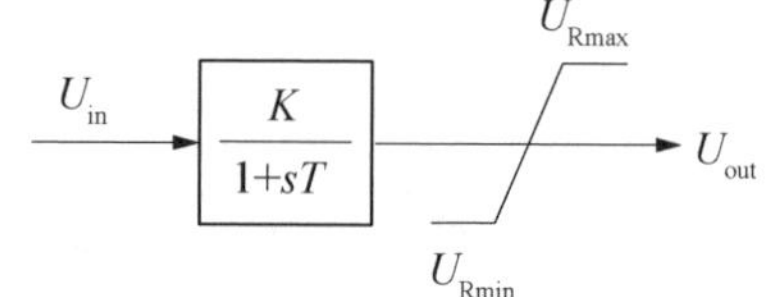

图 2－11　功率放大器单元模型

U_{Rmax},U_{Rmin} 分别为自动电压调节器功率放大单元的最大输出电压和最小输出电压,K 为增益,T 为等效时间常数。输入为校正单元或综合放大器的输出。

若自动电压调节器的功率放大单元由同轴副励磁机提供时:

$$
\begin{aligned}
U_{Rmax} &= 1.35 U_p \cos\alpha_{min} \\
U_{Rmin} &= 1.35 U_p \cos\alpha_{max}
\end{aligned} \tag{2-45}
$$

式中,U_p,α_{min},α_{max} 分别是副励磁机电压(即取强励时的输出电压)、最小控制角和最大控制角。

当自动电压调节器的功率放大单元由励磁变压器从发电机端取得时:

$$
\begin{aligned}
U_{Rmax} &= U_t U_{RmaxN} \\
U_{Rmin} &= U_t U_{RminN} \\
U_{RmaxN} &= 1.35 U_N \cos\alpha_{min} \\
U_{RminN} &= 1.35 U_N \cos\alpha_{max} \\
K &= \Delta U_R / \Delta U_{IN}
\end{aligned} \tag{2-46}
$$

U_{RmaxN}，U_{RminN}分别是发电机电压为额定值时，功率放大单元的最大输出电压与最小输出电压。

等效时间常数 T 由调节器特性决定，当模拟式调节器从副励磁机取得电源时，可以忽略；当功率单元由机端变压器供电时为 0.002～0.02 s；对数字式调节器，还受其采样及计算周期的影响，可由试验测定。

2.3.3 励磁系统的标幺值和建模所需要的数据

一般按如下原则选择励磁系统的标幺值：发电机额定端电压可作为发电机电压的基准值，发电机额定电流可作为发电机电流的基准值，发电机磁场电流可定义为在发电机空载特性曲线气隙线上产生发电机额定端电压所要求的磁场电流，转子电阻基准值 R_{FDB}可定义为额定转子电压除以额定转子电流，即

(1) 转子电压的基准值 $U_{FDB}=I_{FDB}R_{FDB}$；

(2) 励磁机励磁电流的基准值可定义为在励磁机空载特性曲线气隙线上产生一个符合要求的励磁机励磁电流；

(3) 励磁机励磁绕组电阻基准值可定义为额定励磁机励磁电压除以额定励磁机励磁电流；

(4) 励磁机励磁电压的基准值为 $U_{efb}=I_{efb}R_{efb}$。

而对励磁系统建模时，需要一定的资料和技术数据，如下：

(1) 发电机的资料和数据包括发电机空载特性曲线、额定电压、额定功率因数、额定功率；发电机额定励磁电压、额定励磁电流、空载励磁电压、空载励磁电流；定子开路时励磁绕组时间常数(注明所用励磁绕组电阻值或励磁绕组温度)、励磁绕组电阻(注明温度)。

(2) 直流励磁机空载特性曲线、负载特性曲线、励磁绕组时间常数(注明所用励磁绕组电阻值或励磁绕组温度)、激励方式(他励或复励)、励磁绕组电阻(注明温度)；直流励磁机额定电压、额定电流。

(3) 交流励磁机的资料和数据包括交流励磁机空载特性曲线、负载特性曲线(坐标应注明是交流励磁机线电压还是整流后的直流电压)；交流励磁机额定电压、额定电流、额定功率因数、额定功率；交流励磁机电枢开路时励磁绕组时间常数(注明所用励磁绕组电阻值或励磁绕组温度)、激励方式(他励或复励)、励磁绕组电阻(注明温度)；交流励磁机的同步电抗、次暂态电抗和负序电抗，发电机额定工况下交流励磁机的励磁电压和励磁电流。

(4) 交流副励磁机的资料和数据包括交流副励磁机额定电压、额定电流、额定功率因数、额定功率；交流副励磁机的外特性曲线、空载电压、输出额定电流时的端电压、输出强励电流时的端电压。

2.4 原动机和调速系统的数学模型

2.4.1 发电机调速系统简介

发电机组调速系统的作用是通过调节原动机的机械功率，使其达到新的平衡，从而稳定发电机组的同步转速，并使转速始终处于允许范围之内。图 2 - 12 所示为原动机及调速系统结构框图。

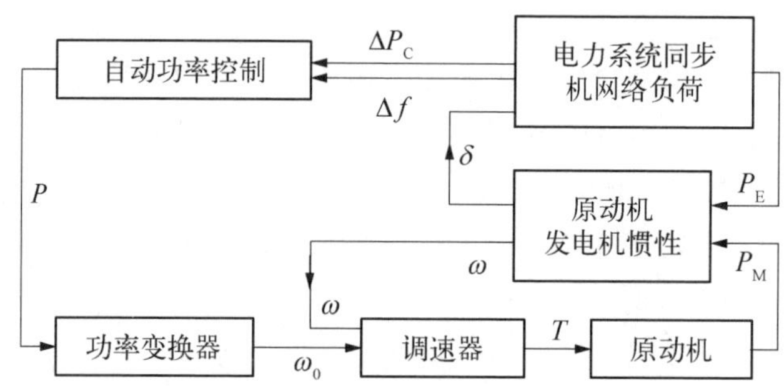

图 2 - 12 原动机及调速系统结构框图

2.4.2 发电机调速系统连续数学模型

调速器仿真的环节主要包括飞摆、错油门、油动机、硬反馈、软反馈(汽轮机没有软反馈)、汽惯性或水锤效应等，它们的主要物理特性和数学模型简介如下。

1) 转速偏差信号

转速偏差：

$$\Phi = U_{no} + U_{nH} - U'_{n} \tag{2-47}$$

式中，U_{no}为空载给定；U_{nH}为负载给定；U'_{n}为速度反馈。

2) 飞摆

在转速变化范围不大时，可认为飞摆相对位移与转速相对偏差成正比，即

$$\eta = \frac{1}{\delta}\phi \pm \frac{\varepsilon}{2} \tag{2-48}$$

式中，η 为测量环节输出相对位移；δ 为调差系数；ϕ 为机组转速相对偏差；ε 为失灵区。

$$\delta = \frac{n_0 - n_e}{n_e} \times 100\% \tag{2-49}$$

$$\phi = \frac{n - n_e}{n_e} \tag{2-50}$$

式中，n_0 为空载转速；n_e 为额定负荷时额定转速；n 为机组转速。

3）错油门

因错油门动作时间远小于原动机的惯性时间常数，故可以忽略不计。此时错油门运动方程式为

$$\sigma = \eta - \xi \tag{2-51}$$

式中，σ 为放大环节相对开度；η 为测量环节输出相对位移；ξ 为反馈环节输出相对位移。

4）油动机

其运动方程式为

$$\mu(s) = \frac{1}{T_s S}\sigma(s) \tag{2-52}$$

式中，μ 为执行环节开度相对位移；T_s 为执行环节时间常数。

5）硬反馈、软反馈、汽惯性或水锤效应

汽轮机没有软反馈，只有硬反馈。

（1）对于汽轮机，有

$$\xi(s) = i\mu(s) \tag{2-53}$$

式中，ξ 为反馈环节输出相对位移；i 为硬反馈系数；μ 为执行环节开度相对位移。

反馈传递函数为

$$H(s) = i \tag{2-54}$$

故从 η 到 μ 的闭环传递关系为

$$\mu(s) = \frac{\frac{1}{T_s s}}{1 + \frac{i}{T_s s}}\eta(s) = \frac{1}{T_s s + 1}\eta(s) \tag{2-55}$$

汽轮机功率输出环节的传递函数为

$$G(s) = \frac{P_m}{\mu} = \frac{1}{T_0 s + 1} \tag{2-56}$$

式中，P_m 为汽轮机功率输出；T_0 为汽惯性时间常数。

(2) 对于水轮机,有

$$\xi(s)=\left(i+\frac{rT_{r}s}{1+T_{r}s}\right)\mu(s) \tag{2-57}$$

式中,r 为软反馈系数;T_r 为软反馈时间常数。

故从 η 到 μ 的闭环传递关系为

$$\begin{aligned}\mu(s)&=\frac{\frac{1}{T_{s}s}}{1+\frac{1}{T_{s}s}\left(i+\frac{rT_{r}s}{1+T_{r}s}\right)}\eta(s)\\&=\frac{1+sT}{T_{s}T_{r}s^{2}+(rT_{r}+T_{s}+iT_{r})s+i}\mu(s)\end{aligned} \tag{2-58}$$

在发电机系统处于稳定状态时,或在其他动态过程仿真中,水轮机可以采用较为简单的数学模型,即只计水锤效应的影响,则水轮机功率输出环节的传递函数为

$$G(s)=\frac{P_{m}}{\mu}=\frac{1-T_{w}s}{1+0.5T_{w}s} \tag{2-59}$$

式中,P_m 为水轮机功率输出;T_w 为水锤效应时间常数。

6) 调速器及管道传递函数

当忽略一些次要因素时,如测量环节、综合环节以及电液转换环节中极小的时间常数,还有机械间隙和错油门活塞对压力油孔的叠加所产生的失灵区,并考虑开度限制非线性后,可将机械液压式和电液式调速器的传递函数表示如下:

$$\phi(s)=\frac{\mu_{*}}{\psi}=\frac{1+sT_{r}}{i\delta\{(T_{s}T_{r}/i)s^{2}+[T_{s}/i+(i+r)T_{r}/i]s+1\}}\ (0\leqslant\mu_{*}\leqslant1) \tag{2-60}$$

式中,μ_* 为执行环节开度位移标幺值;ψ 为机组转速偏差标幺值;T_s 为执行环节时间常数(s);T_r 为软反馈时间常数(s);δ 为调差系数;i 为硬反馈系数;r 为软反馈系数;s 为微分算子。

水、汽管道特性有如下传递函数描述:

$$K_{1}(s)=\frac{p_{1}}{u_{*}}=\frac{1-sT_{w}}{1+0.5sT_{w}} \tag{2-61}$$

$$K_{2}(s)=\frac{p_{2}}{u_{*}}=\frac{1}{1+sT_{0}} \tag{2-62}$$

式中,p_1 为水轮机功率输出;p_2 为汽轮机功率输出;T_w 为水锤效应时间常数;T_0

为汽惯性时间常数。

根据式(2-60)～式(2-62)，可得到考虑调速器和水、汽管道特性的总传递函数分别为

$$\phi_1(s)=\frac{p_1}{\psi}=\frac{-T_rT_ws^2+(T_r-T_w)s+1}{i\delta\left[\frac{T_sT_rT_w}{2i}s^3+\frac{T_sT_rT_w+(i+r)T_rT_w}{2i}s^2+\frac{2T_s+2(i+r)T_r+iT_w}{2i}s+1\right]} \tag{2-63}$$

$$\phi_2(s)=\frac{p_2}{\psi}=\frac{1+sT_r}{i\delta\left[\frac{T_sT_rT_0}{i}s^3+\frac{T_sT_r+T_sT_0+(i+r)}{i}s^2+\frac{T_s+(i+r)T_r+iT_0}{i}s+1\right]} \tag{2-64}$$

根据式(2-63)、式(2-64)可采用可控硅整流电动机构成原动系统仿真模型，而在控制电路中运用运算调节原理可实现调速系统及水、汽管道特性的仿真。运算放大器可进行加、减、乘、除与微分、积分等的数学运算，它是根据电压量的大小进行运算的，当将调速器方程用运算电路来模拟时，应把调速器原方程转化为模拟装置的电压方程式：

$$U_\eta=\frac{1}{\delta}U_K \tag{2-65}$$

$$U_\delta=U_\eta-U_\xi \tag{2-66}$$

$$U_\mu=\left(i+\frac{rsT_r}{sT_r}\right)U_\mu \tag{2-67}$$

$$U_M=\left(1-3\frac{0.5T_ws}{1+0.5T_ws}\right)U_\mu \text{ 或 } U_M=\frac{1}{1+sT_0}U_\mu \tag{2-68}$$

可见，式中的变量都为电压量。

2.5 静态负荷模型及参数辨识

2.5.1 负荷模型分类

按照是否反映负荷的动态特性，负荷模型可分为静态模型和动态模型。静态

负荷模型反映负荷有功、无功功率随频率和电压缓慢变化的规律，可用代数方程或曲线表示。当系统电压和频率快速变化时，还应考虑负荷的动态特性，故称之为动态负荷模型，常用微分方程或差分方程描述。

静态负荷模型是描述在任何时刻，负荷有功功率和无功功率与同一时刻下节点电压幅值和频率的函数关系的模型。在电力系统的潮流分析、静态稳定分析以及研究长期动态过程中负荷以静态负荷为主的情况下，一般采用静态负荷模型。

动态负荷模型是把任何时刻的有功功率和无功功率表示为过去和现在时刻的节点电压幅值和频率的函数关系的模型。电力系统的动态计算、稳定分析中一般采用动态负荷模型。动态负荷模型又进一步可分为机理模型和非机理模型。其中，机理模型通常是感应电动机模型，非机理模型则是从大量的具体动态系统建模中概括出来的且对一大类动态系统具有很强描述能力的模型。动态模型辨识的相关内容将在下文第 2.6 节展开。

2.5.2 负荷模型的参数辨识方法

负荷模型的参数辨识方法通常可分为线性和非线性两类。线性方法包括最小二乘估计、卡尔曼滤波等[4]，其对于线性模型通常是有效的，但对于非线性模型，则容易产生误差及低收敛性等问题。非线性模型的参数辨识方法大都以优化为基础，其主要过程是寻找一组最优的参数向量，使预定的误差目标函数值达到最小。优化方法必须十分有效，主要列举以下 3 类。

梯度类方法：对于连续、光滑、单峰的优化问题具有良好的处理能力，但存在一些困难。一般来说，这类方法只能收敛到起始点附近的局部最优点，因而对多峰问题难以搜索到全局最优点，面对峡谷情况则会出现振荡。梯度类方法处理实际优化问题可能有断点或导数不连续点。且该方法一般不适用于混合整数规划，难以处理噪声问题和随机干扰，鲁棒性较差。

随机类搜索方法：具有良好的收敛性、全局性和鲁棒性，但计算效率较低。

模拟进化类方法：适用范围较广；找到全局最优解或近乎全局最优解的可能性大；虽属于随机优化方法，但计算效率比传统随机类搜索方法高得多。

2.5.3 静态负荷模型的参数辨识

静态负荷模型的辨识方法包括但不限于非线性递推滤波法、最小二乘法、动态估算法、牛拉法及其改进算法以及目标规划法等，此外还可采用人工神经网络进行辨识。

2.6 动态负荷模型的参数辨识

2.6.1 动态负荷机理型模型的参数辨识

动态负荷模型采用了习惯的电气参数，所以参数具有明确的物理意义，但模型参数的计算较费时间。当负荷成分复杂时若用单一的电动机来模拟，模型精度低，参数收敛困难。

常用的机理模型辨识方法有最小二乘法、扩展卡尔曼滤波法等。扩展卡尔曼滤波法要求有噪声的统计知识，算法对参数初值选定的敏感性很强，所以一般推荐用最小二乘法。

2.6.2 动态负荷传递函数模型的参数辨识

在小干扰线性化条件下，动态负荷便可用传递函数模型表示，并可以采用较多方法求解，如采用间接法中的非参数辨识法，先求得频率响应，再用曲线拟合获得系数；也可用直接法中的矩形脉冲函数法或分段线性多项式函数法求解。

2.7 电力电子元件的详细模型

2.7.1 STATCOM的并联变换器数学模型

静止同步补偿器(STATCOM)的并联变换器可表示为如图 2-13 所示的电路结构。图 2-13 中，S_{A1}，S_{A2}，S_{B1}，S_{B2}，S_{C1}，S_{C2} 为每相桥臂的开关管，L_{Sh} 为每相的滤波电感，R_1 为滤波电感的内阻和由每相桥臂上、下管互锁死区所引起的电

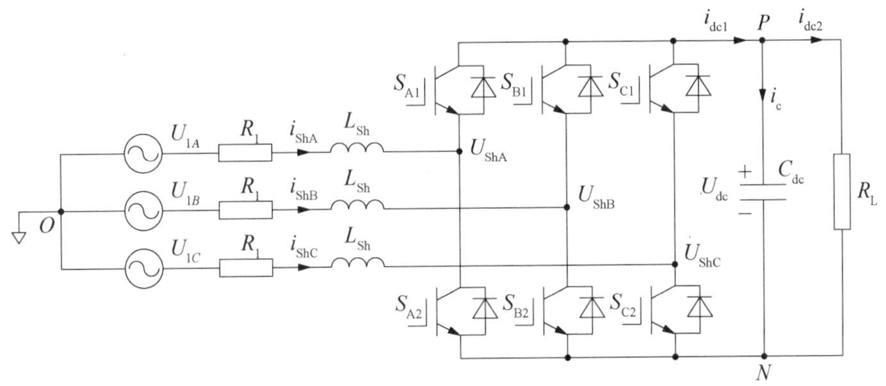

图 2-13 STATCOM的并联变换器电路结构

压损失。C_{dc} 为直流母线上的滤波电容，R_L 为变换器损耗。

由图 2-13 可见，并联变换器实际上是一个 PWM 整流器，其数学模型为

$$\begin{cases} L_{Sh}\dfrac{di_{ShA}}{dt}+R_1 i_{ShA}=U_{1A}-S_A U_{dc}-U_{NO} \\ L_{Sh}\dfrac{di_{ShB}}{dt}+R_1 i_{ShB}=U_{1B}-S_B U_{dc}-U_{NO} \\ L_{Sh}\dfrac{di_{ShC}}{dt}+R_1 i_{ShC}=U_{1C}-S_C U_{dc}-U_{NO} \\ C_{dc}\dfrac{dU_{dc}}{dt}=i_{ShA}S_A+i_{ShB}S_B+i_{ShC}S_C \\ U_{NO}=-\dfrac{1}{3}U_{dc}(S_A+S_B+S_C) \end{cases} \tag{2-69}$$

其中 S_i 为开关函数，其表达式为

$$S_i=\begin{cases} 1, & \text{第 } i \text{ 相上管导通下管关断} \\ 0, & \text{第 } i \text{ 相下管导通下管关断} \end{cases}(i=\mathrm{A},\ \mathrm{B},\ \mathrm{C}) \tag{2-70}$$

上述数学模型是一组对时间不连续的微分方程组，用普通的数学方法难以求得其解析解，其不连续的原因在于开关函数的不连续性。当开关频率很高时，状态空间平均法是一种行之有效的方法，即用开关函数在一个开关周期内的平均值来代替开关函数本身，从而得到对时间连续的状态空间平均模型，如式(2-71)所示。

$$\begin{cases} L_{Sh}\dfrac{di_{ShA}}{dt}+R_1 i_{ShA}=U_{1A}-S'_A U_{dc}-U_{NO} \\ L_{Sh}\dfrac{di_{ShB}}{dt}+R_1 i_{ShB}=U_{1B}-S'_B U_{dc}-U_{NO} \\ L_{Sh}\dfrac{di_{ShC}}{dt}+R_1 i_{ShC}=U_{1A}-S'_C U_{dc}-U_{NO} \\ C_{dc}\dfrac{dU_{dc}}{dt}=i_{ShA}S'_A+i_{ShB}S'_B+i_{ShC}S'_C \\ U_{NO}=-\dfrac{1}{3}U_{dc}(S'_A+S'_B+S'_C) \end{cases} \tag{2-71}$$

其中 $S'_i(i=\mathrm{A},\ \mathrm{B},\ \mathrm{C})$ 是一个开关周期内开关函数 S_i 的平均值，由于开关函数是幅值为 1 的脉冲，所以状态空间平均法产生的平均值等于其占空比，且 $S'_i\subset[0,\ 1]$。

为了分析方便，只考虑三相平衡的情况，假设 STATCOM 系统的损耗为零，且认为在直流母线电压保持恒定的基础上建立了上述的方程。

同步旋转变换矩阵可将式(2－71)变换到同步旋转 dq 坐标系下，从而得到 STATCOM 并联变换器在 dq 坐标系下的数学模型，如图 2－14 所示。

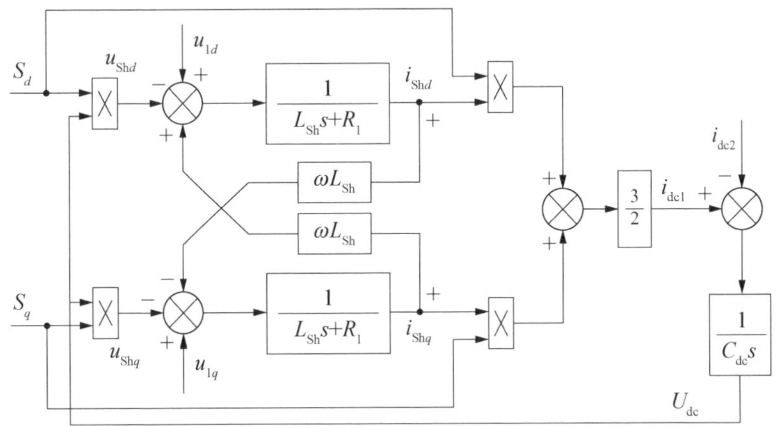

图 2－14 STATCOM 的并联变换器在 dq 坐标系下的数学模型

对应的方程为

$$\begin{cases} L_{\text{Sh}}\dfrac{\mathrm{d}i_{\text{Sh}d}}{\mathrm{d}t}=-R_1 i_{\text{Sh}d}+\omega L_{\text{Sh}} i_{\text{Sh}q}-S_d U_{\text{dc}}+u_{1d} \\ L_{\text{Sh}}\dfrac{\mathrm{d}i_{\text{Sh}q}}{\mathrm{d}t}=-\omega L_{\text{Sh}} i_{\text{Sh}d}-R_1 i_{\text{Sh}q}-S_q U_{\text{dc}}+u_{1q} \\ C_{\text{dc}}\dfrac{\mathrm{d}U_{\text{dc}}}{\mathrm{d}t}=\dfrac{3}{2}S_d i_{\text{Sh}d}+\dfrac{3}{2}S_q i_{\text{Sh}q}-i_{\text{dc}2} \end{cases} \tag{2-72}$$

式中，$i_{\text{Sh}d}$，$i_{\text{Sh}q}$ 是并联变换器输出电流在 dq 坐标系下的分量，u_{1d}，u_{1q} 是 STATCOM 输入端电网电压在 dq 坐标系下的分量，S_d，S_q 是开关函数 S_i 在 dq 坐标系下的分量，U_{dc} 是直流母线电容电压，ω 是系统角频率。

由图 2－14 可以直观地看到，相较于式(2－71)，旋转 3/2 变换在系统的 d 轴、q 轴之间引入了耦合，STATCOM 系统的 d 轴电压和电流的变化会引起 q 轴电压和电流的变化，反之亦然。由于变换到以同步角速度旋转的 dq 坐标系中的基波分量皆变成了直流量，因此给控制带来了极大的好处，进而可以采用普通的 PI 调节器实现输出的无静差调节。

2.7.2 SSSC 的串联变换器数学模型

对静止同步串联补偿器(static synchonous series compensator，SSSC)的串联变换器进行具体分析后可得如图 2－15 所示的电路结构。图 2－15 中，S_{A1}，S_{A2}，S_{B1}，S_{B2}，S_{C1}，S_{C2} 代表每相桥臂的开关管，L_{Se} 代表每相滤波电感，R_2 代表滤波

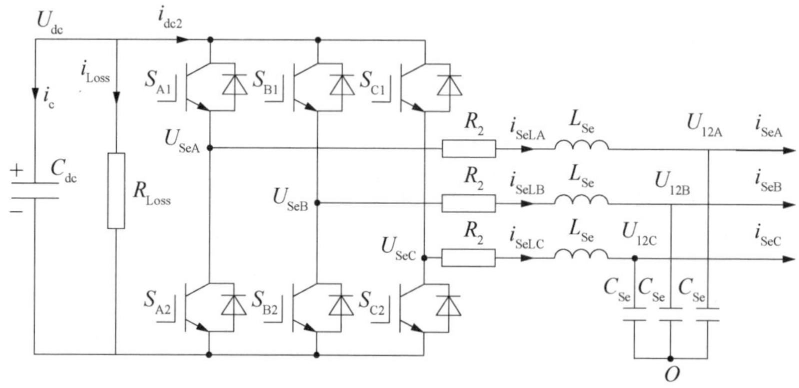

图 2-15　SSSC 的串联变换器电路结构

电感的内阻和由每相桥臂上、下管互锁死区所造成的电压损失，R_{Loss} 代表变换器损耗，C_{Se} 代表输出滤波电容，C_{dc} 代表直流母线上的滤波电容。由图 2-15 可知，SSSC 的串联变换器实际上是一个电压型逆变器，其状态空间平均数学模型为

$$\begin{cases} L_{Se}\dfrac{di_{SeLA}}{dt}+R_2 i_{SeLA}=U_{12A}-S_A U_{dc}-U_{NO} \\ L_{Se}\dfrac{di_{SeLB}}{dt}+R_2 i_{SeLB}=U_{12B}-S_B U_{dc}-U_{NO} \\ L_{Se}\dfrac{di_{SeLC}}{dt}+R_2 i_{SeLC}=U_{12C}-S_C U_{dc}-U_{NO} \\ C_{dc}\dfrac{dU_{dc}}{dt}=i_{SeLA}S_A+i_{SeLB}S_B+i_{SeLC}S_C \\ U_{NO}=-\dfrac{1}{3}U_{dc}(S_A+S_B+S_C) \end{cases} \tag{2-73}$$

其中 S_i 的定义同式(2-70)。

$$\begin{cases} C_{Se}\dfrac{dU_{12A}}{dt}=i_{SeLA}-i_{SeA} \\ C_{Se}\dfrac{dU_{12B}}{dt}=i_{SeLB}-i_{SeB} \\ C_{Se}\dfrac{dU_{12C}}{dt}=i_{SeLC}-i_{SeC} \end{cases} \tag{2-74}$$

为了分析方便，只考虑三相平衡的情况，忽略 SSSC 系统的损耗，认为在直流母线电压保持恒定的基础上建立上述方程，如果考虑三相不平衡和 SSSC 系统的损耗，则方程要作相应的修改。

采用同步旋转变换矩阵可以将式(2-73)和式(2-74)变换到同步旋转 dq 坐标系下,得到 SSSC 的串联变换器在 dq 坐标系下的数学模型,如图 2-16 所示,对应的方程为

$$\begin{cases} L_{\text{Se}} \dfrac{\mathrm{d}i_{\text{SeL}d}}{\mathrm{d}t} = -R_2 i_{\text{SeL}d} + \omega L_{\text{Se}} i_{\text{SeL}q} - u_{12d} + S_d U_{\text{dc}} \\ L_{\text{Se}} \dfrac{\mathrm{d}i_{\text{SeL}q}}{\mathrm{d}t} = -R_2 i_{\text{SeL}q} - \omega L_{\text{Se}} i_{\text{SeL}d} - u_{12q} + S_q U_{\text{dc}} \end{cases} \tag{2-75}$$

$$\begin{cases} C_{\text{Se}} \dfrac{\mathrm{d}U_{12d}}{\mathrm{d}t} = \omega C_{\text{Se}} u_{12q} + i_{\text{SeL}d} - i_{\text{Se}d} \\ C_{\text{Se}} \dfrac{\mathrm{d}U_{12q}}{\mathrm{d}t} = -\omega C_{\text{Se}} u_{12d} + i_{\text{SeL}q} - i_{\text{Se}q} \end{cases} \tag{2-76}$$

式中,$i_{\text{SeL}d}$,$i_{\text{SeL}q}$ 为串联变换器输出电流在dq 坐标系下的分量,$i_{\text{Se}d}$,$i_{\text{Se}q}$ 为串联变压器副边电流在dq 坐标系下的分量,u_{12d},u_{12q} 为 SSSC 的串联变压器副边电压在 dq 坐标系下的分量,S_d,S_q 为开关函数 S_i 在 dq 坐标系下的分量,U_{dc} 为直流母线电容电压,ω 为系统角频率。

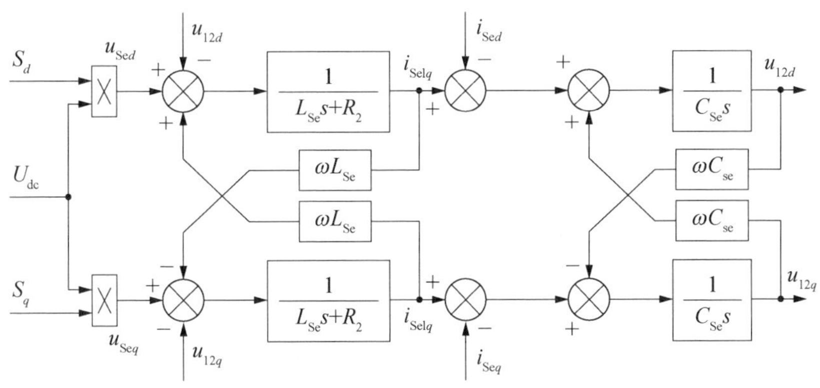

图 2-16 SSSC 的串联变换器数学模型

由图 2-16 可以直观地看到相较于式(2-73)和式(2-74),旋转 3/2 变换在系统的 d 轴、q 轴之间引入了耦合,SSSC 系统的 d 轴电压和电流变化会引起 q 轴电压和电流的变化,反之亦然。由于变换到以同步角速度旋转的 dq 坐标系中的基波分量皆变成了直流量,因此给控制带来了极大的好处,进而可以采用普通的 PI 调节器实现输出的无静差调节。

2.7.3 光伏电池的模型

光伏发电在分布式发电中应用广泛,单二极管模型和双二极管模型是其中较

为常见的模型。单二极管模型由一个电流源 I_{ph}、二极管、串联电阻 R_S和并联电阻 R_P组成,如图 2-17 所示。但是在低光照条件下,这一模型的精确度较低,因此可以采用精确度更高的双二极管模型,如图 2-18 所示。

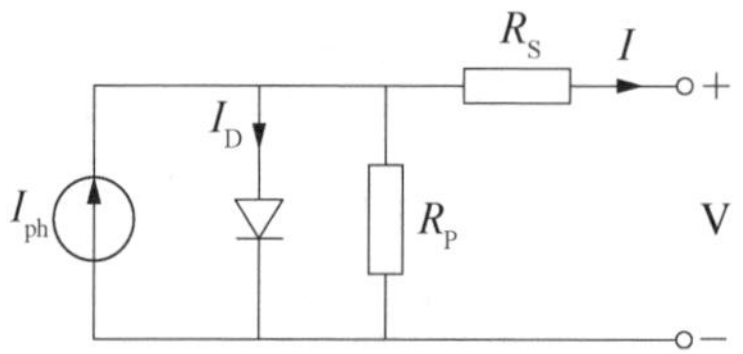

图 2-17　光伏电池的单二极管模型

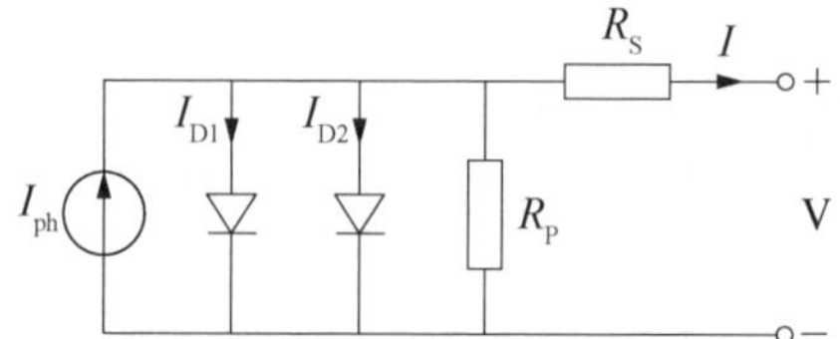

图 2-18　光伏电池的双二极管模型

光伏电池单元的电流—电压特性可由下式表达:

$$I = I_{ph} - I_{D1}(e^{\frac{V+IR_S}{V_t}} - 1) - I_{D2}(e^{\frac{V+IR_S}{AV_t}}) + \frac{V+IR_S}{R_P} \tag{2-77}$$

式中,I 为光伏电池输出电流;V 为光伏电池输出电压;I_{ph} 为光生电流;I_{D1},I_{D2} 分别为双二极管饱和电流;R_S,R_P 分别为串联、并联电阻;$V_t = KT/Q$,其中,K 为玻尔兹曼常数;T 为热力学温度;Q 为电子电量;A 为拟合曲线常数,通常设为 2。式(2-77)中的其他常数可以根据实验获得经验计算公式如下:

$$\begin{aligned}
I_{ph} &= K_0 E(1+K_1 T) \\
I_{D1} &= K_2 T^3 e^{\frac{K3}{T}} \\
I_{D2} &= K_4 T^{1.5} e^{\frac{K5}{T}} \\
A &= K_6 + K_7 T \\
R_S &= K_8 + \frac{K_9}{E} + K_{10} T \\
R_P &= K_{11} E^{K_{12} T}
\end{aligned} \tag{2-78}$$

式中,$K_0 \sim K_{11}$ 均为经验常数;E 为光照强度(W/m^2);T 为热力学温度。由此可见,光伏电池的输出功率主要取决于外界光照强度与温度。

每一个光伏单元都可以等效成一个由等效理想电压源 V_{th} 和等效串联电阻 R_{th}所组成的戴维南等效电路。令式(2-77)中输出电流 $I=0$,则得到开路电压即等效理想电压源 V_{th}的方程:

$$V_{th} = R_P[I_{ph} - I_{D1}(e^{\frac{Vth}{Vt}} - 1) - I_{D2} e^{\frac{Vth}{AVt}}] \tag{2-79}$$

若又令式(2-77)中输出电压 $V=0$,即可得到短路电流 I_{sc} 的方程:

$$I_{sc}=\frac{R_P[I_{ph}-I_{D1}(e^{\frac{IR_S}{V_t}}-1)-I_{D2}e^{\frac{IR_S}{AV_t}}]}{R_P+R_S} \tag{2-80}$$

由此可得到等效串联电阻 R_{th} 的值为

$$R_{th}=\frac{V_{th}}{I_{sc}} \tag{2-81}$$

假设光伏电池阵列由 N_S 个电池单元串联、N_P 个电池单元并联组成，则光伏(PV)阵列的等效电压源和等效串联电阻为

$$V_{thar}=N_SV_{th} \tag{2-82}$$

$$R_{thar}=\frac{N_S}{N_P}R_{th} \tag{2-83}$$

2.7.4 燃料电池

燃料电池的性能由它能产生的电动势的大小决定，称为能斯特(Nernst)电动势，由能斯特方程定义。对一般的化学反应，有

$$aA+bB\rightarrow cC+dD \tag{2-84}$$

则能斯特方程可写为

$$E=E_0+\frac{RT}{2F}\ln\frac{p_A^ap_B^b}{p_C^cp_D^d} \tag{2-85}$$

式中，E 为燃料电池的理想电动势；E_0 为电池反应的标准可逆电动势；R 为通用气体常数；T 为燃料电池的运行温度；F 为法拉第常数；p 为压力。

根据发生在燃料电池内部的电化学反应，由能斯特方程可以得到一个理想电动势，理想电动势在给定的温度下随着压力增大而增大。

2.7.5 微型燃气轮机模型

微型燃气轮机(micro-turbine generator)满负荷运行时效率达到 30%，实行热电联产时效率可以提高到 75%，是目前最成熟、最具有商业竞争力的分布式电源之一。

与风力发电和光伏发电系统不同的是，微型燃气轮机的输出功率可以调节。通常情况下，微型燃气轮机的输出功率与燃料有关，燃料越充足，输出功率越大。这种分布式发电机组的特性与集中式发电机组类似，可以统一调度，但是在热电联产的情况下，微型燃气轮机的输出必须满足热量的需要[即式(2-86)]，并且功率

变化也有一定的限制[即式(2-87)]：

$$P_{\mathrm{gmin}} \leqslant P_{\mathrm{g}} \leqslant P_{\mathrm{gmax}} \tag{2-86}$$

$$\Delta P_{\mathrm{g}} \leqslant \Delta P_{\mathrm{gmax}} \tag{2-87}$$

式中，ΔP_{g} 为功率的变化量；ΔP_{gmax} 为燃气轮机的最大功率变化量。

微型燃气轮机动态模型可以写成以下形式：

$$P_{\mathrm{m}} - P_{\mathrm{e}} = \frac{M}{\omega_R} \cdot \frac{\mathrm{d}\omega}{\mathrm{d}t} \tag{2-88}$$

$$P_{\mathrm{m,\,in}} - P_{\mathrm{m,\,out}} = \left[1 - \frac{1}{R} \cdot \frac{\omega - \omega_{\mathrm{R}}}{\omega_{\mathrm{R}}}\right] \tag{2-89}$$

式中，P_{m} 为原动机功率；P_{e} 为发电机输出功率；$P_{\mathrm{m,\,in}}$，$P_{\mathrm{m,\,out}}$ 为原动机的输入、输出功率；ω，ω_{R} 为发电机组送、受端的角速度；R 为发电机的阻抗。

2.8 电力系统动态等值的常用方法及优缺点

动态等值方法可大幅简化网络，从而减少计算机内存和计算时间，这不仅适用于交流网络计算，也适用于交直流混合网络和风电场。动态等值方法包括同调等值法、模式等值法和估计等值法等。

2.8.1 动态等值问题

建立大规模电力系统的动态等值模型的主要目标是减少系统状态变量，降低系统方程的维数，还要同时保留系统的主要特征。对大规模电力系统可以根据特定研究目的，将其划分为内部系统与外部系统，然后根据一定的要求将外部系统降阶和简化。

电力系统中的动态元件有发电机、励磁系统、稳定器、原动机及调速系统和其他稳定控制器。元件的数学模型可以用如下公式综合表示：

$$\dot{X}_{\mathrm{e}} = f(X_{\mathrm{e}},\ V_{\mathrm{e}}) \tag{2-90}$$

$$I_{\mathrm{e}} = g_{\mathrm{e}}(X_{\mathrm{e}},\ V_{\mathrm{e}}) \tag{2-91}$$

式中，X_{e}是每个元件的状态量，I_{e}是每个元件注入网络电流的实部和虚部，V_{e}是每个元件节点电压的实部和虚部。元件的动态响应会改变网络的运行状态，因此式(2-91)可以并入网络方程公式(2-92)，

$$I = Y_N V \tag{2-92}$$

那么,系统的数学模型可以表示为一阶微分方程组和代数方程组,即

$$\begin{aligned} \dot{X} &= f(X, V) \\ I(X, V) &= Y_N V \end{aligned} \tag{2-93}$$

式中,$X \in R^n$ 是降阶前系统的所有状态量,V 是节点电压向量,I 是节点注入电流向量。

系统经上述降阶简化后的数学模型为

$$\begin{aligned} \dot{X}_r &= f(X_r, V_r) \\ I_r(X_r, V_r) &= Y_{Nr} V_r \end{aligned} \tag{2-94}$$

式中,$X_r \in R^{n_r}$ 是降阶后系统的状态量,其数目远小于降阶前原型系统的状态量,即 $n_r < n$。V_r是降阶系统的节点电压向量,I_r是降阶系统的节点注入电流向量。降阶系统的数学模型和原型系统的数学模型是类似的,区别在于降阶系统的状态量和非线性微分方程的数目远少于原型系统。

2.8.2 同调等值法

1) 基本原理

同调(coherency-based)等值法是一种基于发电机同调概念的等值方法,即将满足同调条件的发电机等值成一台发电机。同调等值法主要适用于电力系统离线大扰动下的暂态稳定分析。

应用同调等值法的过程分为以下几个步骤:① 划分研究区域和外部区域,等值过程中仅对外部区域作等值简化;② 判别外部区域中的同调发电机群;③ 对同调发电机母线作合并和简化;④ 网络化简;⑤ 同调发电机作动态聚合,从而得到聚合后等值机的参数。

(1) 同调等值机群的判别。同调是用来描述受扰后互联发电机的振荡趋势性质的[5],若发电机的转子振荡趋势和性质较相近,则判别为同调,并可将其划分在一组,组成同调机群,在一个同调机群内的发电机可认为是刚性连接的,因此可以用一台等值机表示。

为了快速正确地判别同调机群,需要做一些基本假定,并且对系统元件做必要简化,这些假定如下:

① 同调机群的划分与扰动大小无关,因此可把系统线性化,化为增量形式的方程组,用它的行为判别是否同调;

② 同调机群的划分与发电单元的细访描述无关,故进行同调判别时发电机可用经典二阶模型描述,并忽略励磁系统和原动机、调速器的动态;

③ 同调组的划分与负荷模型关系较小，故进行同调判别时将负荷化为等值阻抗来描述，并纳入导纳矩阵；

④ 假设系统具有高 X/R 的比值，有功与无功潮流可近似解耦计算。

在上述假定的基础上系统可大大简化，有利于快速进行同调机群的判别，同时仍能满足正确的判别要求。

(2) 母线化简。同调机群判别完后，接下来要对同调机群的母线进行合并。

母线化简是将同调机群的母线化简成一条母线，与同调机群相关联的部分和不相关联的部分保持不变，但是与同调机群相关联部分的关联线路必须转变成与简化后的母线关联的线路。在这个过程中，必须满足简化前后同调机群与其关联部分在稳态时所交换的功率不变。化简过程如下：

① 把同调发电机的端母线各经一台理想的复数变比变压器接到一个公共等值母线上，该等值母线的稳态电压可取为各同调发电机的稳态端电压的平均值，另外复数变比的取值应保证同调发电机母线间没有环流；

② 把各同调发电机母线上的负荷、对地支路和发电量皆移到等值母线上，并分类叠加为等值母线的负荷、对地支路和发电量；

③ 消去原发电机端的母线。

(3) 网络化简。网络化简主要是对非线性部分进行化简，其主要工作是作非线性负荷的移置和网络节点的消去，可采用各种网络等值的方法，其中常用的有辐射等值独立(radial equivalent independent, REI)法和电流沟化简(current sink reduction, CSR)法。

辐状等值(radial equivalent independent, REI)是辐射状等值，基本构思是把待消去的节点集合的注入功率用一个虚拟的 REI 节点的功率代替，其中 REI 节点的注入功率等于被消去节点集的注入功率之和；再设计一个功率分配网络，把 REI 节点的注入功率分配到各个被消去节点，使在基态时被消去节点的功率注入不变。为了提高等值计算精度，一般设多个 REI 节点，将性质相似的节点集合使用一个等值的 REI 节点代替，例如把发电机节点归为一组，负荷节点归为另一组，或把 PV 节点归为一组。

电流沟变换(current sink reduction, CSR)方法是将定阻抗的负荷并入导纳矩阵进行处理，将定电流、定功率的负荷按母线稳态电压分别计算出等值的汲取电流，然后采用高斯消元法将待简化的该类负荷简化成相应的等值电流源，最后把电流源形式恢复成原来的负荷形式，并与保留的母线上负荷合并。

(4) 同调机群聚合。在外部系统已经简化的情况下，需要对同调的发电机群进行聚合。对同调机群进行聚合的前提如下：① 同步发电机具有相同的角速度 ω；② 同调发电机均已移到等值母线上；③ 聚合前后发电机输入的总机械功率和输出的总电磁功率不变;④ 发电机及其控制系统的传递函数可以分为若干环节分别聚合,且其线性部分和非线件部分可分别聚合。

参数的聚合方法目前分为两大类:频域聚合法和基于加权法的参数聚合法。

频域聚合法是一种适用于发电机详细模型参数聚合的经典方法,是对发电机的发电机转子、原动机、调速系统以及励磁系统等各个环节分别进行聚合。优点是物理透明度大,且等值的系统元件模型均为实际电力系统元件模型,可直接用于电力系统暂态稳定分析,并可适用于大规模电力系统的等值计算。缺点是聚合较复杂,对于大系统,等值时间较长。

基于加权法的参数聚合法是以同调机群中各发电机与等值机额定容量的比值为权数,对各等值机的参数进行加权,而得到等值机参数。优点是在保证了一定精度的条件下,简化了参数聚合的程序,节省了计算时间,且易于工程实现。

2) 优缺点

同调等值法的优点:物理透明度大,可以直接用作暂态稳定分析,能适应系统的非线性和大扰动,且可以适用于大规模系统等值,速度很快,动态等值精度控制较方便。

同调等值法的缺点:同调机群的划分与扰动的地点、类型等因素相关;且网络化简、移相变压器的消去难免会给动态过程带来一定误差。另外,同调发电机聚合较复杂,且有一定拟合误差等。

2.8.3 模式等值法

1) 基本原理

模式等值法(coherency-based)是一种基于外部系统线性化模型与特征值的性质进行降阶的等值简化方法,该方法是将外部系统线性化后,根据特征值分析,将频率较高、衰减较快的特征根对应的模式进行忽略,保留对系统影响较大的特征根所对应的模式,从而对系统进行降阶简化处理。该方法主要用于离线的小干扰稳定分析,也可用于离线的大扰动暂态分析,但要求等值前后系统在小干扰下的主要动态特性(即主特征根及相应的主特征向量)基本保持一致。

该方法的思路是首先假定系统内部的扰动对外部系统的影响不大,即外部系统可以线性化,同时待等值系统只要求保留对系统影响较大的特征根(一般为低频振荡类型的特征根)即可,而外部系统中那些频率较高、衰减较快的特征根可以忽略不计,从而形成一个低阶的外部等值系统,该等值系统可用线性化的状态方程描述。模式等值法的具体步骤如:

(1) 用高阶非线性微分方程来描述外部系统;

(2) 基于系统的干扰对外部系统的影响较小的假定,将非线性方程线性化;

(3) 将线性方程组的系数矩阵用其特征向量矩阵进行变换使其对角化;

(4) 最后忽略那些频率较高的、快速衰减的特征值,只保留主特征值,从而形成一个低阶的外部系统。

2) 优缺点

模式等值法的优点:可对外部系统作高度简化并且保留其主要特征值,且一旦获得了有关外部系统的动态等值模型,就可以用同一等值模型对系统内的不同故障进行计算分析,前提是故障不发生在太靠近等值的边界即可。

模式等值法的缺点:在等值过程中需要形成外部系统的线性化模型,因此需要通过系数矩阵做特征根分析,当外部系统极大时,求特征根会有"维数灾难"问题,导致等值计算工作量较大。所以,可以将外部系统分为若干外部区域,对每个外部区域皆采用上述方法,则"维数灾难"的问题基本可解决。另外,等值后的外部系统要使用线性化方程表示,若用于暂态稳定分析,则要对常规程序做修改。

基于上述原因,模式等值法并没有得到广泛推广应用,而是多与同调等值法结合使用。

2.8.4 估计等值法

1) 基本原理

估计等值法可根据量测的量(或者外部系统动态响应)来估计和辨识外部系统及其等值模型参数。

目前在线使用的估计等值法根据扰动的不同可分为两大类:一类利用人为的确定性扰动,记录系统响应,从而估计外部系统的等值参数;另一类利用随机扰动,记录系统的响应,然后经滤波及信息处理等,获得等值系统的参数估计。前者抗干扰性能好,但不太实用;后者需要做必要的滤波及相关分析,以防止噪声干扰,所以数学处理较复杂,但较适应于实际应用要求,该方法一般采用极大似然函数和卡尔曼滤波的估计方法,即把在线量测值减去预估量的残差的似然函数后重复地进行最小化,直至最优。在每一步迭代中,需用卡尔曼滤波器估计新的状态量,而等值参数的最优估计值对应似然函数的最大值,这也造成了基于随机扰动的估计等值法的计算量很大。

由于动态等值模型的非线性特性以及在线辨识的特殊要求,对估计等值法的研究也是有一定难度的,其具体步骤如下。

(1) 动态等值模型的确定。应适当地选择估计的等值模型,不能太精细,也不可太简化,要求能够较好地模拟外部系统的动态特性,又不能使运算过于复杂。

(2) 动态数据的测量。需要人为地施加确定性扰动或者根据随机扰动获得内部系统和外部系统之间的联络线动态响应数据,包括电压、电流、功率、频率、功角等。

(3) 等值模型参数估计。根据量测的动态输入和输出数据,可估计动态等值模型的模型参数,从而选取估计精度较高、估计速度快的优化算法。

2) 与同调等值法和模式等值法的比较

同调等值法和模式等值法存在两个共同的困难：① 除了需要进行较大计算,同时也需要知道外部系统的全部数据;② 经常要对模型进行线性化处理,且容易产生“维数灾难”。

为了实现上述两种方法,利用联络线信息,通过估计导出等值模型的在线辨测方法被提出,此即估计等值法。与同调等值法和模式等值法不同,估计等值法并不需要外部系统的详细数据,这使它能够适应系统的工况和结构的多变性,并适用于大规模电力系统的在线安全分析。在电力系统市场化的新环境下,各电力公司为了追求利益的最大化,相互之间的数据具有不透明性。因此,为了满足实时在线的要求,估计等值法是一个很有实际应用意义的方法,其发展将会是电力系统仿真发展不可避免的趋势,也是实现大电网在线安全分析的前提。

参考文献

[1] 徐丽娜.神经网络控制[M].北京：电子工业出版社,2003.

[2] 倪以信,陈寿孙,张宝霖.动态电力系统的理论和分析[M].北京：清华大学出版社,2002.

[3] 李长云.大型发电机励磁系统建模与参数辨识[D].济南：山东大学,2005.

[4] Wang J C, Chiang H D, Chang C L, et al. Development of a frequency-dependent composite load model using the measurement approach[J]. IEEE Transactions on Power Systems, 1994, 9 (3): 1546 - 1556.

[5] Ramirez M J, Valle R J G. Identification of dynamic equivalents preserving the internal modes Ramirez[C]. Bologna: IEEE Power Tech Conference: 2003.

3 系统态势感知与优化运行

态势感知是指通过对观测对象的要素采集，理解并评估对象的当前状态，以及预测对象未来的发展趋势[1]。目前在电力领域，态势感知技术已部分应用于广域数据采集、优化调度和输配电自动化等方面，但总体上还处于学术研究阶段[2]。国外科研人员对于电力系统态势感知的研究较早，其中部分科研机构已取得了一定成果。美国电力科学研究院重点调查探究了输配电运行过程中的三个关键因素对电网态势感知的影响，三个关键因素分别为颜色标记信息、系统自动化程度、高级预测工具。旨在通过引导三个关键因素的设计方向，有效支撑态势感知技术在故障处理方面的应用[3]。美国太平洋西北国家实验室在可视化展示和用户界面设计等传统态势感知的基础上，通过引入潜在"目标导向"的概念帮助调度运行人员制定运行决策[4]。鉴于态势感知技术对量测信息和感知设备的要求，国内方面，电网态势感知主要应用于广域输电系统安全运行、运行轨迹趋势预测等方面[5]。

在多能协同控制方面，由于不同的能源网络有不同的模型和特性，并且相互作用和影响，传统的各能源网络单独分析的方法已难以适应现在的要求。文献[6]对电力网络和天然气网络之间的相互影响进行了研究，但主要集中在电-气耦合方面，对电-热耦合考虑较少，且对电-热耦合组件的分析也并不完善。文献[7]在天然气网络分析的基础上建立了电-气互联系统的数学模型。文献[8]通过燃气轮机对电力网与天然气网建立了耦合关系，却没有考虑新能源接入背景下电力系统以及天然气网络的不确定性。综上所述，目前针对单一供能(如电力、热力、燃气等)系统相关设备及网络的建模研究已较为成熟，但对于电-气-热综合能源系统的协调控制涉及较少。

虚拟电厂的重要作用在于协调多种分布式能源的灵活性，实现资源的有效聚合，参与电网调度，保证综合供能的安全、高效、可靠运行，形成分布式能源与电网的良性互动。针对单个虚拟电厂灵活性资源的等值建模及其参与电网调峰、调频、阻塞控制等辅助服务的方面，现阶段的研究已经提出一些理论方法。在灵活性资源等值建模层面，目前主要采用高斯聚类、谱聚类等聚类方法[9,10]进行聚类分群，进而再通过 Zonotope、Polytope 等聚合方法[11,12]得到聚合模型。但是目前可聚合的资源类型主要以电能的分布式资源为主,而对综合能源系统下应对多能耦合性强、不确定性高等问题的虚拟电厂等值模型尚未研究。在虚拟电厂等值化建模的基础上,一些研究提出了虚拟电厂参与电网调峰、调频等辅助服务的模型,文献[13]将发电侧与需求侧调峰资源相结合,建立了核-火-虚拟电厂三阶段联合调峰模型,文献[14]基于稀疏通信和点对点信息交互的全分布式协调控制方式,提出了基于次梯度投影分布式控制的虚拟电厂经济性一次调频方法,然而现有研究中分布式资源无法被电网直接调控参与辅助服务。

为促进虚拟电厂优化调度策略的实践,针对虚拟电厂内部控制,现阶段的研究包括集中控制策略[15,16]和分散控制策略[17,18],集中式调度的优化模型主要以单目标优化[19]为主;分散式调度主要采用分布式算法[20]协调各子系统的优化调度,为大电网提供调峰、调频等辅助服务,然而,目前研究主要考虑园区直接调控,采用稳态线性模型,缺乏多时间尺度动态、用户互动方面的考虑。

在包含多个虚拟电厂的能源互联网的实际运行中,对于多虚拟电厂协调运行机制,目前主要应用博弈论协调运行机制,文献[21]提出了多虚拟电厂之间的单层竞价博弈模型,文献[22]提出了基于博弈论的双层优化模型,上层为多虚拟电厂博弈竞价模型,下层为虚拟电厂内部各分布式资源之间的合作模型,通过上下两层之间的有限次博弈达到均衡。然而现有研究中存在整体系统利益最大化与下层 VPP 经济环境成本最小化之间的冲突,不同 VPP 也存在合作与竞争的不同关系等问题,因此需要研究新的多 VPP 协调运行机制。

综上所述,现有研究未能很好地解决基于复杂系统认知的多主体优化运行这一科学问题。为此,本章提出基于复杂系统态势感知的虚拟电厂参与辅助服务以及调度优化的体系架构,系统性地考虑、解决综合能源系统的多能耦合性强、不确定性高、多时间尺度动态、直调资源少等问题,从而提升系统的多元用户的灵活互动和需求响应能力。具体而言,通过将园区内的分布式资源进行聚合,继而参与电网的调峰、调频,进一步实现多虚拟电厂的协调互动,构建园区内部可靠、清洁、高效的综合能源系统。

3.1 综合能源系统态势感知

3.1.1 综合能源系统态势感知研究

实际的综合能源系统运行模型受到多方面非结构化的影响,包括但不限于用户行为主观性、厂商参数差异性、环境不确定性、量测参数不准确性等,仅利用模型驱动方法难以准确完整感知系统运行状态。相较于传统的单一能源系统感知，综合能源系统状态感知存在复杂系统量测采集准确性问题和多能流系统运行状态复杂化问题[23,24]。针对以上问题可提出一种模型驱动与数据驱动相结合的综合能源系统态势感知方法，具体内容包括多能流耦合关系建模、基于随机矩阵理论的异常量测判别、综合能源系统状态估计。

模型驱动和数据驱动相结合的综合能源系统态势感知总体研究框架如图 3-1 所示，具体研究路线如下。

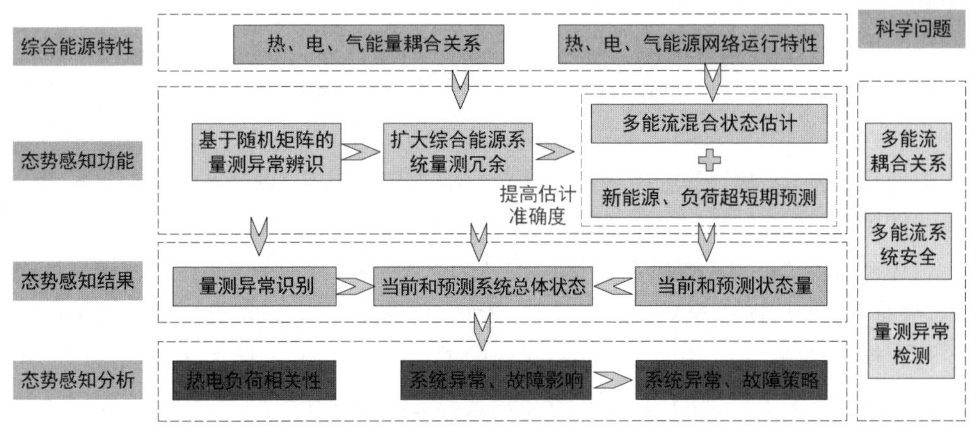

图 3-1　综合能源系统态势感知研究框架

综合能源系统态势感知研究以多能互补建模为基础，多能互补建模研究包括能源集线器、机组能量转化以及混合潮流模型[25,26]。混合潮流模型描述了系统热、电、气能源网络运行特性，是多能流状态估计的基础。能源集线器模型和机组能量转化模型描述系统热、电、气能量耦合关系，其建模目的是为多能流状态估计扩大量测冗余。采用数据驱动方法——随机矩阵理论的高阶统计量感知并剔除异常量测，提高多能流状态估计的准确度。在此基础上，多能流状态估计可实现对当前系统状态的准确理解，使信息从生数据变为熟数据。最后，考虑热电负荷相关性，对新能源和负荷等不确定性因素应用数据驱动方法进行超短期预测，并再次执行多能流状态估计，实现对未来状态，即“势”的感知。

本节从多能耦合和潮流模型、量测异常判别、多能流混合状态估计这三方面进行阐述，具体流程如图 3-2 所示。

3.1.1.1　多能流耦合关系建模

总结上文，应构建适用于综合能源系统的混合潮流模型，由于在实际工程中制冷系统配置在负荷终端，没有权限也无需感知用户内部的空调系统，因此主要考虑热-电-气混合模型[27-36]。根据对各个系统及其耦合关系的分析列出综合能源状态方程：

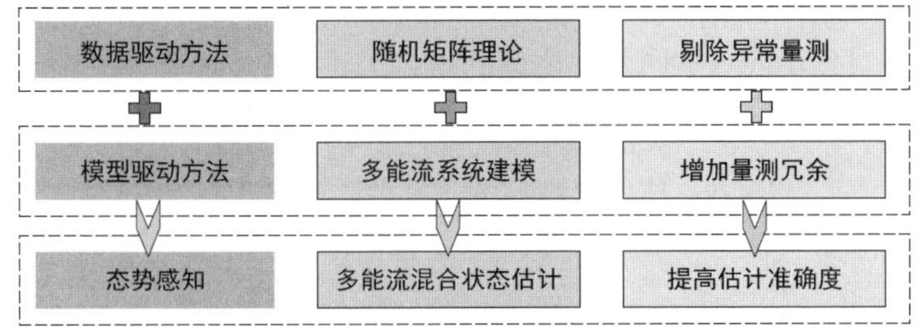

图 3-2 综合能源系统态势感知流程

$$F(x)=\begin{pmatrix}\Delta P\\ \Delta Q\\ \Delta \Phi\\ \Delta p\\ \Delta T_{\mathrm{s}}\\ \Delta T_{\mathrm{r}}\\ \Delta f\end{pmatrix}=\begin{cases}P^{SP}-\mathrm{Re}\{\dot{U}(Y\dot{U})^{*}\}=0\\ Q^{SP}-\mathrm{Im}\{\dot{U}(Y\dot{U})^{*}\}=0\\ \boldsymbol{C}_{\mathrm{p}}\boldsymbol{A}_{\mathrm{sl}}m(T_{\mathrm{s}}-T_{\mathrm{o}})-\boldsymbol{\Phi}^{SP}=0\\ \boldsymbol{B}_{\mathrm{h}}Kn \mid m=0\\ \boldsymbol{C}_{\mathrm{s}}T_{\mathrm{s,\,load}}-\boldsymbol{b}_{\mathrm{s}}=0\\ \boldsymbol{C}_{\mathrm{r}}T_{\mathrm{r,\,load}}-\boldsymbol{b}_{\mathrm{r}}=0\\ \boldsymbol{A}_{\mathrm{gl}}\phi(-\boldsymbol{A}_{\mathrm{g}}^{\mathrm{T}}\Pi)-L^{SP}=0\end{cases} \tag{3-1}$$

式中,第 1～2 行分别表示电力系统的有功偏差和无功偏差,第 3～6 行分别表示热力系统的节点热功率偏差、供热网络回路压力降偏差、供热温度偏差和回热温度偏差,第 7 行表示天然气系统节点流量偏差; P^{SP}, Q^{SP}, Φ^{SP} 和 L^{SP} 分别为系统给定的有功功率、无功功率、热功率和天然气负荷;$\boldsymbol{A}_{\mathrm{sl}}$, $\boldsymbol{A}_{\mathrm{gl}}$ 分别为供热网络和天然气网络去掉压缩机支路后形成的降阶的关联矩阵;$\boldsymbol{C}_{\mathrm{s}}$, $\boldsymbol{C}_{\mathrm{r}}$ 分别为与供热网络、回热网络的结构和流量有关的矩阵,$\boldsymbol{b}_{\mathrm{s}}$, $\boldsymbol{b}_{\mathrm{r}}$ 分别为与供热温度、输出温度有关的列向量;$\boldsymbol{x}=[\theta, U, \boldsymbol{m}, T_{\mathrm{s,\,load}}, T_{\mathrm{r,\,load}}, \Pi]^{\mathrm{T}}$,为系统状态量。

令 $\Delta\boldsymbol{F}_{\mathrm{e}}=[\Delta P, \Delta Q]^{\mathrm{T}}$, $\Delta\boldsymbol{F}_{\mathrm{h}}=[(\Delta\Phi, \Delta p), (\Delta T_{\mathrm{s}}, \Delta T_{\mathrm{r}})]^{\mathrm{T}}$, $\Delta\boldsymbol{F}_{g}=\Delta f$,分别表示与电、热、气有关的偏差量,$\boldsymbol{x}_{\mathrm{e}}=[\theta, U]^{\mathrm{T}}$, $\boldsymbol{x}_{\mathrm{h}}=[\boldsymbol{m}, (T_{\mathrm{s,\,load}}, T_{\mathrm{r,\,load}})]^{\mathrm{T}}$, $\boldsymbol{x}_{\mathrm{g}}=\Pi$ 分别表示与电、热、气有关的状态量,则热-电-气混合模型的雅可比矩阵 H 可表示为

$$\boldsymbol{H}=\begin{pmatrix}\boldsymbol{H}_{\mathrm{ee}} & \boldsymbol{H}_{\mathrm{eh}} & \boldsymbol{H}_{\mathrm{eg}}\\ \boldsymbol{H}_{\mathrm{he}} & \boldsymbol{H}_{\mathrm{hh}} & \boldsymbol{H}_{\mathrm{hg}}\\ \boldsymbol{H}_{\mathrm{ge}} & \boldsymbol{H}_{\mathrm{gh}} & \boldsymbol{H}_{\mathrm{gg}}\end{pmatrix}=\begin{pmatrix}\dfrac{\partial\Delta F_{\mathrm{e}}}{\partial x_{\mathrm{e}}^{\mathrm{T}}} & \dfrac{\partial\Delta F_{\mathrm{e}}}{\partial x_{\mathrm{h}}^{\mathrm{T}}} & \dfrac{\partial\Delta F_{\mathrm{e}}}{\partial x_{\mathrm{g}}^{\mathrm{T}}}\\ \dfrac{\partial\Delta F_{\mathrm{h}}}{\partial x_{\mathrm{e}}^{\mathrm{T}}} & \dfrac{\partial\Delta F_{\mathrm{h}}}{\partial x_{\mathrm{h}}^{\mathrm{T}}} & \dfrac{\partial\Delta F_{\mathrm{h}}}{\partial x_{\mathrm{g}}^{\mathrm{T}}}\\ \dfrac{\partial\Delta F_{\mathrm{g}}}{\partial x_{\mathrm{e}}^{\mathrm{T}}} & \dfrac{\partial\Delta F_{\mathrm{g}}}{\partial x_{\mathrm{h}}^{\mathrm{T}}} & \dfrac{\partial\Delta F_{\mathrm{g}}}{\partial x_{\mathrm{g}}^{\mathrm{T}}}\end{pmatrix} \tag{3-2}$$

式中,对角块 $\boldsymbol{H}_{\mathrm{ee}}$, $\boldsymbol{H}_{\mathrm{hh}}$, $\boldsymbol{H}_{\mathrm{gg}}$ 分别表示单独的电、热、气系统自身潮流与自身状态量

之间的关系，其具体表达式与传统的电力潮流、热力流和天然气流的计算所用的表达式相同；非对角块表示不同能源之间的耦合关系。电力系统雅可比矩阵的计算公式已有若干文献介绍，雅可比矩阵中热力系统子块的计算方法如下：

$$\boldsymbol{H}_{\mathrm{hh}}=\begin{pmatrix}\dfrac{\partial\Delta[\Phi,\ P]^{\mathrm{T}}}{\partial\boldsymbol{m}^{\mathrm{T}}} & \dfrac{\partial\Delta[\Phi,\ P]^{\mathrm{T}}}{\partial[T_{\mathrm{s,\,load}}^{\mathrm{T}},\ T_{\mathrm{r,\,load}}^{\mathrm{T}}]^{\mathrm{T}}}\\ \dfrac{\partial\Delta[T_{\mathrm{s}},\ T_{\mathrm{r}}]^{\mathrm{T}}}{\partial\boldsymbol{m}^{\mathrm{T}}} & \dfrac{\partial\Delta[T_{\mathrm{s}},\ T_{\mathrm{r}}]^{\mathrm{T}}}{\partial[T_{\mathrm{s,\,load}}^{\mathrm{T}},\ T_{\mathrm{r,\,load}}^{\mathrm{T}}]^{\mathrm{T}}}\end{pmatrix}=\begin{pmatrix}\boldsymbol{H}_{\mathrm{h11}} & \boldsymbol{H}_{\mathrm{h12}}\\ \boldsymbol{H}_{\mathrm{h21}} & \boldsymbol{H}_{\mathrm{h22}}\end{pmatrix}\tag{3-3}$$

对各子块的推导结果如下：

$$\boldsymbol{H}_{\mathrm{h11}}=\begin{pmatrix}\dfrac{\partial\Delta\Phi}{\partial\boldsymbol{m}^{\mathrm{T}}}\\ \dfrac{\partial\Delta p}{\partial\boldsymbol{m}^{\mathrm{T}}}\end{pmatrix}=\begin{pmatrix}\boldsymbol{C}_{\mathrm{p}}\mathrm{diag}\{(T_{\mathrm{s}}-T_{\mathrm{o}})\}\boldsymbol{A}_{\mathrm{sl}}\\ 2\boldsymbol{BK}\mid\boldsymbol{m}\mid\end{pmatrix}\tag{3-4}$$

$$\boldsymbol{H}_{\mathrm{h21}}=\begin{pmatrix}\dfrac{\partial\Delta T_{\mathrm{s}}}{\partial\boldsymbol{m}^{\mathrm{T}}}\\ \dfrac{\partial\Delta T_{\mathrm{r}}}{\partial\boldsymbol{m}^{\mathrm{T}}}\end{pmatrix}=-\begin{pmatrix}\dfrac{\partial\boldsymbol{b}_{\mathrm{s}}}{\partial\boldsymbol{m}^{\mathrm{T}}}\\ \dfrac{\partial\boldsymbol{b}_{\mathrm{r}}}{\partial\boldsymbol{m}^{\mathrm{T}}}\end{pmatrix}\tag{3-5}$$

$$\boldsymbol{H}_{\mathrm{h22}}=\begin{pmatrix}\dfrac{\partial\Delta T_{\mathrm{s}}}{\partial T_{\mathrm{s,\,load}}^{\mathrm{T}}} & \dfrac{\partial\Delta T_{\mathrm{s}}}{\partial T_{\mathrm{r,\,load}}^{\mathrm{T}}}\\ \dfrac{\partial\Delta T_{\mathrm{r}}}{\partial T_{\mathrm{s,\,load}}^{\mathrm{T}}} & \dfrac{\partial\Delta T_{\mathrm{r}}}{\partial T_{\mathrm{r,\,load}}^{\mathrm{T}}}\end{pmatrix}\tag{3-6}$$

式中，$\boldsymbol{H}_{\mathrm{h21}}$ 表示供热管网和回热管网的节点处混合温度对管道水流量的偏导数，一般情况下比其他雅可比子块元素的值小得多，故计算时可认为 $\boldsymbol{H}_{\mathrm{h21}}=0$。雅可比矩阵中天然气系统子块为 $\boldsymbol{H}_{\mathrm{gg}}$，结合上文，利用文献给出的推导方法得

$$\boldsymbol{H}_{\mathrm{gg}}=\boldsymbol{A}_{\mathrm{gl}}\boldsymbol{D}\boldsymbol{A}_{\mathrm{gl}}^{\mathrm{T}}\tag{3-7}$$

式中，$\boldsymbol{D}$ 为对角阵，其对角元的计算方法如下：

$$d_{ii}=\frac{f_i}{2\Delta\Pi_i},\ i=1,\ 2,\ \cdots,\ n_{\mathrm{gpipe}}\tag{3-8}$$

式中，n_{gpipe} 表示天然气网络的管道数量。

在天然气网络中，由于平衡节点连接气源，天然气系统内部的状态发生变化时，其供需波动会由平衡节点供气量的变化来承担，不会对热力系统和电力系统产生影响，故式(3-2)中的 $\boldsymbol{H}_{\mathrm{eg}}$ 和 $\boldsymbol{H}_{\mathrm{hg}}$ 均为 0。

热力系统平衡节点处的热功率由以热定电(following the thermal load, FTL)

模式工作的 CCHP 机组提供。当热力系统中的状态量发生变化时，平衡节点处热功率的波动会同时使该机组所发出的电功率和天然气耗量发生变化，故式(3－2)中的 $\boldsymbol{H}_{eg}$ 和 $\boldsymbol{H}_{hg}$ 均为非零项。该 CCHP 机组的热功率 Φ_i、电功率 P_i 和燃气耗量 F_i 表示为

$$\begin{cases} \phi_i = \boldsymbol{C}_p \boldsymbol{A}_i \boldsymbol{m}(T_s - T_o) \\ P_i = \dfrac{\phi_i}{c_m} \\ F_i = \dfrac{P_i}{\eta_e} \end{cases} \tag{3-9}$$

式中，$\boldsymbol{A}_i$ 为热力系统的节点关联矩阵中与该热源有关的行。

3.1.1.2　基于随机矩阵理论的异常量测判别

随机矩阵理论(RMT)利用数理统计方法计算系统本征值和复杂系统能谱，可用于分析系统整体的关联状态，RMT 是反映系统运行状态并识别潜在风险的有力高维指标。现有的综合能源系统中存在大量的相关性量测，例如电压和功率之间的相关性，CCHP 系统电、热出力之间的相关性。通过分析相关性异常可确定异常量测用户和异常量测发生时间，该方法可在现有量测的基础上进行，无需配置过多的冗余量测，实用性较强。具体异常量测判别方法(见图 3－3)包括以下三个步骤。

(1) 采集园区有功数据和电压量测，将量测数据归一化处理并按时间先后形成量测矩阵；

(2) 利用随机矩阵理论计算量测矩阵的高维统计特征值，结合移动时间窗技术实现高准序列分析；

(3) 用高维统计特征平均值表征量测与系统状态的相关性，当相关性异常时，判断该量测异常。

1) 随机矩阵理论和数据预处理

当大维随机矩阵的行数和列数比值保持恒定时，其经验谱分布函数呈现出许多确定矩阵所不具备的优良特性。Marchenko-Pastur 定理(M－P 定理)描述了大维随机矩阵的渐进谱分布特性，其相应的理论描述如下。

定义 $\boldsymbol{R}$ 为 $V \times T$ 维的高斯分布随机矩阵，矩阵元素均值 $\mu = 0$，方差 $\delta = 1$，该矩阵的协方差矩阵为

$$\boldsymbol{S}_{\boldsymbol{R}} = \frac{1}{N} \boldsymbol{R} \boldsymbol{R}^{\mathrm{H}} \tag{3-10}$$

式中，$\boldsymbol{R}^{\mathrm{H}}$ 为 $\boldsymbol{R}$ 的共轭转置矩阵。若 $V \to \infty$，$T \to \infty$，并保证 $c = V/T \in (0, 1]$，则协方差矩阵 $\boldsymbol{S}_{\boldsymbol{R}}$ 的特征值为 λ，其经验谱分布函数为

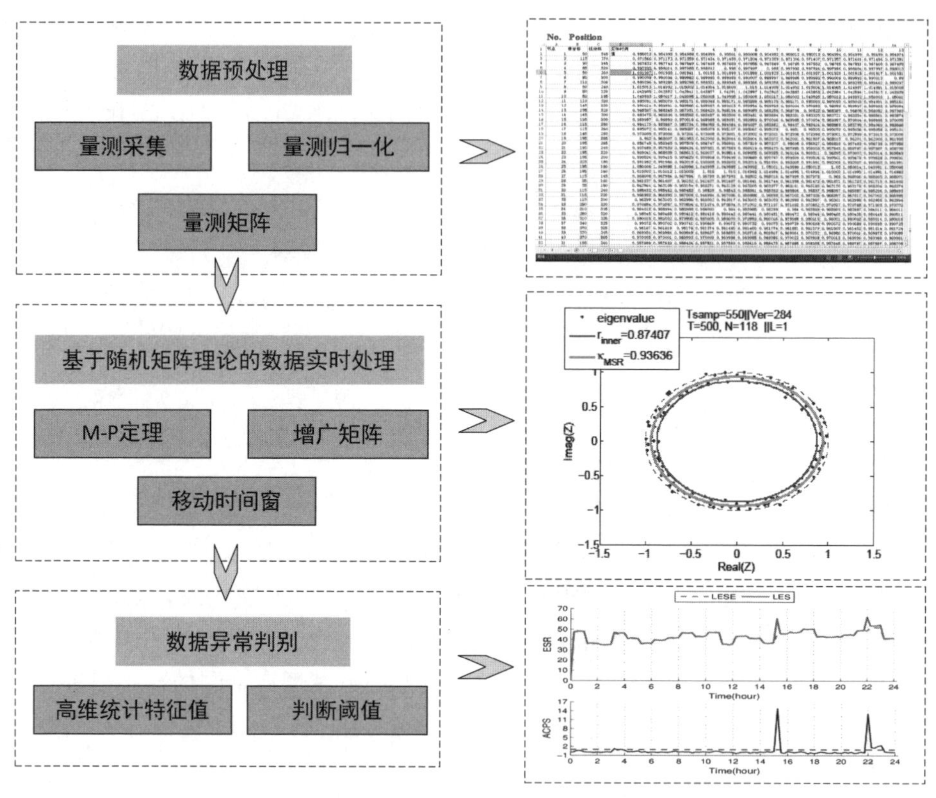

图 3－3　基于随机矩阵的量测异常判断(右图为计算软件计算处理时系统截图)

$$f_{\mathrm{E}}(\lambda)=\begin{cases}\dfrac{1}{2\pi\lambda c\sigma^2}\sqrt{(\lambda_{\max}-\lambda)(\lambda-\lambda_{\min})}, & \lambda_{\min}\leqslant\lambda\leqslant\lambda_{\max}\\ 0, & \text{其他}\end{cases} \tag{3-11}$$

式中，$\lambda_{\min}$ 和 $\lambda_{\max}$ 分别为相关矩阵的最小和最大特征值，即 $\lambda_{\min}=\sigma^2(1-\sqrt{c})^2$，$\lambda_{\max}=\sigma^2(1+\sqrt{c})^2$，$\sigma^2$ 为方差，标幺后 $\sigma^2=1$。

为研究两类量测量的内在联系，采用增广矩阵法将量测数据结合，构建一个拼接矩阵作为大数据分析的数据源，称为拼接数据源。选取配电网各相电压作为系统状态数据：

$$\boldsymbol{V}_{abc}=[\boldsymbol{v}_{abc}^{(1)},\ \boldsymbol{v}_{abc}^{(2)},\ \cdots,\ \boldsymbol{v}_{abc}^{(t)}] \tag{3-12}$$

式中，$\boldsymbol{v}_{abc}^{(k)}=[v_1^{(k)},\ v_2^{(k)},\ \cdots,\ v_{abc}^{(k)}]$ 为采样时刻 k 下配电网各相电压量测向量；t 为分析时长。选取配电网三相有功功率作为观测数据：

$$\boldsymbol{P}_{abc}=[\boldsymbol{p}_{abc}^{(1)},\ \boldsymbol{p}_{abc}^{(2)},\ \cdots,\ \boldsymbol{p}_{abc}^{(t)}] \tag{3-13}$$

式中，$\boldsymbol{p}_{abc}^{(k)}$ 为采样时刻 k 下各相配电网量测向量；t 为分析时长。鉴于电压和功率

之间的相关性,构建拼接矩阵:

$$\boldsymbol{A}_{abc}=\begin{bmatrix}\boldsymbol{V}_{abc}\\ \boldsymbol{P}_{abc}\end{bmatrix} \tag{3-14}$$

为体现观测数据与系统状态数据之间的相关性,定义对比矩阵:

$$\boldsymbol{A}_{e,\,abc}=\begin{bmatrix}\boldsymbol{V}_{abc}\\ \boldsymbol{E}\end{bmatrix} \tag{3-15}$$

式中,$\boldsymbol{E}$ 为量测装置误差矩阵。

2)基于随机矩阵的大数据高准序列分析方法

为了实现对数据的实时分析,采用实时分离窗技术从拼接矩阵源中获取 T_{w} 个采样时刻的量测数据(包括当前采样时刻及 $T_{\mathrm{w}}-1$ 个历史采样时刻),形成实时数据矩阵:

$$\hat{\boldsymbol{X}}_k=[\hat{\boldsymbol{x}}^{(k-T_{\mathrm{w}}+1)},\ \hat{\boldsymbol{x}}^{(k-T_{\mathrm{w}}+2)},\ \cdots,\ \hat{\boldsymbol{x}}^{(k)}] \tag{3-16}$$

式中,$\hat{\boldsymbol{x}}^{(k)}=[\hat{\boldsymbol{x}}_1^{(k)},\ \hat{\boldsymbol{x}}_2^{(k)},\ \cdots,\ \hat{\boldsymbol{x}}_N^{(k)}]^{\mathrm{T}}$ 为采样时刻 k 下拼接矩阵中的向量。为便于利用随机矩阵理论,将移动时间窗内的数据转化为归一化处理的非厄米矩阵:

$$\tilde{x}_{i,\,j}=(\hat{x}_{i,\,j}-\mu(\hat{\boldsymbol{x}}_I))\frac{\sigma(\tilde{\boldsymbol{x}}_i)}{\sigma(\hat{\boldsymbol{x}}_i)}+\mu(\tilde{\boldsymbol{x}}_i) \tag{3-17}$$

式中,$\hat{\boldsymbol{x}}_I=[\hat{x}_{i,\,1},\ \hat{x}_{i,\,2},\ \cdots,\ \hat{x}_{i,\,M}]^{\mathrm{T}}$,$\mu(\hat{x}_i)=1$,$\sigma(\hat{x}_i)=1$。将处理后的矩阵用 $\hat{\boldsymbol{Z}}=\prod_{w=1}^{L}\widetilde{X}_{u,\,w}$ 表示,其中 $L=1$;$\hat{\boldsymbol{Z}}=\prod_{w=1}^{L}\widetilde{X}_{u,\,w}\in C^{N\times N}$。

计算移动时间窗内数据的高维统计特征值:

$$s=\sum_{i=1}^{N}\mathrm{e}^{-|\lambda_{\boldsymbol{S},\,i}|^2} \tag{3-18}$$

式中,$\boldsymbol{S}=\hat{\boldsymbol{Z}}\boldsymbol{Z}^{\mathrm{T}}$,$\lambda_{\boldsymbol{S},\,i}$ 为矩阵 $\boldsymbol{S}$ 的第 i 个特征值,e 为自然底数。

3)综合能源系统量测异常辨识指标

基于随机矩阵大数据实时处理方法,定义采样时刻 k 下的综合能源系统量测异常指标为

$$d_s^{(k)}=s_A^{(k)}-s_{A_e}^{(k)} \tag{3-19}$$

式中,$s_A^{(k)}$,$s_{A_e}^{(k)}$ 分别为拼接矩阵和对比矩阵的高维统计特征值。通过设置阈值,实时监测指标的变化,可辨识出量测异常情况。

3.1.1.3 综合能源系统状态估计

相较于传统的电力系统,综合能源系统中存在冷、热、电、气多种能源形式,准

确的多能流系统量测可使运维人员掌握系统运行状态，提升对系统的态势感知能力。但目前非电量量测的准确度不够高，且对应的计量装置成本较高，不便于大范围装设。通过考虑多能流之间的耦合特性增加量测冗余，提高综合能源系统状态估计的准确性。其具体实现方案如图 3-4 所示。

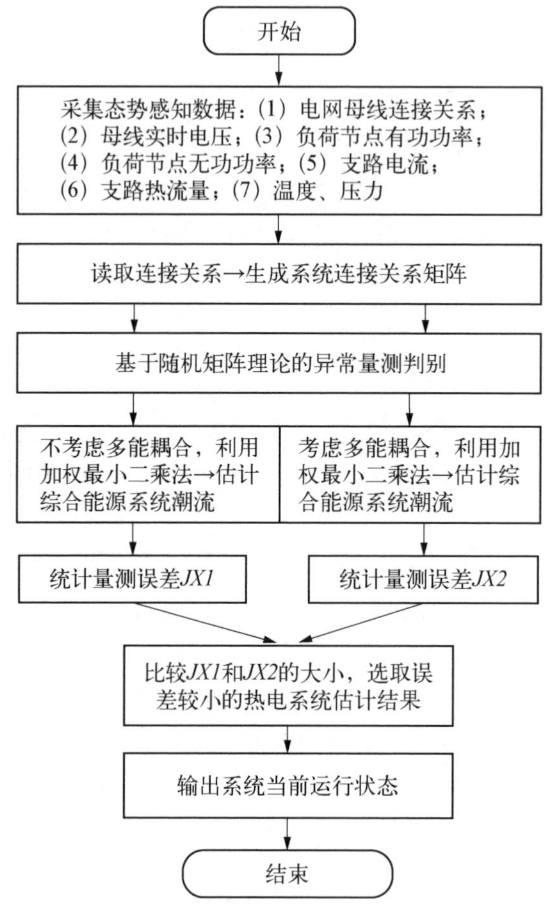

图 3-4　综合能源系统状态估计实现方案

1）综合能源系统量测配置

热力系统、电力系统及天然气系统的具体量测配置方法如图 3-5～图 3-7 所示，其中冷系统的量测配置与热力系统相似，不再赘述。

2）综合能源系统量测冗余扩增

对于一个综合能源系统而言，不同网络的潮流计算互相联系、互相影响。以热-电-气耦合的综合能源网络为例，三个网络之间通过 CCHP、循环泵，燃气锅炉，燃气轮机、P2G 等元件相互耦合，其耦合关系如图 3-8 所示。

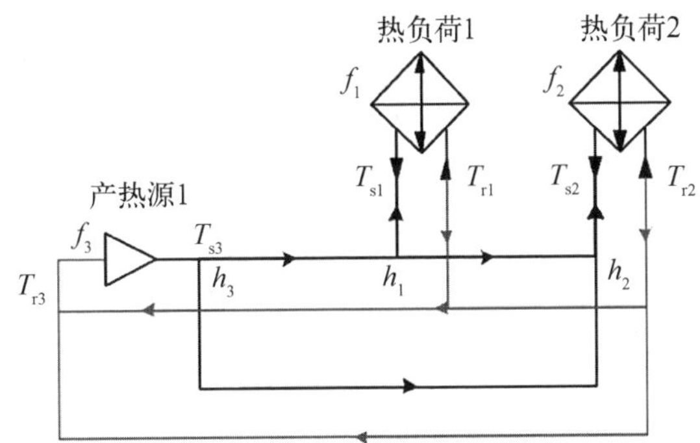

图 3-5　热力系统量测配置

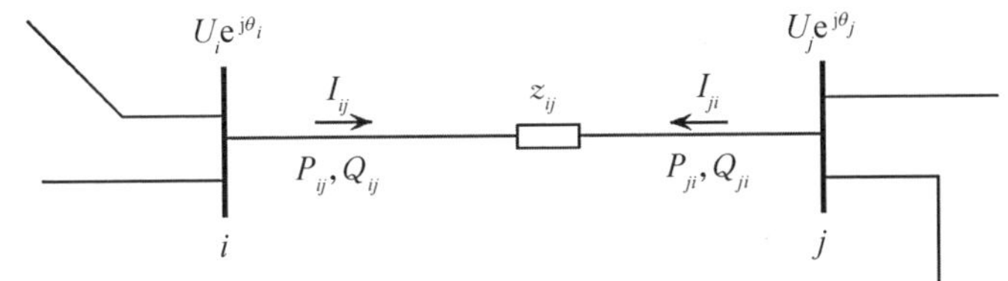

图 3-6　电力系统支路量测配置

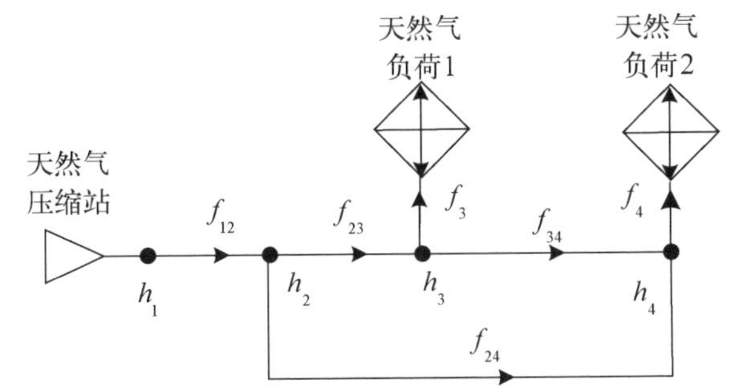

图 3-7　天然气系统量测配置

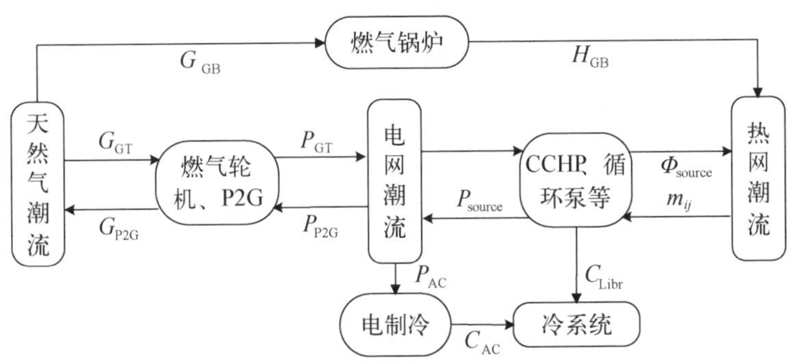

图 3-8　综合能源系统量测耦合关系

由于多个能源系统之间的耦合，不同能源系统的量测通过耦合关系式扩展到多能系统中，因而增加了综合能源系统量测冗余度。所增冗余度与该网络中耦合元件的个数相同，即耦合元件越多，综合能源系统增加的冗余度越多。以热电耦合系统为例，电网系统的状态量为 n 个，热网系统的状态量共 m 个，包含 a 个状态耦合，而最后形成的热电联合网络的状态量共 $n+m-a$ 个，总状态量的个数与单独进行状态估计的状态量个数之和相比，减少了 a 个，而量测数没有减少。以鳌头能源站为例，该站的计量安装情况如图 3 - 9 所示，其中电网和热网量测量包括 P_1，P_2，M_1，M_2 和 M_0。原则上，计量 M_1，M_2 应适用两台余热锅炉量测，但这两个表计的精确性较低，数据不能直接应用。在认定流量总表 M_0 是精确的情况下，可以得到以下公式：

$$\begin{cases} P_1 = \dfrac{M_1}{c_{m1}} \\ P_2 = \dfrac{M_2}{c_{m2}} \\ M'_1 = \dfrac{M_1}{M_1+M_2+M_3} \times M_0 \\ M'_2 = \dfrac{M_2}{M_1+M_2+M_3} \times M_0 \end{cases} \tag{3-20}$$

式中，c_{m1}，c_{m2} 分别表示燃气轮机＃1 和燃气轮机＃2 的热电比值。因此，通过考虑量测间的相关性可增加量测冗余。

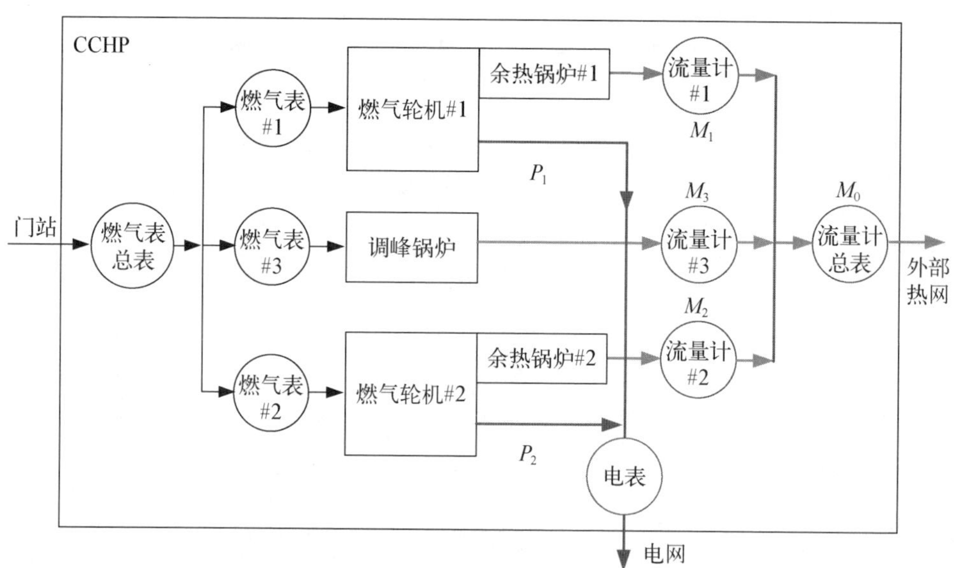

图 3 - 9　鳌头能源站计量装置配置图

3）综合能源系统状态估计方法

状态估计是态势感知的基本内容之一，综合能源系统的量测量方程可表示为

$$\boldsymbol{z}=\boldsymbol{h}(x)+\boldsymbol{v}$$

式中，$\boldsymbol{z}$ 为量测量矢量；$\boldsymbol{h}(x)$ 为量测量的计算值矢量；$\boldsymbol{v}$ 为量测误差矢量；设量测量共 m 个，则上述矢量均为 m 维；$\boldsymbol{x}$ 为状态量，设系统节点数为 n，则 $\boldsymbol{x}$ 为 n 维。

相对于量测值 $\boldsymbol{z}$，理想情况下，确定一组使测量残差为极小的状态量 $\boldsymbol{x}$，测量残差用公式表示为

$$\boldsymbol{r}(x)=\boldsymbol{z}-\boldsymbol{h}(x) \tag{3-21}$$

给定量测矢量 $\boldsymbol{z}$ 以后，状态估计矢量 $\boldsymbol{x}$ 满足如下目标函数：

$$\boldsymbol{J}(\boldsymbol{x})=[\boldsymbol{z}-\boldsymbol{h}(x)]^{\mathrm{T}}\boldsymbol{R}^{-1}[\boldsymbol{z}-\boldsymbol{h}(x)]=\sum_{i=1}^{n}(r_i l\sigma_i)^2 \rightarrow \min \tag{3-22}$$

式中，$\boldsymbol{R}^{-1}$ 起权重的作用，是对角元素为 σ_i^2 的 $m\times m$ 维对角阵。为了求状态估计值 $\boldsymbol{x}$，可采用逐次迭代的算法，迭代公式为：

$$\Delta\boldsymbol{x}^{(l)}=[\boldsymbol{H}^{\mathrm{T}}(\boldsymbol{x}^{(l)})\boldsymbol{R}^{-1}\boldsymbol{H}^{\mathrm{T}}(\boldsymbol{x}^{l})]^{-1}\boldsymbol{H}^{\mathrm{T}}(\boldsymbol{x}^{(l)})\boldsymbol{R}^{-1}[\boldsymbol{z}-\boldsymbol{h}(\boldsymbol{x}^{(l)})] \tag{3-23}$$

$$\boldsymbol{x}^{(l+1)}=\boldsymbol{x}^{(l)}+\Delta\boldsymbol{x}^{(l)} \tag{3-24}$$

式中，$\boldsymbol{H}(x)=\partial\boldsymbol{h}(x)/\partial x$ 为量测方程的雅可比矩阵，l 为迭代序号。对于一般的综合能源系统，参与态势感知的对象为冷、热、电、气系统。基于上述模型分析可知，量测对象和模型方程可以取表 3-1 中所列内容。

表 3-1　综合能源系统态势感知设计依据

	量 测 对 象	状 态 方 程
冷系统	建筑 i 冷冻水流量 L_i 或流速 v_i 建筑 i 冷负荷 $Q_{c,i}$ 建筑 i 冷冻水供回温差 Δt	管道流量计算方程 流速流量换算方程
热系统	线路流量 f_{ij} 节点压力 $h(x)$ 线路端口温度 T_{in}，T_{out}	流量连续性方程 压力损失方程 热功率计算方程 节点温度混合方程 管道热损耗方程
电力系统	线路有功无功 P_{ij}，Q_{ij} 节点电压 U_i	电力潮流方程
天然气系统	线路流量 f_{ij} 节点压力 h_i	稳态流速方程 天然气流量连续性方程 天然气压缩机方程

3.1.1.4　算例分析

本算例基于实际扩展后的某园区电力系统拓扑结构，利用上文所述方法分析设备出力异常或设备退出场景下综合能源系统的运行情况，进而推演异常和故障情况，为园区调度提供定量的故障预警服务。系统拓扑结构、典型场景下的潮流和相关参数如图 3－10 所示。

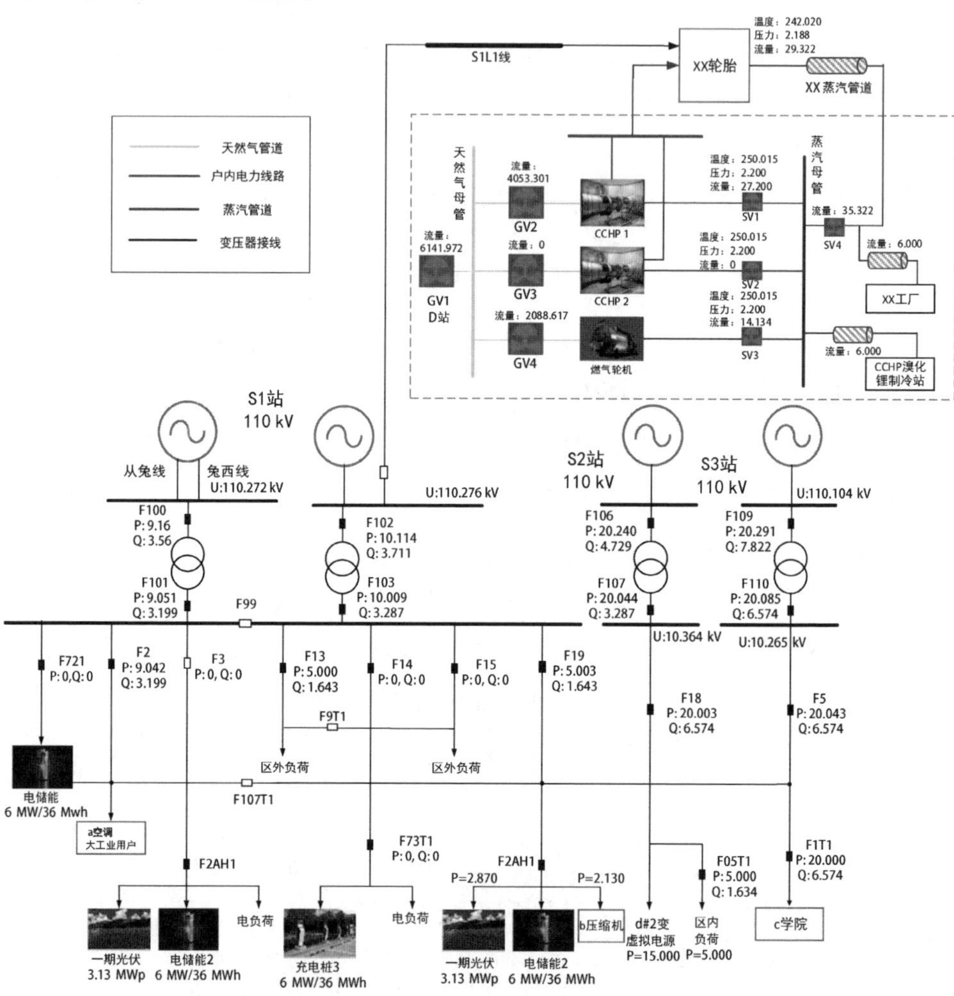

图 3－10　某工业园综合能源系统拓扑结构图(扫描二维码查阅彩图)

表 3－2　管道参数

参　　数	标准压力	管道压力降
天然气管道	1.00 MPa	266.39 Pa/m
蒸汽管道	2.20 MPa	204.24 Pa/m

S1 站、S2 站、S3 站内均采用幂函数模型表示负荷静态电压特性，其模型为

$$\begin{cases} P = P_0 U^{\alpha} \\ Q = Q_0 U^{\beta} \end{cases} \tag{3-25}$$

式中，α，β 分别为负荷有功、无功电压特征系数；P_0，Q_0 分别为负荷在额定电压时的有功功率、无功功率。

给定不同负荷情况下有功、无功电压特征系数 α，β 的参考值，如表 3-3 所示。

表 3-3　电压特性系数参考值

类型	居民负荷	商业负荷	工业负荷	恒功率型	恒电流型	恒阻抗型
α	0.72～1.30	0.99～1.51	0.18	0	1	2
β	2.96～4.38	3.15～3.95	6.00	0	1	2

注：选取典型工业负荷的负荷特性作为系统负荷特性，进行计算。

由于 S1 站内不存在热电耦合，在配电网中新能源和负荷波动对电压的影响有限，而馈线热稳极限仅需要使得功率满足线路功率约束，否则将切除该条线路。因此，针对该园区可能出现的多种严重故障场景分别进行分析推演，分析结果如表 3-4～表 3-7 所示。

表 3-4　场景 1 故障分析结果

场景描述：线路 A 故障，CCHP 正常运行	
天然气管道始端压力：1.00 MPa	天然气管道末端压力：0.99 MPa
蒸汽管道出口压力：2.20 MPa	蒸汽母管（管道末端）压力：2.08 MPa
蒸汽管道出口温度：250.015 ℃	蒸汽母管（管道末端）温度：242.020 ℃
S1 站母线电压下降：86.21%	

表 3-5　场景 2 故障分析结果

场景描述：CCHP 以 50%功率运行	
天然气管道始端压力：1.00 MPa	天然气管道末端压力：0.99 MPa
蒸汽管道出口压力：2.20 MPa	蒸汽母管（管道末端）压力：2.14 MPa
蒸汽管道出口温度：250.015 ℃	蒸汽母管（管道末端）温度：241.136 ℃
S1L1 线电功率增加：3.51 MW	S1 站电压下降：0.528%

表 3 - 6　场景 3 故障分析结果

场景描述：CCHP 退出运行	
天然气管道始端压力：1.00 MPa	天然气管道末端压力：1.00 MPa
蒸汽管道出口压力：2.20 MPa	蒸汽母管(管道末端)压力：2.20 MPa
蒸汽管道出口温度：250.015 ℃	蒸汽母管(管道末端)温度：243.085 ℃
S1L1 线电功率增加：7.04 MW	S1 站电压下降：2.11%

表 3 - 7　场景 4 故障分析结果

场景描述：b 压缩机光伏机组退出	
b 压缩机功率增加：2.87 MW	母线(BUS5)电压下降：1.52%

由以上分析可知，对于电力系统故障，四个场景中只有场景 1 会使 S1 站内母线电压急剧跌落，其他故障情况对电力系统的影响较小，场景 1 中电力系统的故障对热力系统的影响同样有限。而对于热力系统故障，场景 2、3 都会产生热负荷的缺额，会使得热力系统的温度大幅下降，S1L1 功率大幅增加，当 CCHP 全部退出运行时 S1L1 线电功率增加最多，为 7.04MW。

为研究耦合关系对状态估计准确度提升的影响，以园区热网系统为例，建立简化测试模型，如图 3 - 11 所示。图中 h_i(i 为 1、2、3)为各节点压强 h_i，L_i 为需水量，m_{ij}(i、j 为 1、2、3)为各管道流量，T_{si} 为供应温度，T_{ri} 为返回温度，Φ_i 为节点用热。测试案例如表 3 - 8 所示，其中场景 I 为热网单独状态估计，场景 II 为热电耦合状态估计。

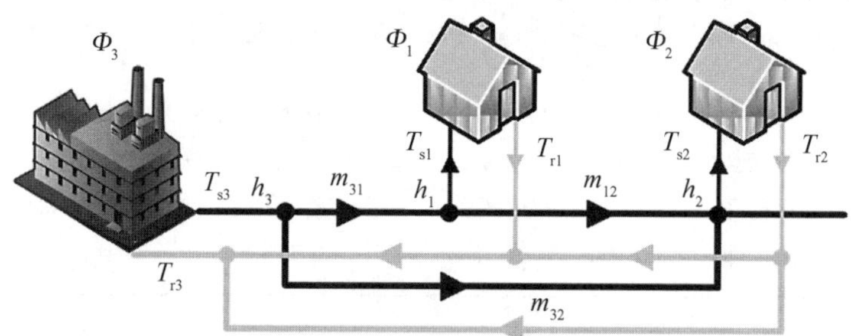

图 3 - 11　热网状态估计测试拓扑

表 3 - 8　热电耦合场景状态估计测试场景

场　景	量　测　量	估　计　量
I	m_{31}, m_{12}, m_{32}, Φ_1, Φ_2, h_3, T_{s3}, T_{s1}, T_{s2}, T_{r3}	h_1, h_2, h_3, T_{s1}, T_{s2}, T_{s3}, T_{r1}, T_{r2}, T_{r3}
II	m_{31}, m_{12}, m_{32}, Φ_1, Φ_2, Φ_3, h_3, T_{s3}, T_{s1}, T_{s2}, T_{r3}	h_1, h_2, h_3, T_{s1}, T_{s2}, T_{s3}, T_{r1}, T_{r2}, T_{r3}

为对比综合能源状态估计和单独状态估计的效果，定义公式如下：

$$\rho=1-\frac{1}{T}\sum_{t=1}^{T}\left[\frac{1}{m}\sum_{i=1}^{m}\left|\frac{h_{i,t}(x_{\text{est}})-h_{i,t}(x_{\text{true}})}{h_{i,t}(x_{\text{true}})}\right|\right]$$

式中，T 为蒙特卡罗实验总次数；m 为量测量总个数；$h_{i,t}(x_{\text{true}})$ 和 $h_{i,t}(x_{\text{est}})$ 分别为估计值和真实值。分别采用蒙特卡罗模拟法模拟不同的运行工况，为保证状态估计模型的收敛性，本算例将量测值设置为真实值，估计量初始值 $\bar{x}_{\text{est}}$ 设置为 $\bar{x}_{\text{est}}=x_{\text{true}}+\text{rand}(-20\%,\ 20\%)x_{\text{true}}$，进行 1 000 次仿真实验可知，若算法未收敛则 $h_{i,t}(x_{\text{est}})=0$。测试结果如表 3－9 所示。考虑了 CCHP 联合状态的估计的准确度较单独状态估计的准确度提升 9.7%。

表 3－9 热电耦合场景状态估计测试结果

场 景	I	II
准确度	0.796	0.893

3.1.1.5 自主运营系统可交换功率安全裕度态势感知

面对我国能源生产与消费逆向分布的格局，未来我国能源互联网的定位应该是以主动配电网的方式，将各种形式的可再生能源通过能源互联网柔性联接，进一步推动广域内电力资源的协调互补和优化配置。快速准确地掌握区域能源网的运行态势，评估区域能源网在系统公共连接点处的功率交换能力是实现区域协调互补的关键，对各区域能源网自主参与需求响应市场尤为重要。因此，提出一种区域能源网层和配电网层安全裕度的联合分析方法，该方法的实时控制层数据流程计算步骤如下。示意图如图 3－12 所示。

(1) 区域能源网控制层。

本控制层需感知并网/离网状态和相邻区域能源网的联络线连接状态，并预测下一调度时段区域能源网内的不确定量，包括风机(wind turbine，WT)出力、光伏(photovoltaic，PV)出力、热电负荷需求。

以综合运行成本最小和交换能力最大为目标，制定多区域能源网下一调度时段的可控机组出力计划和联合区域能源网间热电能量交换计划。可控机组包括微型燃气轮机(micro turbine，MT)、蓄电池(storage battery，SB)和柴油发电机(diesel engine，DE)。通过计算区域能源网的上调备用信息和下调备用信息，向配电网控制层上报功率交换安全裕度预估范围。

(2) 配电网控制层。

本控制层预测下一调度时段内配电网层负荷需求、电池储能系统(battery energy storage system，BESS)的有功/无功调节能力。

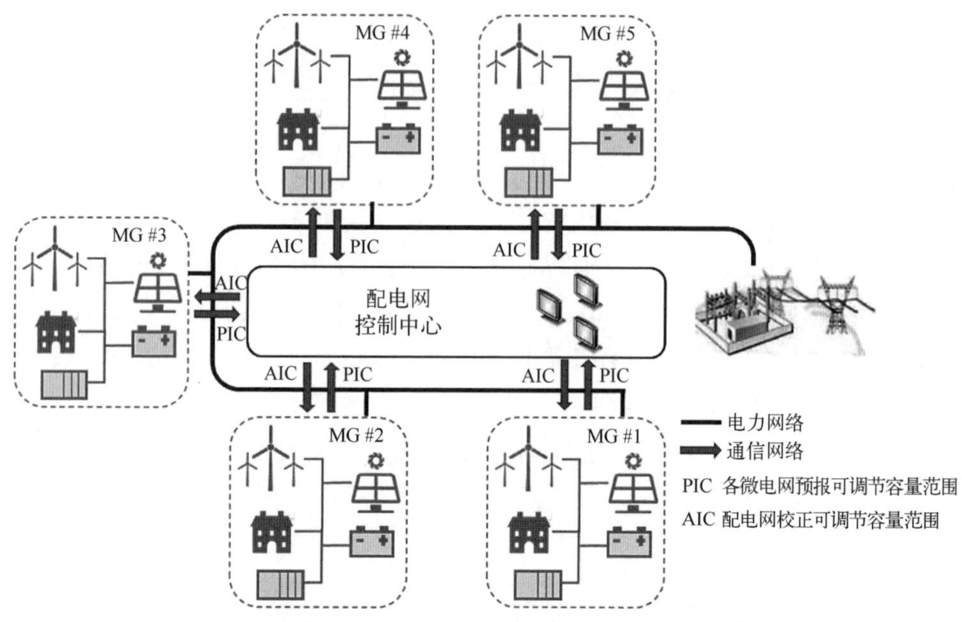

图 3－12　自主运营多区域能源网可交换安全裕度态势感知的示意图

依据配电网系统的安全裕度需求和优化方法，校正各区域能源网预估的功率交换安全裕度，实现区域能源网运行状态评估。评估结果为各区域能源网自主参与可调容量市场和需求响应市场提供辅助决策，有效支撑可再生能源的接入和消纳。

具体地，对于区域综合能源网和配电网，建立基于电压安全可行域的系统状态评估模型，感知系统可支撑的负荷裕度，在实现系统安全稳定运行的前提下，保障多元用户之间的功率互动。基于电压准稳态方程和雅可比矩阵逆矩阵，确定的电压变化量近似表达式如下：

$$\Delta V_d = \sum_{i \in L \cup W} H_{i,d} \Delta P_{\mathrm{L}i} + \sum_{i \in L \cup W} S_{i,d} \Delta Q_{\mathrm{L}i} + \sum_{i \in G} R_{i,d} \Delta P_{\mathrm{G}i} \tag{3-26}$$

考虑系统节点电压安全约束，满足如下表达式：

$$\begin{aligned} V_d^{\min} \leqslant V_{d,s} &+ \sum_{i \in L \cup W} H_{i,d,s}(P_{\mathrm{L}i} - P_{\mathrm{L}i,s}) + \sum_{i \in L \cup W} S_{i,d,s}(Q_{\mathrm{L}i} - Q_{\mathrm{L}i,s}) \\ &+ \sum_{i \in G} R_{i,d,s}(P_{\mathrm{G}i} - P_{\mathrm{G}i,s}) \leqslant V_{d,\max} \end{aligned} \tag{3-27}$$

将系统运行安全临界点 $V_{d,s} = V_{d,\min}$，$P_{\mathrm{L}i,s} = P_{\mathrm{L}i,\mathrm{cr}}$，$Q_{\mathrm{L}i,s} = Q_{\mathrm{L}i,\mathrm{cr}}$，$P_{\mathrm{G}i,s} = P_{\mathrm{G}i,\mathrm{cr}}$ 代入式(3－27)，可推算出超平面描述的系统电压安全裕边界，并进行归一化

处理，如下所示：

$$\begin{aligned}&\sum_{i\in L\cup W}H_{i,d,\mathrm{cr}}P_{\mathrm{L}i,\mathrm{cr}}+\sum_{i\in L\cup W}S_{i,d,\mathrm{cr}}Q_{\mathrm{L}i,\mathrm{cr}}+\sum_{i\in G}R_{i,d,\mathrm{cr}}P_{\mathrm{G}i,\mathrm{cr}}\\ \leqslant&\sum_{i\in L\cup W}H_{i,d,\mathrm{cr}}P_{\mathrm{L}i}+\sum_{i\in L\cup W}S_{i,d,\mathrm{cr}}Q_{\mathrm{L}i}+\sum_{i\in G}R_{i,d,\mathrm{cr}}P_{\mathrm{G}i}\end{aligned}\tag{3-28}$$

$$\sum_{i\in L\cup W}a_iP_{\mathrm{L}i}+\sum_{i\in L\cup W}b_iQ_{\mathrm{L}i}+\sum_{i\in G}c_iP_{\mathrm{G}i}\geqslant 1\tag{3-29}$$

3.1.2　虚拟电厂分布式资源聚合

考虑到实际运行中对分布式资源掌握的信息十分有限，通常仅知道功率、电量和电源类型等信息。因此，本节首先对不同灵活资源进行统一建模，再构建风电、光伏、储能等具体分布式电源的模型。

3.1.2.1　虚拟电厂通用灵活资源发电模型

为表述方便，首先定义虚拟电厂通用灵活资源发电模型的相关参数如表 3-10 所列。

表 3-10　通用灵活资源发电模型的相关参数

符　　号	说　　　明
$\{t: t=1, \cdots, T\}$	一天分成 T 个时间段，t 为时间段编号
$\{i: i\in I\}$	i 表示虚拟电厂节点的编号
$\{j: j\in J_i\}$	j 表示虚拟电厂节点 i 下接入的第 j 类灵活发电资源
$\{k: k\in K_{ij}\}$	k 表示虚拟电厂节点 i 下接入的第 j 类灵活资源的编号
W, S, E	分别表示风力发电、光伏发电、储能等发电资源类型

假设所有灵活资源在一个极短的时间段内（每个时间段的长度为 δ）的发电功率保持不变。采用 $p_t^{i,j,k}$ 表示接入虚拟电厂节点 i，第 j 类且编号为 k 的灵活资源在第 t 个时间段的发电功率。若功率值为正，表示该资源向电网发出有功功率；若其为负值，表示该资源从电网吸收有功功率。采用 $e_t^{i,j,k}$ 表示接入虚拟电厂节点 i 下，第 j 类且编号为 k 的灵活资源在第 1 到第 t 个时间段的累积发电量。

定义：一个通用的灵活资源在第 t 个时间段的发电特性可以用一个六元组（$\underline{p}_t^{i,j,k}$，$\overline{p}_t^{i,j,k}$，$\underline{e}_t^{i,j,k}$，$\overline{e}_t^{i,j,k}$，$\underline{r}_t^{i,j,k}$，$\overline{r}_t^{i,j,k}$）描述。这个六元组的参数分别表征了该灵活资源在第 t 个时间段的有功功率的上下界、累积发电量的上下界[29]和从 t 到 $t+1$ 时段爬坡速率的上下界，即

$$\underline{p}_t^{i,j,k} \leqslant p_t^{i,j,k} \leqslant \overline{p}_t^{i,j,k}, \ \forall t$$
$$\underline{e}_t^{i,j,k} \leqslant \sum_{t=1}^{T} p_t^{i,j,k}\delta \leqslant \overline{e}_t^{i,j,k}, \ \forall t \tag{3-30}$$
$$\underline{r}_t^{i,j,k} \leqslant p_{t+1}^{i,j,k} - p_t^{i,j,k} \leqslant \overline{r}_t^{i,j,k} \ \forall t$$

式中，$\overline{p}_t^{i,j,k}$，$\underline{p}_t^{i,j,k}$，$\overline{e}_t^{i,j,k}$，$\underline{e}_t^{i,j,k}$，$\overline{r}_t^{i,j,k}$，$\underline{r}_t^{i,j,k}$ 分别表示在虚拟电厂节点 i 下，第 j 类且编号为 k 的灵活资源在第 t 个时间段的发电功率、累积发电量和爬坡速率的上下界。

3.1.2.2　几种典型分布式资源的通用模型

本小节将采用上一节定义的通用灵活资源模型对几类典型灵活资源的特性进行描述。

1）风电和光伏发电机组通用模型

针对虚拟电厂下接入的风电和光伏发电机组，假设对其次日每时段的最大出力(功率)预测为 $g_t^{i,\mathrm{W},k}$（或者 $g_t^{i,\mathrm{S},k}$），并假设能够从 0 到 $g_t^{i,\mathrm{W},k}$（或者 0 到 $g_t^{i,\mathrm{S},k}$）连续调节机组出力，则其功率和累积发电量的上下界为：

$$\underline{p}_t^{i,\mathrm{W},k} = 0, \quad \overline{p}_t^{i,\mathrm{W},k} = g_t^{i,\mathrm{W},k}, \quad \forall t$$
$$\underline{e}_t^{i,\mathrm{W},k} = 0, \quad \overline{e}_t^{i,\mathrm{W},k} = \sum_{t=1}^{T} g_t^{i,\mathrm{W},k}\delta, \quad \forall t \tag{3-31}$$
$$\underline{r}_t^{i,\mathrm{W},k} = -g_t^{i,\mathrm{W},k}, \quad \overline{r}_t^{i,\mathrm{W},k} = g_{t+1}^{i,\mathrm{W},k}, \quad \forall t$$

$$\underline{p}_t^{i,\mathrm{S},k} = 0, \ \overline{p}_t^{i,\mathrm{S},k} = g_t^{i,\mathrm{S},k}, \quad \forall t$$
$$\underline{e}_t^{i,\mathrm{S},k} = 0, \ \overline{e}_t^{i,\mathrm{S},k} = \sum_{t=1}^{T} g_t^{i,\mathrm{S},k}\delta, \quad \forall t \tag{3-32}$$
$$\underline{r}_t^{i,\mathrm{S},k} = -g_t^{i,\mathrm{S},k}, \quad \overline{r}_t^{i,\mathrm{S},k} = g_{t+1}^{i,\mathrm{S},k}, \quad \forall t$$

风电机组、光伏发电机组随时间变化的累积发电量的上下界分别如图 3-13 和图 3-14 所示。在图 3-13 中，$\overline{e}_1^{i,\mathrm{W},k}$ 和$\overline{e}_T^{i,\mathrm{W},k}$ 分别为风电机组 k 在时刻 1 和时刻 T 的累积发电量上界。假设风力发电机组 k 在时刻 0 开始发电，当其在各时段均以最大预测功率 $g_t^{i,\mathrm{W},k}$ 发电时，其累积发电量的上界将与其最快的发电轨迹(A—C 折线)相对应；当风电机组 k 的发电功率一直为 0 时所形成的发电轨迹(A—B 直线)，即为其累计发电量下界。在图 3-14 中，$\overline{e}_a^{i,\mathrm{S},k}$ 和$\overline{e}_b^{i,\mathrm{S},k}$ 分别为光伏发电机组 k 在日出时刻和日落时刻的累计发电量上界。当其在各时段均以最大预测功率 $g_t^{i,\mathrm{S},k}$ 发电时，其累计发电量的上界将与其最快的发电轨迹(A—C 折线)相对应；当光伏发电机组 k 的发电功率一直为 0 时所形成的发电轨迹(A—B 直线)，即为其累计发电量下界。这样，通过风电、光伏发电机组瞬时发电功率和累积发电量的上下界就描述了其发电功率随时间变化的可行范围。换句话说，任意满足这两组约束条件的发电功率轨迹，对于该发电机组而言都是可行的。

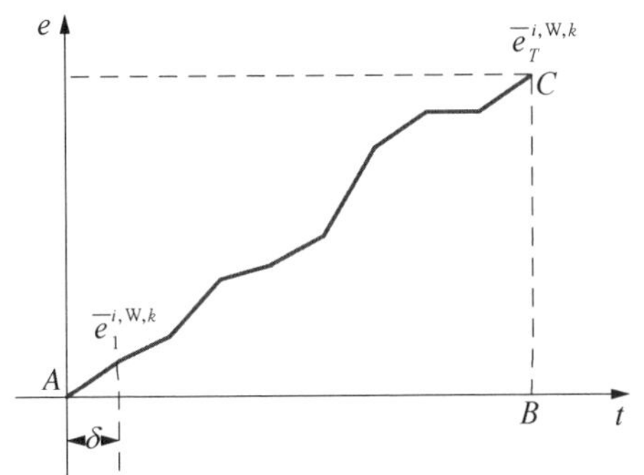

图 3-13　风力发电机组随时间变化的累积发电量的上下界

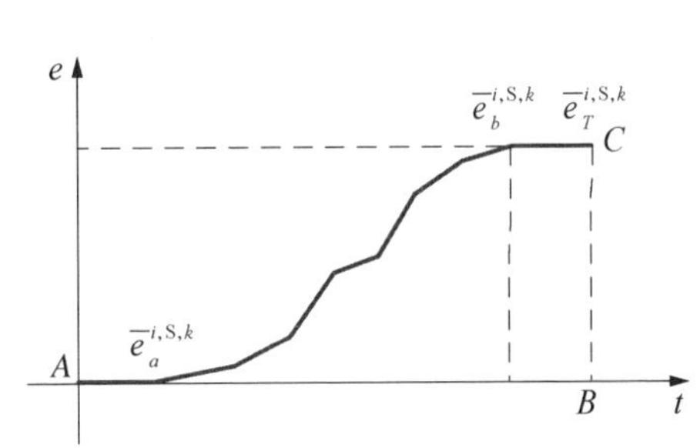

图 3-14　光伏发电机组随时间变化的累积发电量的上下界

2）电动汽车与储能资源的通用模型

本节在考虑电动汽车充电模型的基础上，建立同时考虑电动汽车的充电和向电网放电两种情形的通用模型。假定电动汽车 k 在 t_a 时刻到达充电站，在 t_b 时刻离开，可以定义其发电功率随时间变化的上下界如下所示：

$$
\begin{aligned}
&\overline{p}_t^{i,\mathrm{V},k}=P_d^{i,\mathrm{V},k},\quad \underline{p}_t^{i,\mathrm{V},k}=-P_c^{i,\mathrm{V},k},\quad \forall t\in\{t_a,\ t_a+1,\ \cdots,\ t_b\}\\
&\overline{p}_t^{i,\mathrm{V},k}=\underline{p}_t^{i,\mathrm{V},k}=0,\ \forall t\notin\{t_a,\ t_a+1,\ \cdots,\ t_b\}\\
&e_t^{i,\mathrm{V},k}=s_t^{i,\mathrm{V},k}-s_0^{i,\mathrm{V},k}=-\sum_{t=1}^{T}p_t^{i,\mathrm{V},k}\delta,\ \forall t
\end{aligned}
\tag{3-33}
$$

式中，$P_d^{i,\mathrm{V},k}$ 和 $P_c^{i,\mathrm{V},k}$ 分别为电动汽车的额定放电功率和额定充电功率。注意，本模型假定电动汽车车主允许其动力电池向电网馈电。当车主不允许其电动汽车电池放电时，只需要将其额定放电功率设置为 0 即可。电动汽车放电和充电功率对时间的积分为其累计发电量 $e_t^{i,\mathrm{V},k}$（发电为正，充电为负），也即其能量状态的变化量 $\mathrm{SoC}_t^{i,\mathrm{V},k}-\mathrm{SoC}_0^{i,\mathrm{V},k}$。

电动汽车随时间变化的累积发电量的上下界如图 3-15 所示。图 3-15 中，$\overline{s}^{i,\mathrm{V},k}$（$\underline{s}^{i,\mathrm{V},k}$）分别为电动汽车电池荷电状态(state of charge，SOC)的上下界；$s_a^{i,\mathrm{V},k}$ 为电动汽车到达充电站时的初始荷电状态；$B^{i,\mathrm{V},k}$ 为电动汽车的电池容量；$s_b^{i,\mathrm{V},k}$ 为电动汽车离开充电站时要求达到的最小荷电状态。从图 3-15 可以看出，电动汽车累积发电量的下界 $\underline{e}_t^{i,\mathrm{V},k}$ 与其最快的充电轨迹（A—B—C 折线）相对应。在此轨迹上，电动汽车在 t_a 时刻接入电网后即以额定充电功率 $P_c^{i,\mathrm{V},k}$ 充电，直到其荷电状态达到最大允许荷电状态 $\bar{s}^{i,\mathrm{V},k}$ 为止。在另外一种极端情形下(即电动汽车累计发电量达到上界 $\bar{e}_t^{i,\mathrm{V},k}$),电动汽车的累积发电量跟随轨迹 $A—D—F—G$ 折线。在此轨迹上,电动汽车在 t_a 时刻接入电网后即以额定放电功率 $P_d^{i,\mathrm{V},k}$ 进行放电,直到其荷电状态到达最小允许的荷电状态 $\underline{s}^{i,\mathrm{V},k}$ 时停止放电。当接近于电动汽车的离开时间 t_b 时,电动汽车再以额定充电功率 $P_c^{i,\mathrm{V},k}$ 将电池充电至用户要求的最小荷电状态 $s_b^{i,\mathrm{V},k}$。对于不愿意参与放电的电动汽车,其电池累积发电量的上界将不包含刚到达时的放电过程,其对应的累计发电量上界轨迹即为 $A—I—G$ 折线。这样,通过电动汽车瞬时发电功率和累积发电量的上下界描述了电动汽车充放电功率随时间变化的可行范围。换句话说,任意满足这两组约束条件的发电功率的轨迹,对于该电动汽车而言都是可行。这里需要注意,电动汽车充放电的速率由电池的特性和电网要求共同决定。

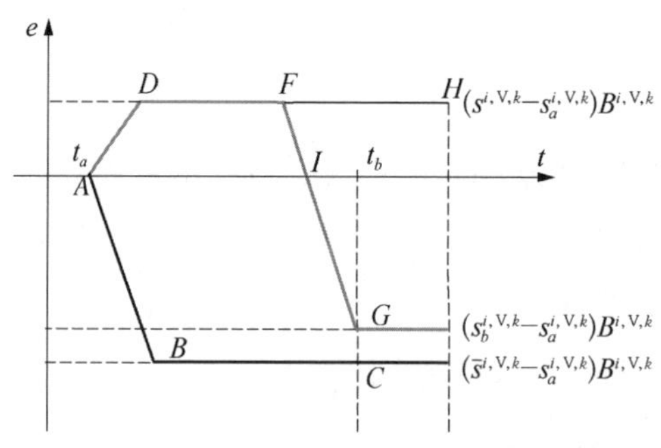

图 3-15 电动汽车(储能)随时间变化的累积发电量的上下界

类似地,可采用以上模型描述储能资源(energy storage system, ESS)的发电特性,储能瞬时发电功率的上下界分别为其额定放电功率和负的额定充电功率。由于储能资源在最后一个时段并没有最小允许离开荷电状态的要求,因此其荷电状态可以位于最小与最大允许荷电状态之间的任意位置。所以,其累积发电量的上下界分别对应图 3-15 中的 $A—D—F—H$ 折线和 $A—B—C$ 折线。

3.1.2.3 虚拟电厂资源组合优化模型与算法

虚拟电厂的整体特性取决于虚拟电厂所组合的各类分布式资源的特性,以及虚拟电厂内部的资源调控策略。如图 3-16 所示,虚拟电厂需要在允许范围内调整各资源的出力或工作状态,使系统整体功率向目标曲线靠近。本节将虚拟电厂的整体稳态聚合特性用发电基线 P_{base}、上调边界功率 P_{ub}、下调边界功率 P_{lb}、最大向上爬坡速率 R_{ub}、最大向下爬坡速率 R_{lb}、向上调控可持续时间 T_{ub}、向下调控可持续时间 T_{lb} 描述。其中,虚拟电厂的发电基线是指虚拟电厂不对所整合资源进行调控时系统的发电功率。向上/下调控可持续时间 T_{ub}、T_{lb} 是指虚拟电厂按上调/下调边界功率运行的最大持续运行时间。

根据前面建立的通用灵活资源发电模型,对各灵活资源相应参数进行加总,能够简洁地描述多个灵活资源的集总特性。按照下式对通用灵活调控资源的参数定义,可以得到虚拟电厂的整体功率:

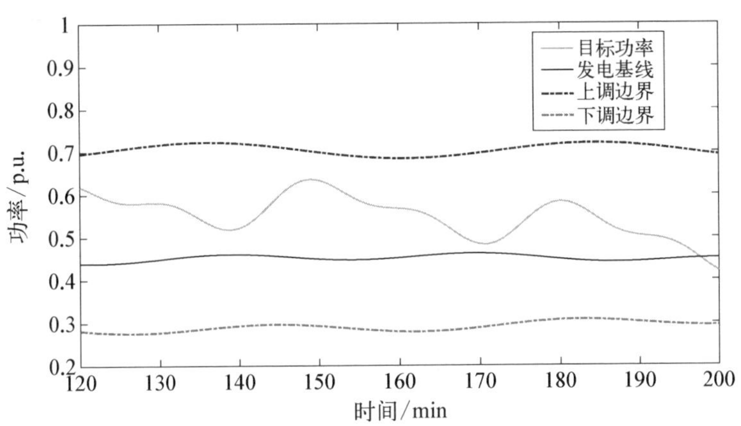

图 3-16 虚拟电厂聚合特性示意

$$P_t = \sum_i \sum_j \sum_k p_t^{i,j,k} \tag{3-34}$$

虚拟电厂的上调和下调边界功率为

$$P_{t,\mathrm{ub}} = \sum_i \sum_j \sum_k \bar{p}_t^{i,j,k} \tag{3-35}$$

$$P_{t,\mathrm{lb}} = \sum_i \sum_j \sum_k \underline{p}_t^{i,j,k} \tag{3-36}$$

虚拟电厂的向上/下调控可持续时间为

$$T_{t,\mathrm{ub}} = P_{t,\mathrm{ub}}^{-1} \sum_i \sum_j \sum_k \bar{e}_t^{i,j,k} \tag{3-37}$$

$$T_{t,\mathrm{lb}} = P_{t,\mathrm{lb}}^{-1} \sum_i \sum_j \sum_k \underline{e}_t^{i,j,k} \tag{3-38}$$

虚拟电厂的最大向上/下爬坡速率为

$$R_{t,\mathrm{ub}} = \sum_i \sum_j \sum_k \bar{r}_t^{i,j,k} \tag{3-39}$$

$$R_{t,\mathrm{lb}} = \sum_i \sum_j \sum_k \underline{r}_t^{i,j,k} \tag{3-40}$$

虚拟电厂对各调控资源进行整合时，需投入一定成本，包括通信、控制终端、计算资源等。设各设资源的接入代价为 $\lambda^{i,j,k}$(元)。同时，为了补偿各资源在响应调控时的损失，需要对各资源实施一定的激励，虚拟电厂需要依据资源特性的优劣以及对虚拟电厂的贡献制定激励价格，此处，假设激励与资源的装机容量成正比，定义各资源的单位激励价格为 $\varepsilon_t^{i,j,k}$ (元/kW)。虚拟电厂资源组合优化的目标是在代价最低的条件下，在满足各种配电网运行约束的同时使其聚合特性达到预期水平。

因此,虚拟电厂资源优化组合问题可描述为

$$\min: C_{\text{Total}} = V^{i,j,k}\lambda^{i,j,k} + V^{i,j,k}\varepsilon_t^{i,j,k}C_N^{i,j,k}$$
$$s.t.\begin{cases} P_{t,\text{ub}} \geqslant \widetilde{P}_{t,\text{ub}} \\ P_{t,\text{lb}} \leqslant \widetilde{P}_{t,\text{ub}} \\ R_{t,\text{ub}} \geqslant \widetilde{R}_{t,\text{ub}} \\ R_{t,\text{lb}} \leqslant \widetilde{R}_{t,\text{ub}} \\ g(P_{t,\text{ub}},\ P_{t,\text{lb}},\ R_{t,\text{ub}},\ R_{t,\text{lb}},\ T_{\text{u}},\ T_1,\ p_t^{i,j,k}) = 0 \\ f(p_t^{i,j,k}) = 0 \end{cases} \tag{3-41}$$

式中,$C_N^{i,j,k}$ 为在虚拟电厂节点 i 下,第 j 类且编号为 k 的灵活资源的装机容量,$p_t^{i,j,k}$ 为在虚拟电厂节点 i 下,第 j 类且编号为 k 的灵活资源在 t 时刻的出力。$V^{i,j,k}$ 为取值为 0 或 1 的整数变量,$V^{i,j,k}=1$ 表示调用该资源,$V^{i,j,k}\lambda^{i,j,k}$ 定义为接入成本,$V^{i,j,k}\varepsilon_t^{i,j,k}C_N^{i,j,k}$ 定义为调用成本。

$\widetilde{P}_{t,\text{ub}}$ 与 $\widetilde{R}_{t,\text{ub}}$ 为虚拟电厂调用的资源容量与爬坡率:

$$\begin{aligned} \widetilde{P}_{t,\text{ub}} &= \sum_i \sum_j \sum_k V^{i,j,k} p_t^{i,j,k} \\ \widetilde{R}_{t,\text{ub}} &= \sum_i \sum_j \sum_k V^{i,j,k} r_t^{i,j,k} \end{aligned} \tag{3-42}$$

$g(P_{t,\text{ub}},\ P_{t,\text{lb}},\ R_{t,\text{ub}},\ R_{t,\text{lb}},\ T_{\text{u}},\ T_1,\ p_t^{i,j,k})=0$ 表示虚拟电厂聚合特性与资源特性的关系。$f(p_t^{i,j,k})=0$ 表示配电网潮流约束,包括电压约束与潮流不倒送约束,具体内容如下。

(1) 节点电压约束:

$$U_{\min} \leqslant U_i \leqslant U_{\max} \tag{3-43}$$

要求各节点电压波动范围应满足国标要求,在 $(1\pm 7\%)U_N$ 内。

(2) 潮流不倒送约束:

$$\sum^{i} P_{\text{LD}}^{i} - P^{i} \geqslant 0 \tag{3-44}$$

这里认为有虚拟电厂参与情况下,配电网仍为受端电网,不为上级网络输送功率;P_{LD}^i 与 P^i 分别为虚拟电厂聚合后节点 i 的净负荷与虚拟电厂互动资源输出功率,$P_{\text{LD}}^i - P^i$ 表示节点 i 的净负荷量。

由于配电网约束中的电压约束为非线性约束,为提高计算速度,本算法将寻找虚拟电厂内部资源最优组合方式,具体分为两个步骤,首先在非迭代仿射区间潮流方法的基础上,将非线性的电压约束转化为各节点净负荷在 $[\underline{P}^i,\ \overline{P}^i]$ 区间内调节的线性约束,优化问题改进为如下形式:

$$\min: C_{\mathrm{Total}} = V^{i,j,k}\lambda^{i,j,k} + V^{i,j,k}\varepsilon_t^{i,j,k}C_N^{i,j,k}$$

$$s.t.\begin{cases} P_{t,\mathrm{ub}} \geqslant \widetilde{P}_{t,\mathrm{ub}} \\ P_{t,\mathrm{lb}} \leqslant \widetilde{P}_{t,\mathrm{ub}} \\ R_{t,\mathrm{ub}} \geqslant \widetilde{R}_{t,\mathrm{ub}} \\ R_{t,\mathrm{lb}} \leqslant \widetilde{R}_{t,\mathrm{ub}} \\ g(P_{t,\mathrm{ub}}, P_{t,\mathrm{lb}}, R_{t,\mathrm{ub}}, R_{t,\mathrm{lb}}, T_{\mathrm{u}}, T_{\mathrm{l}}, p_t^{i,j,k}) = 0 \\ P_{\mathrm{LD}}^i - P^i \in [\underline{P}^i, \overline{P}^i] \\ \sum^i P_{\mathrm{LD}}^i - P^i \geqslant 0 \end{cases} \tag{3-45}$$

虚拟电厂内部资源，如风电、光伏与电动汽车的出力不确定性源于其出力特性的预测误差，为描述这种不确定性，使用蒙特卡罗仿真预测各资源单机输出功率 $p_t^{i,j,k}$，生成场景集，在不同场景下求解内部资源的最优组合方式。同一组合方式出现的次数越多，表明该组合方式可应对的场景越多，满足各种调节要求的概率越大，鲁棒性也越强。基于此，将出现概率最大的一组解作为最终的最优组合方式。

得到聚合后的聚合量建立的虚拟电厂资源组合优化模型为混合整数非线性规划问题，决策变量为整数变量 $V^{i,j,k}$，可调用 CPLEX 12.6 求解器进行求解。整体算法流程如图 3-17 所示。

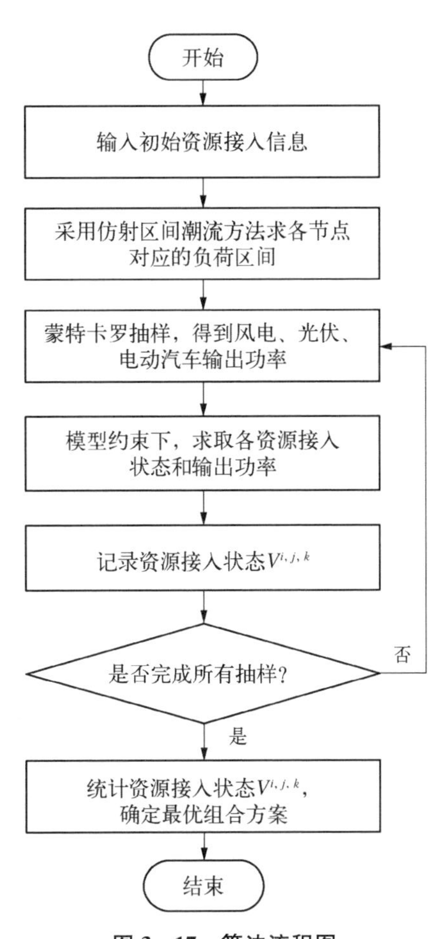
开始
输入初始资源接入信息
采用仿射区间潮流方法求各节点对应的负荷区间
蒙特卡罗抽样，得到风电、光伏、电动汽车输出功率
模型约束下，求取各资源接入状态和输出功率
记录资源接入状态$V^{i,j,k}$
是否完成所有抽样?
否
是
统计资源接入状态$V^{i,j,k}$，确定最优组合方案
结束

图 3-17　算法流程图

3.1.2.4　算例分析

园区虚拟电厂可供选择接入风电、光伏和电动汽车等柔性互动资源，可通过控制各节点互动资源的输出功率以达到改变各节点净负荷的效果。考虑互动资源的两种接入场景，在场景一中，配电网不对节点 1 的功率进行约束；在场景二中，配电网实施阻塞管理，节点 1 的功率限制在 0～0.4 p.u. 范围内。风电与光伏接入成本参考国家发展和改革委发布的上网电价，指导价分别为每千瓦时 0.34 元与 0.45 元，考虑使用年限与风电、光伏年均发电量，折算后各类资源接入成本相关信息如表 3-11 所示：电动汽车参数参考

山东省在2018年冬季需求响应中采取的统一出清价格，即每千瓦30元。在每个场景的求解中，蒙特卡罗仿真的次数均为1 000次。

表3-11　通用灵活资源发电模型的相关参数

	风　电	光　伏	电动汽车
$\lambda^{i,j,k}$/元	500	500	500
$\varepsilon_t^{i,j,k}$/(元/kW)	18	22	30

引入虚拟电厂进行能量管理，协同考虑各节点的负荷量与可供选择接入资源的容量，在配电网潮流约束条件下，根据区间潮流计算法，结合现有可选择接入资源的位置与容量，计算出的各节点净负荷调节范围 $[\underline{P}^i, \bar{P}^i]$ 与虚拟电厂可调用的调节容量范围如图3-18所示。

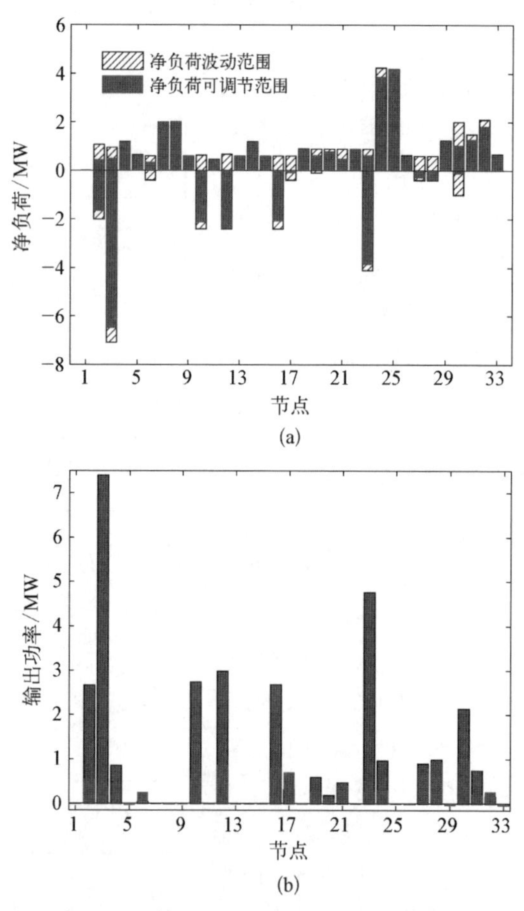

图3-18　各节点净负荷调节范围与虚拟电厂可调用的调节容量范围

(a) 各节点净负荷调节范围；(b) 虚拟电厂调节功率范围

各节点资源可调节容量范围代入虚拟电厂各节点的输出功率限制进行组合规划寻优，分别得到两种场景下代价最低的最优组合方式，1 表示调用该资源，0 表示不调用该资源。两种场景下虚拟电厂资源组合方案各节点的接入容量如图 3－19 所示。

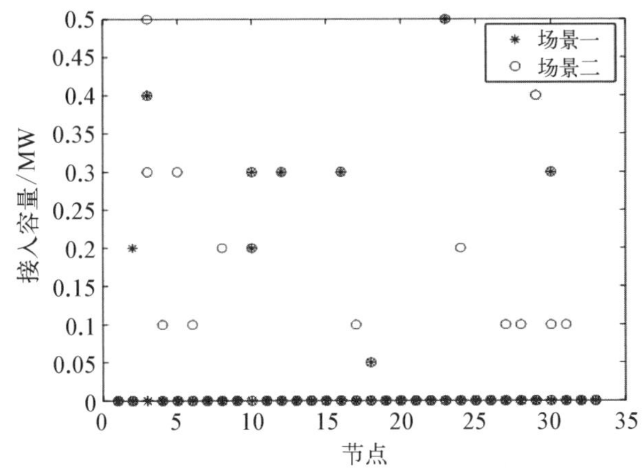

图 3－19　两种场景下各节点接入容量

场景一中，共 9 个节点有资源参与虚拟电厂互动，其中 5 个节点接入风电，1 个节点接入光伏资源，4 个节点接入电动汽车。场景二中，共 16 个节点有资源参与虚拟电厂互动，其中 7 个节点接入风电，7 个节点接入光伏资源，7 个节点接入电动汽车。各情景组合方式下，各类资源可提供调节容量如表 3－12 所示。

表 3－12　不同场景下的优化结果

	可调资源	调节容量/MW	总成本/万元	接入成本/元	调用成本/元
场景一	风电	16	29.05	0.25	28.8
	光伏	3	6.65	0.05	6.6
	电动汽车	0.161	0.683	0.2	0.483
场景二	风电	19	34.55	0.35	34.2
	光伏	14	31.15	0.35	30.8
	电动汽车	1.407	4.571	0.35	4.221

从表 3－12 中可以看出，两种场景下，均为风电提供的调节容量最大，光伏次之，电动汽车接入的可调节容量远小于其他两种资源；与场景一相比较，场景二中，

总调节容量增加了 15.246 MW，总成本增加了 33.888 万元，将得到场景二的这种组合方式的原因归结如下。

(1) 虚拟电厂中资源组合的总成本与接入成本和调用成本均相关。表 3 - 12 中，场景二的各类资源单机接入成本相同，接入调节容量一定时，选择单机容量较大的资源，可以减少接入资源的数量，降低接入成本；由表 3 - 11 可知三类资源的单位激励价格 $\varepsilon^{WT} < \varepsilon^{PV} < \varepsilon^{EV}$，调节容量一致时，风电的调用成本最低。接入成本与调用成本相互作用使总成本最低，综合考虑这两者，虚拟电厂资源组合时，一般优先选择单机容量较大、激励价格较低的资源接入系统。

(2) 三类互动资源中，电动汽车的单机容量最小且激励价格最高，即此类资源调用成本最高，但仍有 1/3 的充电站参与虚拟电厂互动，具备一定规模，主要原因在于虚拟电厂未对所整合的资源进行控制时，三类互动资源中，风电、光伏两种资源只具备削减输出功率的能力，即只具备向下调节的能力，而电动汽车同时具备向上、向下调节两种能力，虚拟电厂聚合后的调节容量要求中的上调能力只有电动汽车可以完成。

(3) 场景二与场景一相比较表明，虚拟电厂辅助配电网实施阻塞管理时需要调用更多资源与更多调节容量。

(4) 场景二各资源接入总量约为场景一的 1.62 倍：其中风电接入容量约为场景一的 1.19 倍，光伏接入容量约为场景一的 4.67 倍，电动汽车接入容量约为场景一的 1.43 倍。这种现象是因为配电网实施阻塞管理主要是通过减少总负荷来实现，对应为增加虚拟电厂聚合后的输出功率，使系统总净负荷减少。虚拟电厂的输出功率主要由风电与光伏提供，这两种资源中，风电的平均输出功率略大于光伏的输出功率，并且风电单位激励价格低于光伏，因此一般优先选择接入风电作为互动资源，当风电可提供功率不足时，再选择光伏接入。

在场景二的选定组合方式下，调节各资源单机的输出功率可以改变配电网整体的净负荷。如图 3 - 20 所示，与配电网典型日负荷曲线为对比，虚拟电厂参与管理时，由于光伏发电高峰与用电负荷高峰有较大重叠，集中在 10～15 时段，可以大幅度降低系统净负荷，缓解用电高峰。虚拟电厂互动资源接入配电网但不对其进行调控时，有功负荷峰值可以由 37.15 MW 削减至 22.58 MW；原用电峰值为 10～17 时段，此时段内负荷削减量可达到 20 MW 以上，使负荷高峰转移至 9～11 时段；24 h 内单位时段最大可以削减负荷约 25 MW，全天累积可削减负荷约 439 MW；虚拟电厂控制各时段资源输出功率时，可以将负荷峰谷差由 18.575 MW 减少至 8.436 6 MW；同时，也有效平抑了负荷波动，原负荷最大波动为 8～9 时段，最大波动 10.334 7 MW/h，经虚拟电厂统一管理调控后，负荷最大波动仍为 8～9 时段，但波动值降至 5.64 MW/h。

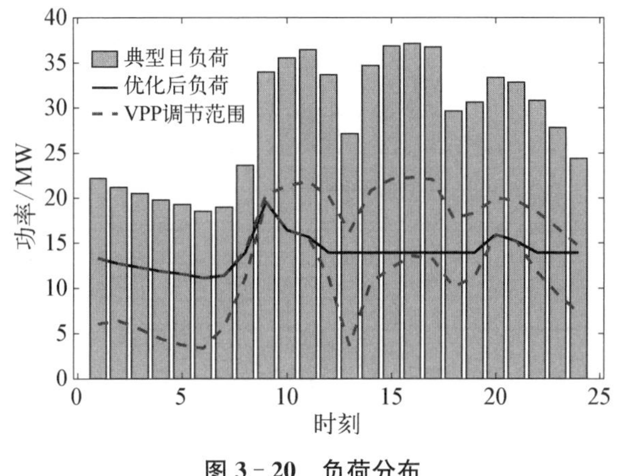

图 3-20 负荷分布

3.1.3 基于合作博弈方法的多虚拟电厂运行

大规模的分布式能源(DER)入网对电网提出了挑战,需要研究新的 DER 控制技术。虚拟电厂(VPP)能够结合 DER 的普遍需求或电力市场需求,合理调整内部的优化策略,在实现内部协同运行并满足电力市场需求的同时,达到环境和经济效益的最优。但目前 VPP 存在的问题包括如何协调多 VPP 主体之间的利益关系,以及如何协调优化 VPP 内部机组出力,以实现最低成本下的最优响应功率。本节结合可再生能源联合运行,以包含风机、光伏、微型燃气轮机及需求响应资源的 VPP 为例,建立基于动态多智能体系统(MAS)的多 VPP 分层控制结构,将多 VPP 优化问题转化为一个双层协调优化模型。上层为多 VPP 博弈竞价模型,根据需求和供给的具体数值,制定多 VPP 直接交易策略。下层为 VPP 内部 DER 之间的合作模型,以总成本最低为目标得到最优响应功率。为提高 VPP 对清洁能源的消纳能力,减少预测误差的影响,提出多时间尺度优化策略。通过多 VPP 的协调互动,实现收益最大化和区域内电能平衡。

3.1.3.1 运行框架

1) 分层控制框架

多代理系统支持分布式应用,与虚拟电厂有着形式上的相似性。可基于动态多智能体的智能分层调控框架设计原则,建立虚拟电厂分层控制框架,在空间尺度上采用系统层、节点层、设备层 3 级联动分层控制策略,根据分布式资源特性设计每个层级的相关功能模块,如图 3-21 所示。自上而下将多级目标曲线层层下发,自下而上将多级调度容量层层上传,以实现全网多级能源协调优化控制,解决分布式电源出力不稳定导致的系统运行控制困难。

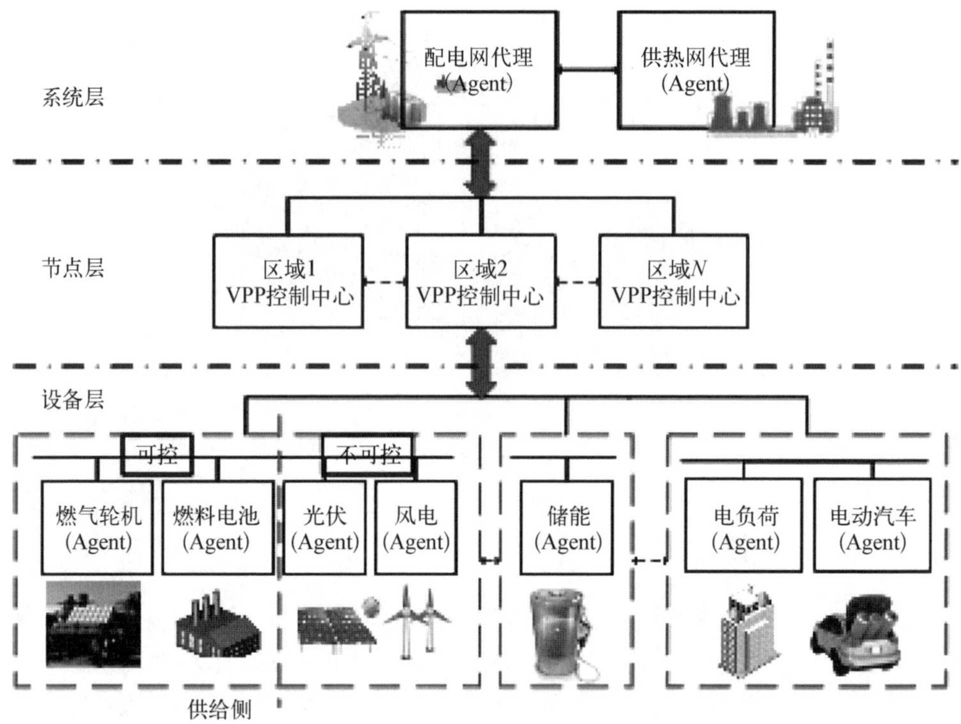

图 3-21 基于 MAS 的分层控制结构图

(1) 系统层：将配电网作为代理，通过与协调层代理的通信，实现多个 VPP 的跨区域协调及 VPP 与配电网之间的交互，实现全局优化调度，并支撑整个网络安全可靠运行。系统层能够汇总下层代理(Agent)上报的意愿购售电量、出力范围等信息，考虑系统安全性，进行电价决策的计算，并将电价及其他 VPP Agent 竞价信息发送给各 VPP Agent，同时监视各 VPP Agent 的电量情况，判断达到纳什均衡点的条件是否满足，若满足，则停止博弈的进程。

(2) 节点层：以 VPP 控制中心作为动态代理，负责区域内设备的状态监测、调度与控制，根据区域动态划分原则建立区域内各元件级代理的动态合作机制。能够综合下层代理(Agent)的信息，加权求解多目标优化，优先实现区域内的能量自治或电压控制等目标。可以根据电压等级扩展为两层或多层。

(3) 设备层：包括发电设备代理、储能元件代理和负荷侧代理。具备最佳发电/需求控制、信息储存、与其他代理信息传输等功能，能够及时响应上层代理下发的调度指令。发电代理(Agent)负责向 VPP Agent 提供运行状态、出力预测等信息，负荷代理(Agent)根据负荷的重要程度进行优先级划分，将不同种类的负荷信息发送给上层代理(Agent)。根据上层代理(Agent)控制指令和自身约束动态调整发电/负荷量，并将自身电量等信息及时反馈给上层代理(Agent)。

2）代理结构设计

每个代理应分为两层控制结构，结构如图 3－22 所示。在上层控制中，代理（Agent）通过感知器接收运行环境信息，通过事件处理分发器及时处理感知到的原始数据并映射到一个场景。在该场景下，代理（Agent）通过通信系统与其他代理（Agent）进行协商与合作以实现最优目标，并在决策器中选择达到最优目标时的决策，同时在功能模块已有知识或规则支持下制定适合的行动反应。最后通过效应器作用于环境。下层控制包含电压控制、频率控制等功能，以保证供需平衡和系统的安全稳定运行，实现代理的就地控制。

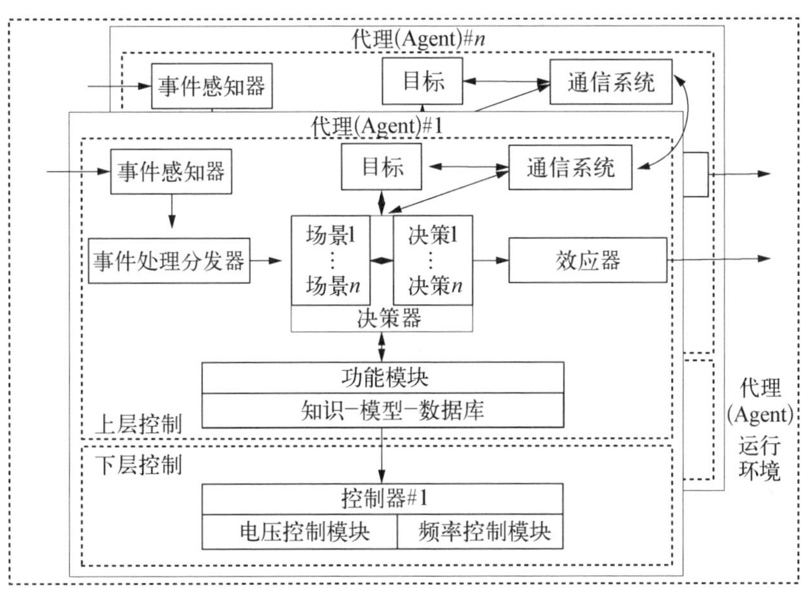

图 3－22　代理结构

3）分层控制策略

（1）虚拟电厂与内部聚合成员的协商（见图 3－23）。考虑以各聚合成员成本最小为目标，进行虚拟电厂内部的优化。设备层中，发电 Agent 向 VPP Agent 提供运行状态、出力预测等信息，并能根据上层 Agent 控制指令和自身约束动态调整发电量；负荷 Agent 上报负荷预测等信息，并根据上层 Agent 控制指令和自身约束调整可中断负荷量。节点层中，以 VPP 控制中心作为动态代理，负责区域内设备的状态监测、调度与控制，根据区域动态划分原则建立区域内各元件级代理的动态合作机制，综合下层 Agent 的信息，加权求解多目标优化，优先实现区域内的能量自治或电压控制等目标。

（2）虚拟电厂之间的协商（见图 3－24）。虚拟电厂可以通过与相邻的虚拟电厂谈判，实现跨区域协调及虚拟电厂与配电网之间的交互，进而实现全局优化调度。若相邻虚拟电厂的提议比市场更有利，则选择与相邻虚拟电厂交易部分电量。

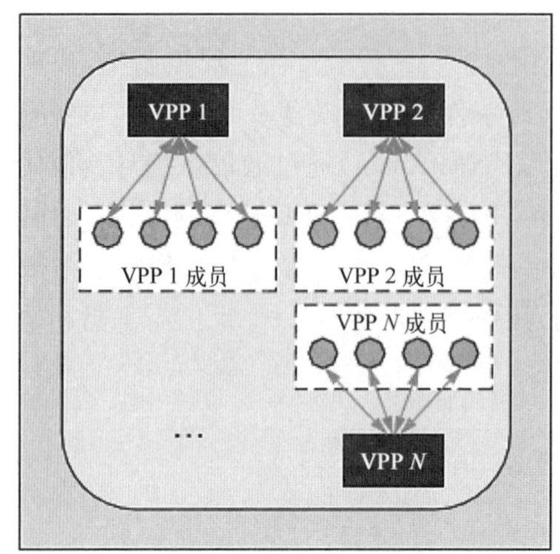

图 3-23 虚拟电厂与内部聚合成员的协商

图 3-24 虚拟电厂之间的协商

(3) 虚拟电厂参与电力市场(见图 3-25)。系统层中,电力市场代理能够汇总下层虚拟电厂代理(Agent)上报的意愿购售电量、出力范围等信息,考虑系统安全性,进行电价决策的计算。之后将电价及其他虚拟电厂代理(Agent)的竞价信息发送给各虚拟电厂代理(Agent),同时监视各虚拟电厂代理(Agent)的电量情况,并能够利用电力市场来出售或购买在前两个级别没有谈判成功的电量。

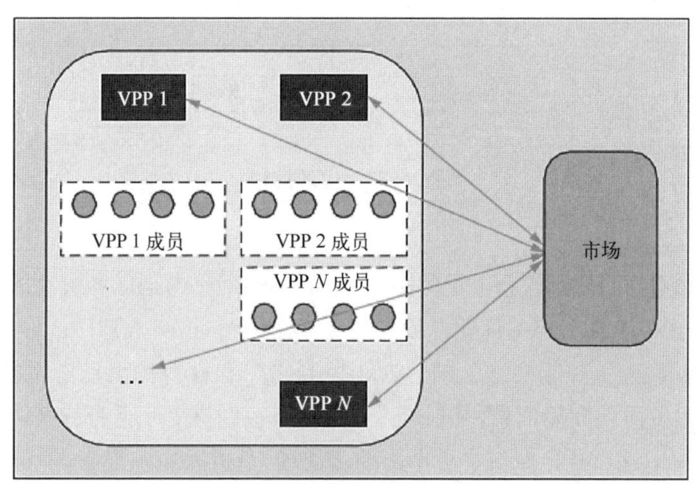

图 3-25 虚拟电厂参与电力市场

3.1.3.2 虚拟电厂内部不确定因素模拟

对于风光发电预测:风速概率分布常用 Weibull 分布模型描述,结合风机输出功率和风速的关系式计算风机出力;一定时间内的光照强度可以近似为 Beta 分布，根据光伏输出功率与光照强度的相关性，光伏出力也服从 Beta 分布；进而风光出力数据可由蒙特卡罗模拟生成。对于负荷预测，采用人工神经网络方法，将相似日历史数据及当天前 2 h、前 1 h 负荷及温度数据作为训练对象引入数据库，得到下一时刻负荷预测数据。

由于历史数据、预测模型等因素，风、光等清洁能源出力预测及负荷预测存在一定的预测误差，风机出力的预测误差 δ_{WT}^{t}、光伏出力的预测误差 δ_{PV}^{t}、负荷预测误差 δ_{L}^{t} 可由相互独立的正态分布来模拟，其标准差与变量值本身有关。其中，负荷预测误差服从均值为 0，方差为 $\sigma_{\mathrm{L},t}^{2}$ 的正态分布；风机(WT)、光伏(PV)出力预测误差分别服从均值为 0，方差为 $\sigma_{\mathrm{WT},t}^{2}$、$\sigma_{\mathrm{PV},t}^{2}$ 的正态分布。分布函数分别为

$$F(\delta_{\mathrm{L}}^{t})=\frac{1}{\sigma_{\mathrm{L},t}\sqrt{2\pi}}\int_{-\infty}^{\delta_{\mathrm{L}}^{t}}\exp\left(-\frac{\delta_{\mathrm{L}}^{t}}{2\sigma_{\mathrm{L},t}^{2}}\right)\mathrm{d}\delta_{\mathrm{L}}^{t} \tag{3-46}$$

$$F(\delta_{\mathrm{WT}}^{t})=\frac{1}{\sigma_{\mathrm{WT},t}\sqrt{2\pi}}\int_{-\infty}^{\delta_{\mathrm{WT}}^{t}}\exp\left(-\frac{\delta_{\mathrm{WT}}^{t}}{2\sigma_{\mathrm{WT},t}^{2}}\right)\mathrm{d}\delta_{\mathrm{WT}}^{t} \tag{3-47}$$

$$F(\delta_{\mathrm{PV}}^{t})=\frac{1}{\sigma_{\mathrm{PV},t}\sqrt{2\pi}}\int_{-\infty}^{\delta_{\mathrm{PV}}^{t}}\exp\left(-\frac{\delta_{\mathrm{PV}}^{t}}{2\sigma_{\mathrm{PV},t}^{2}}\right)\mathrm{d}\delta_{\mathrm{PV}}^{t} \tag{3-48}$$

t 时刻的负荷需求 P_{L}^{t}，风机出力 P_{WT}^{t}，光伏出力 P_{PV}^{t} 分别为

$$P_{\mathrm{L}}^{t}=P_{\mathrm{L,f}}^{t}+\delta_{\mathrm{L}}^{t} \tag{3-49}$$

$$P_{\mathrm{WT}}^{t}=P_{\mathrm{WT,f}}^{t}+\delta_{\mathrm{WT}}^{t} \tag{3-50}$$

$$P_{\mathrm{PV}}^{t}=P_{\mathrm{PV,f}}^{t}+\delta_{\mathrm{PV}}^{t} \tag{3-51}$$

式中，$P_{\mathrm{L,f}}^{t}$ 为负荷需求预测值；$P_{\mathrm{WT,f}}^{t}$ 为风机(WT)出力预测值；$P_{\mathrm{PV,f}}^{t}$ 为光伏出力预测值。

3.1.3.3　虚拟电厂内部协同优化模型

1）目标函数

将各 DER 出力信息作为决策变量，其策略组合为 $\boldsymbol{a}=[a_1, a_2, \cdots, a_n]$。以每个 Agent 成本的相反数作为支付函数，将成本最小化问题转化为最大化支付的博弈问题。则某时刻支付函数为

$$v_i(a_i, \boldsymbol{a}_{-i})=\begin{cases}-(a_{\mathrm{MT}}a_i^2+b_{\mathrm{MT}}a_i+c_{\mathrm{MT}}),\ i\in n_{\mathrm{MT}}\\ -(a_{\mathrm{IL}}a_i^2+b_{\mathrm{IL}}a_i)-\lambda_{\mathrm{load}}^{t}a_i,\ i\in n_{\mathrm{IL}}\\ -\lambda_{\mathrm{WT}}(P_{\mathrm{WT}}^{t}-a_i),\ i\in n_{\mathrm{WT}}\\ -\lambda_{\mathrm{PV}}(P_{\mathrm{PV}}^{t}-a_i),\ i\in n_{\mathrm{PV}}\\ \lambda_{\mathrm{load}}^{t}a_i,\ i\in n_{\mathrm{D}}\end{cases} \tag{3-52}$$

式中，a_i 为 DER i 的决策，$\boldsymbol{a}_{-i}$ 为除去 DER i 之外的 DER 的决策合集。n_{MT}，n_{IL}，n_{WT}，n_{PV} 分别代表燃气轮机（MT）、可中断负荷（interruptible load，IL）、风机（WT）、充伏（PV）的集合，n_{D} 代表负荷代理（Agent）的集合。可控分布式电源（DG）以 MT 为例，a_{MT}，b_{MT}，c_{MT} 为运行成本系数，考虑通过可中断负荷（IL）管理实现需求响应（DR），式中第二行的两部分分别为中断成本和由于中断负荷减少的售电收益，a_{IL}，b_{IL} 为中断成本系数，$\lambda^t_{\mathrm{load}}$ 为负荷购电电价。λ_{WT}，λ_{PV} 分别为弃风、弃光成本系数，P^t_{WT}，P^t_{PV} 分别为 t 时刻 WT、PV 计划出力值，不考虑 WT、PV 的发电成本。

2）约束条件

（1）VPP 供需平衡约束：

$$\sum_{i=1}^{n_{\mathrm{MT}}} a_i + \sum_{i=1}^{n_{\mathrm{WT}}} a_i + \sum_{i=1}^{n_{\mathrm{PV}}} a_i = P^t_{\mathrm{m}} + P^t_{\mathrm{load}} - \sum_{i=1}^{n_{\mathrm{IL}}} a_i \tag{3-53}$$

$$\sum_{i=1}^{n_{\mathrm{D}}} a_i = \begin{cases} P^t_{\mathrm{load}},\ P^t_{\mathrm{m}} \geqslant 0 \\ P^t_{\mathrm{load}} - |P^t_{\mathrm{m}}|,\ P^t_{\mathrm{m}} < 0 \end{cases},\ i \in n_{\mathrm{D}} \tag{3-54}$$

式中，P^t_{load} 为 t 时刻的负荷预测值，P^t_{m} 为 t 时刻 VPP 与外部交易电量，取正、取负分别代表 VPP 向外售电、购电，此处忽略了网损。a_i 为负荷 Agent 的决策变量，代表通过其他设备 Agent 的协调可以满足的负荷需求，上限为给定的当前时刻负荷预测值。VPP 供需平衡约束在运行的任一阶段都需满足。

（2）MT Agent 功率和爬坡率约束：

$$P_{\mathrm{MT,\,min}} \leqslant a_i \leqslant P_{\mathrm{MT,\,max}},\ i \in n_{\mathrm{MT}} \tag{3-55}$$

$$-R^{\mathrm{D}}_{\mathrm{MT}} \Delta t \leqslant a_{i,\,t} - a_{i,\,t-1} \leqslant R^{\mathrm{U}}_{\mathrm{MT}} \Delta t,\ i \in n_{\mathrm{MT}} \tag{3-56}$$

式中，$R^{\mathrm{D}}_{\mathrm{MT}}$、$R^{\mathrm{U}}_{\mathrm{MT}}$ 为向上爬坡率、向下爬坡率。

（3）IL Agent 中断量和中断时间约束：

$$0 \leqslant a_i \leqslant P^t_{\mathrm{IL,\,max}} = \eta_{\max} P^t_{\mathrm{load}},\ i \in n_{\mathrm{D}} \tag{3-57}$$

$$\sum_{t=1}^{T} U^t_{\mathrm{IL}} \leqslant T_{\mathrm{IL,\,max}D} \tag{3-58}$$

式中，$\eta_{\max}$ 为 IL 最大调用率；U^t_{IL} 为 IL 在 t 时刻的状态标记符，1 表示切除，0 表示未切除。$T_{\mathrm{IL,\,max}D}$ 为可接受的中断总持续时间。

（4）电网联络线安全约束：

由于 VPP 经联络线可以与多个上层电力市场交易，交易量受到每条联络线的限制。考虑 VPP 参与 1 个电力市场的情况，其线路传输功率限值约束为

$$-\min\{\max\left[0,\ (P_{\mathrm{load}}^{t}-\sum_{i=1}^{n_{\mathrm{WT}}}P_{\mathrm{WT}}^{t}-\sum_{i=1}^{n_{\mathrm{PV}}}P_{\mathrm{PV}}^{t}-\sum_{i=1}^{n_{\mathrm{MT}}}P_{\mathrm{MT},\,i,\,\min}^{t})\right],\ P_{\mathrm{grid},\,\max}^{t}\}\leqslant P_{\mathrm{m}}^{t}\leqslant$$

$$\min\left\{\max\left[0,\ (\sum_{i=1}^{n_{\mathrm{PV}}}P_{\mathrm{PV}}^{t}+\sum_{i=1}^{n_{\mathrm{WT}}}P_{\mathrm{WT}}^{t}+\sum_{i=1}^{n_{\mathrm{MT}}}P_{\mathrm{MT},\,i,\,\max}^{t}+\sum_{j}^{n_{\mathrm{IL}}}P_{\mathrm{IL},\,j,\,\max}^{t}-P_{\mathrm{load}}^{t})\right],\ P_{\mathrm{grid},\,\max}^{t}\right\} \tag{3-59}$$

式中，$P_{\mathrm{grid},\,\max}^{t}$ 为 VPP 与配电网允许传输电量的最大值。

（5）机会约束规划：

$$P\{(P_{\mathrm{WT}}^{t}+\delta_{\mathrm{WT}}^{t}-P_{\mathrm{w}}^{t})+(P_{\mathrm{PV}}^{t}+\delta_{\mathrm{PV}}^{t}-P_{\mathrm{p}}^{t})+P_{\mathrm{MT}}^{t}+P_{\mathrm{IL}}^{t}\geqslant P_{\mathrm{m}}^{t}+(P_{\mathrm{load}}^{t}+\delta_{\mathrm{load}}^{t})\}\geqslant\alpha \tag{3-60}$$

式中，P_{w}^{t} 为实际风机出力，P_{p}^{t} 为实际光伏出力，α 表示置信水平。

3.1.3.4 多虚拟电厂博弈模型

1）目标函数

建立以 VPP 间可传输电量为约束、各自收益最大为目标的博弈模型（合作博弈即联合协调优化模型）。设多 VPP 电量决策组合为 $\boldsymbol{x}=[x_1,\ x_2,\ \cdots,\ x_n]$，某时刻售电方、购电方 VPP 的支付函数为

$$u_i(x_i,\ \boldsymbol{x}_{-i})=\begin{cases}\lambda_{\mathrm{VPP}}^{t}x_i+\lambda_{\mathrm{m},\,\mathrm{s}}^{t}(P_{\mathrm{m},\,i}^{t}-x_i)-\lambda_{\mathrm{ser}}\sum\limits_{j=1}^{n_{\mathrm{p}}}x_{ij},\ i\in n_{\mathrm{s}}\\ \lambda_{\mathrm{VPP}}^{t}x_i+\lambda_{\mathrm{m},\,\mathrm{p}}^{t}(P_{\mathrm{m},\,i}^{t}-x_i)-\lambda_{\mathrm{load}}^{t}P_{\mathrm{m},\,i}^{t},\ i\in n_{\mathrm{p}}\end{cases} \tag{3-61}$$

式中，x_i 为 VPP_i 直接交易电量决策，n_{s}，n_{p} 分别为售、购电集合。$\lambda_{\mathrm{VPP}}^{t}$、$\lambda_{\mathrm{m},\,\mathrm{s}}^{t}$、$\lambda_{\mathrm{m},\,\mathrm{p}}^{t}$ 分别为直接交易电价、电力市场售电价格和购电价格，λ_{ser} 为电网服务费单价，x_{ij} 为 VPP_i 与 VPP_j 的交易电量。

售购电双方成功交易的前提是参与直接交易获得的收益大于与电力市场交易。当多 VPP 直接交易不成功或存在电量剩余或缺额时，由电力市场配合交易。根据电力市场特征，当供大于求时，直接交易电价较低，随着需求增加，其竞争用电将导致电价升高。构造电价函数：

$$\lambda_{\mathrm{VPP}}^{t}=k\left(\sum_{i=1}^{n_{\mathrm{p}}}x_i\right)^2\Big/\sqrt{\sum_{j=1}^{n_{\mathrm{s}}}x_j}+\lambda_{\mathrm{m},\,\mathrm{s}}^{t} \tag{3-62}$$

式中，k 为单位成本系数。

2）约束条件

为防止 VPP 出现倒卖行为，规定在同一时段，VPP 只具有售电或购电中的一种权限，不会同时从电价低的一方购电并转卖给电价高的一方。因此，应满足约束：

$$P^t_{\mathrm{m},\,i} \in [P^t_{\mathrm{m},\,i,\,\min},\ P^t_{\mathrm{m},\,i,\,\max}] \tag{3-63}$$

$$x_i \in [0,\ P^t_{\mathrm{m},\,i}],\ i \in n_{\mathrm{s}}$$

$$x_i \in [P^t_{\mathrm{m},\,i},\ 0]\quad,\ i \in n_{\mathrm{p}}$$

$$\sum_{j}^{n_{\mathrm{s}}} x_j \geqslant \left| \sum_{i}^{n_{\mathrm{p}}} x_i \right|$$

3.1.3.5　双层博弈模型的建立

1）博弈模型分析

鉴于风光发电的随机性，需要可控发电/用能 Agent 配合才能提高消纳水平，因此下层参与者可以组成一个 VPP，采用“内部协同，外部协调竞争”的运行原则，内部 Agent 组成合作联盟，实现能源互补，提高总收益。下层博弈各支付函数均为凸函数，存在纳什均衡点 a_i^*，使得 $v_i(a_i^*,\ \boldsymbol{a}_{-i}^*) \geqslant u_i(a_i,\ \boldsymbol{a}_{-i}^*)$，$i \in N$。下层合作博弈最优策略为

$$\boldsymbol{a}^* = \arg\max \sum_{i \in n} v_i(a_i,\ \boldsymbol{a}_{-i})$$

同理，上层博弈也存在纳什均衡点 x_i^*，使 $u_i(x_i^*,\ \boldsymbol{x}_{-i}^*) \geqslant u_i(x_i,\ \boldsymbol{x}_{-i}^*)$。对于合作博弈，各博弈者以集体理性为基础，相应最优策略为

$$\boldsymbol{x}^* = \arg\max \sum_{i \in n} u_i(x_i,\ \boldsymbol{x}_{-i})$$

合作博弈的最终目的是使各博弈者获得比不参加合作更多的收益，因此合作后的收益分配十分重要。上层多 VPP 分配采用 Shapley 值分配方式，分配到博弈者 i 的收益 $u_i(v)$ 为

$$u_i(v) = \sum_{S \subseteq N \setminus \{i\}} \left[\frac{|S|!\ (n - |S| - 1)!}{n!} \cdot (v(S \cup \{i\}) - v(S)) \right] \tag{3-64}$$

式中，$|S|$ 为联盟 S 中的博弈总数，$v(S \cup \{i\}) - v(S)$ 代表参与者 i 对于联盟 S 的边际贡献。Shapley 值实际上就是博弈参与者 i 在联盟 S 中的边际贡献的平均期望值。

2）纳什均衡存在性证明

定理：考察一个策略式博弈，其策略空间是欧氏空间的非空紧凸集。若其收益函数对是连续拟凹的，则该博弈存在纯策略纳什均衡。

由于上层模型策略空间是欧氏空间的非空紧凸集，因此只需证明支付函数是相应策略的连续拟凹函数即可。将非合作博弈场景与合作博弈场景分别讨论。

(1) 非合作博弈场景。

假设存在 1 个售电方记为 x_1，则其收益函数为

$$u_1(x_1, \boldsymbol{x}_{-1}) = \lambda^t_{\mathrm{VPP}} x_1 + \lambda^t_{\mathrm{m,s}}(P^t_{\mathrm{m,1}} - x_1) - \lambda_{\mathrm{ser}} \sum_{j=1}^{n_{\mathrm{p}}} x_{1j}$$
$$= k(x_2 + x_3)^2 \sqrt{x_1} + \lambda^t_{\mathrm{m,s}} P^t_{\mathrm{m,1}} - \lambda_{\mathrm{ser}} x_1$$

关于 x_1 求一阶、二阶偏导为

$$\frac{\partial u_1}{\partial x_1} = \frac{1}{2} k\ (x_2 + x_3)^2 x_1^{-\frac{1}{2}} - \lambda_{\mathrm{ser}}$$

$$\frac{\partial^2 u_1}{(\partial x_1)^2} = -\frac{1}{4} k\ (x_2 + x_3)^2 x_1^{-\frac{3}{2}} < 0$$

因此 u_1 是关于 x_1 的连续凹函数，当一阶导数取值为 0 时存在最优极值。

假设存在 1 个购电方记为 $x_1 (x_1 < 0)$，则

$$u_1(x_1, \boldsymbol{x}_{-1}) = \lambda^t_{\mathrm{VPP}} x_i + \lambda^t_{\mathrm{m,p}}(P^t_{\mathrm{m},i} - x_i) - \lambda^t_{\mathrm{load}} P^t_{\mathrm{m},i}$$
$$= \frac{k x_1^3}{\sqrt{(x_2 + x_3)}} + (\lambda^t_{\mathrm{m,s}} - \lambda^t_{\mathrm{m,p}}) x_1 + (\lambda^t_{\mathrm{m,p}} - \lambda^t_{\mathrm{load}}) P^t_{\mathrm{m,1}}$$

关于 x_1 求一阶、二阶偏导为

$$\frac{\partial u_1}{\partial x_1} = \frac{3 k x_1^2}{\sqrt{(x_2 + x_3)}} + \lambda^t_{\mathrm{m,s}} - \lambda^t_{\mathrm{m,p}}$$

$$\frac{\partial^2 u_1}{(\partial x_1)^2} = \frac{6 k x_1}{\sqrt{(x_2 + x_3)}} < 0$$

因此 u_1 是关于 x_1 的连续凹函数。

综上，上层非合作博弈模型存在纳什均衡点。

(2) 合作博弈场景。

假设存在 1 个售电方 VPP，记为 x_1，2 个购电方 VPP，记为 x_2 和 x_3。当上层售、购电 VPP 采用合作形式时，类似于非合作证明情况，只需要证明 u_{123} 是关于 x_1，x_2 和 x_3 的连续凹函数，有

$$u_{123} = \left[\frac{k\ (x_2 + x_3)^2}{\sqrt{x_1}} + \lambda^t_{\mathrm{m,s}}\right](x_1 + x_2 + x_3) - \lambda_{\mathrm{ser}} x_1 + \lambda^t_{\mathrm{m,s}}(P^t_{\mathrm{m,1}} - x_1)$$
$$+ \lambda^t_{\mathrm{m,p}}(P^t_{\mathrm{m,2}} + P^t_{\mathrm{m,3}} - x_2 - x_3) - \lambda^t_{\mathrm{load}}(P^t_{\mathrm{m,2}} + P^t_{\mathrm{m,3}})$$

将支付函数分别对 x_1，x_2(x_3 求解情况与 x_2 类似，此处略)求一阶、二阶偏导，即

$$\frac{\partial u_{123}}{\partial x_1}=\frac{1}{2}k\ (x_2+x_3)^2x_1^{-\frac{1}{2}}-\frac{1}{2}k\ (x_2+x_3)^3x_1^{-\frac{3}{2}}-\lambda_{\mathrm{ser}}$$

$$\frac{\partial^2 u_{123}}{(\partial x_1)^2}=-\frac{1}{4}k\ (x_2+x_3)^2x_1^{-\frac{3}{2}}+\frac{3}{4}k\ (x_2+x_3)^3x_1^{-\frac{5}{2}}<0$$

$$\frac{\partial u_{123}}{\partial x_2}=\frac{2k(x_2+x_3)(2x_1+3x_2+3x_3)}{\sqrt{x_1}}+\lambda_{\mathrm{m,\ s}}^t-\lambda_{\mathrm{m,\ p}}^t$$

$$\frac{\partial^2 u_{123}}{(\partial x_2)^2}=4k\sqrt{x_1}+\frac{12k(x_2+x_3)}{\sqrt{x_1}}<0$$

可得 u_{123} 是关于 x_1，x_2 的连续凹函数，因此上层合作博弈模型存在纳什均衡点。

由于上述模型涉及预测随机变量和机会约束条件，虽然可以转化为等价确定形式再利用线性/非线性规划问题求解，但在实际应用中尤其是随机变量较多的情况下，转化较为困难。因此统一采用遗传算法计算求解。

对于双层优化模型，由于上下两层经有限次博弈可以达到均衡，因此采用一种嵌套的遗传算法求解，其计算流程如图 3－26 所示。对于机会约束规划问题，采用蒙特卡罗模拟与遗传算法相结合的方法直接求解，流程如图 3－26 中的下层优化部分。

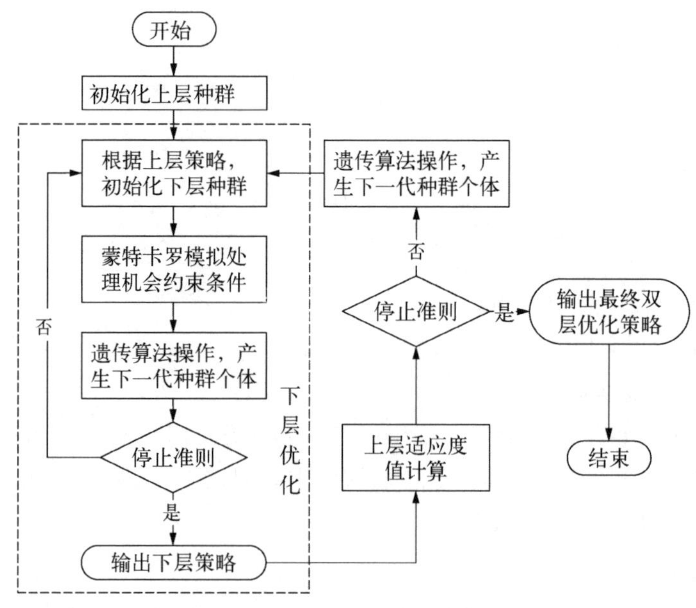

图 3－26　双层优化模型算法流程图

3.1.3.6　算例分析

1）算例说明

下文以图 3－27 所示的含三个 VPP 的测试系统为例进行算例说明。算例参数：WT1/WT3/PV2 的容量分别为 500 kW、300 kW、200 kW，采用同型号的风机（MT），容量 200 kW，爬坡率 2 kW/min。取 IL 最大调用率为 10%，$a=0.008$ 元/(kW·h)，$b=0.4$ 元/(kW·h)；DDR 为总负荷的 5%，$a=0.009$ 元/(kW·h)，$b=0.85$ 元/(kW·h)。电力市场售电电价与购电电价分别为 1 元/(kW·h)、0.4 元/(kW·h)，负荷电价为 0.6 元/(kW·h)，VPP 竞价电价区间为[0.4,1]元/(kW·h)。

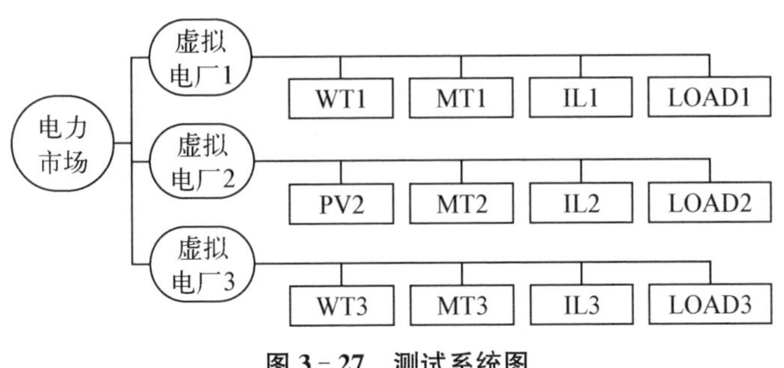

图 3-27　测试系统图

设 WT、PV 出力的日前、日内和实时预测波动方差分别为 0.2、0.05、0.02，负荷预测波动方差分别为 0.02、0.005、0.002。三个 VPP 清洁能源机组出力预测和负荷预测曲线如图 3-28 所示。本次算例中，遗传算法取群体规模为 50，迭代次数为 200。

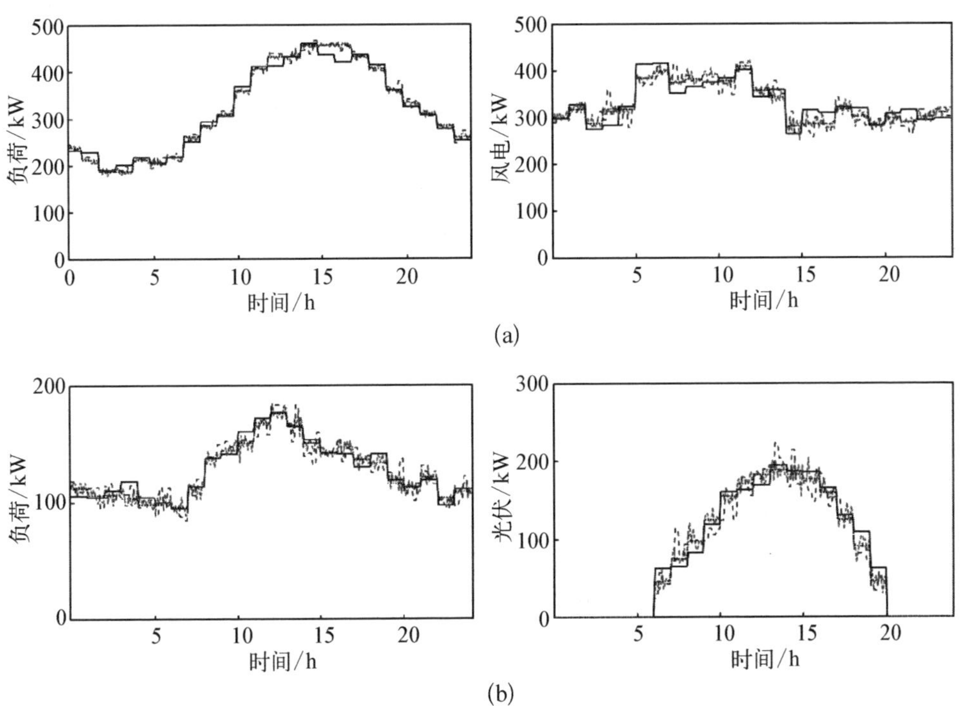

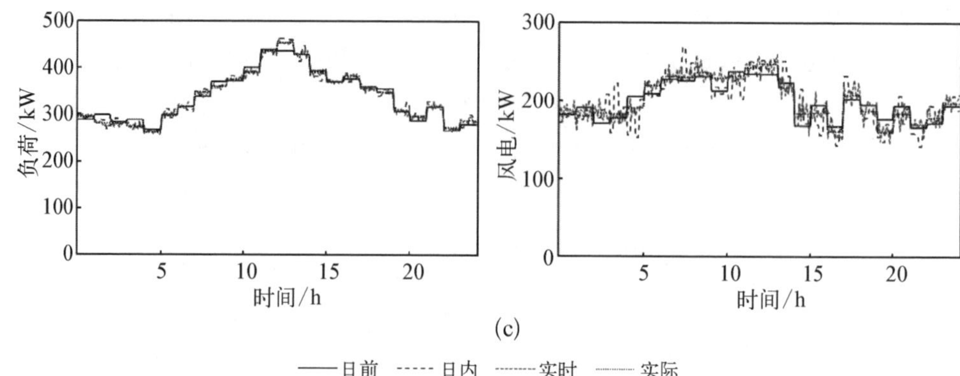

图 3-28　清洁能源出力预测及负荷预测(扫描二维码查阅彩图)

(a) VPP1 负荷与风电预测曲线;(b) VPP2 负荷与光伏预测曲线;(c) VPP3 负荷与风电预测曲线

2) 仿真结果分析

为进行比较,设置以下几种运行策略:

(1) 各 VPP 独立参与电力市场交易,以自身最大获利为目标单独优化。

(2) 多 VPP 合作模式,参与电力市场交易和 VPP 之间直接交易,应用本章提出的博弈模型。

(3) 多 VPP 合作模式,假设只存在多 VPP 直接交易,应用本章提出的博弈模型。

分别求解三种策略下的 VPP 出力及交易情况。其中,策略 3 限定了多个 VPP 只能进行直接交易,则每个 VPP 的交易电量受内部 DER 出力范围限制较大。以 VPP1 为例,策略 1 和策略 2 情况下的出力情况如图 3-29 所示,收益与成本如表 3-13 所示。

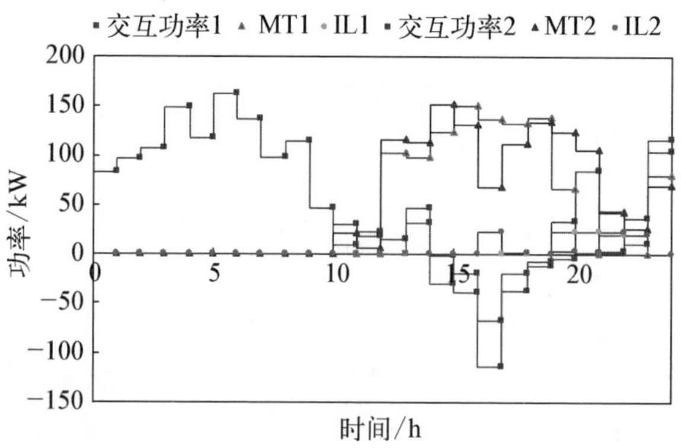

图 3-29　策略 1 和策略 2 中 VPP1 出力(扫描二维码查阅彩图)

由图 3-29 可以看出,由于 VPP 间直接交易价格介于电力市场售购电价之间,策略 2 的 VPP1 的出售电量和由于供电不足而从外部市场购电的量均比策略

表 3-13　策略 1 与策略 2 的成本及收益

	成本/元		收益/元	
	策略 1	策略 2	策略 1	策略 2
VPP1	1 140.35	1 244.00	3 984.35	4 202.06
VPP2	1 461.41	1 073.52	205.97	361.12
VPP3	2 356.46	1 404.88	1 441.52	1 563.47
总计	4 958.22	3 722.40	5 631.84	6 126.65

1 有所增长。11:00～15:00，策略 2 中 VPP1 作为售电方可以提供更多电量，16:00～19:00，由于清洁能源出力不足以满足内部负荷需求，且可由其他 VPP 提供电能时，策略 2 采用直接交易电价的情况下，VPP1 的购电量有明显的增加。且可以算得，24 h 运行周期内，策略 2 的 VPP1 售电量相比策略 1 增加了 14.29%，VPP1 购电量相比策略 1 增加了 39.18%。

对比表 3-13 中总收益可以看出，VPP3 在策略 1 下，由于负荷需求较大且购电单价较高，内部可控机组一直处于出力较大的状态，运行成本较高；在策略 2 下，由于直接交易电价相对电力市场价格低，当购电成本低于可控机组的单位发电成本时，将更多地从外部购电，因此运行成本降低。从表中可以看出，采用本节所提的 VPP 直接交易模型并对联盟收益有效分配(策略 3)，三个 VPP 的收益值均高于单独运行状态下各自的收益，因此这是一种有效的收益分配方式，能够提高 VPP 运行的经济效益和联盟稳定性。

策略 2 和策略 3 中 24 h 的 VPP 市场交易行为如图 3-30 所示。从图 3-30 中可以看出，处于电力市场中的 VPP 的需求越大，达成直接交易时的电价越高。在 15:00～20:00 时段，由于 VPP2 清洁能源出力较大，在满足内部负荷需求后，大

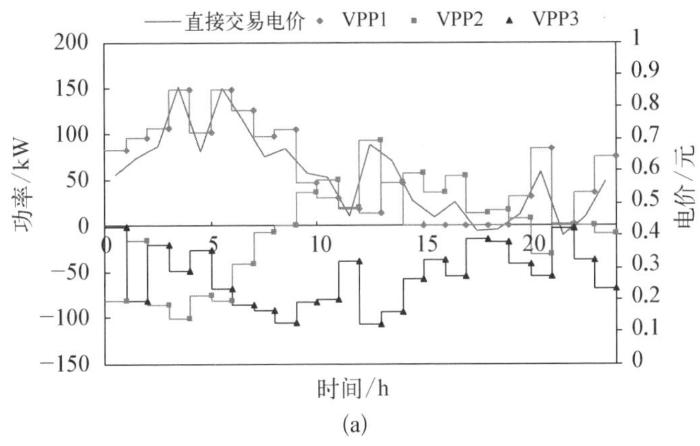

(a)

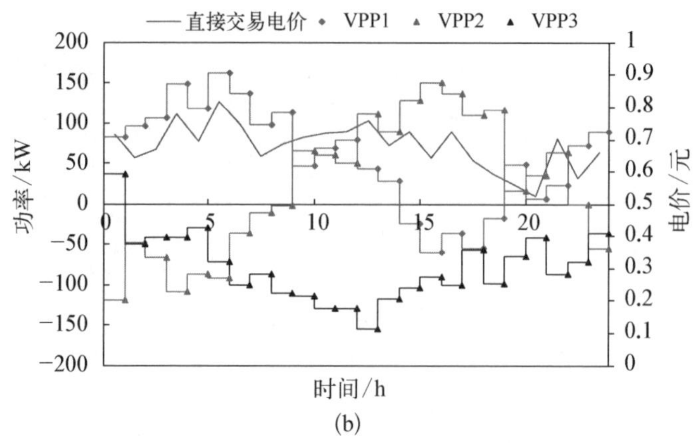

图 3－30　策略 2－3 优化结果

(a) 策略 2;(b) 策略 3

量剩余清洁能源参与电力市场交易。若采用策略 3,则 VPP2 剩余清洁能源需要由 VPP1、VPP3 全部消纳;相比于策略 2,VPP1、VPP3 需购买更多电量,其内部可控机组出力降低,IL 减少。策略 3 只进行 VPP 之间的直接交易,减轻了配电网的负担,多个 VPP 组成一个更大范围的 VPP 运行,可以为未来区域能源互联网的并网运行提供参考。

以策略 3 的交易模式为例,VPP 调度结果如图 3－31 所示。

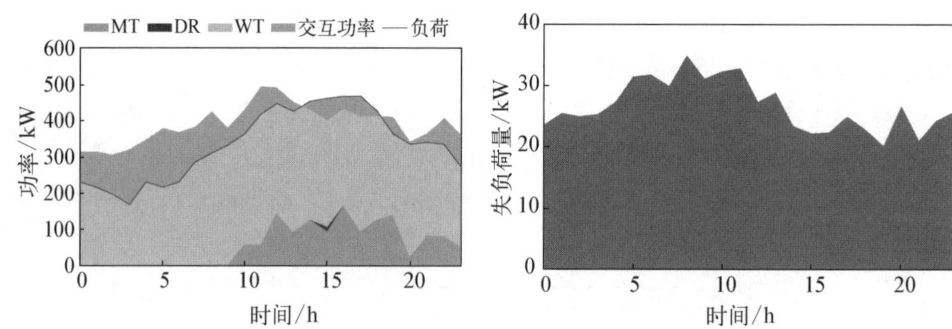

图 3－31　策略 3 中 VPP1 调度结果(扫描二维码查阅彩图)

从图 3－31 中可以看出,当采用日前预测数据时,由于采样点很少(24 h 则 24 个数据点),运行结果比较平滑。由于不满足机会约束规划而产生的量化的失负荷值,由于日前预测值可能产生较大的误差,其失负荷量也较大,因此需要较大的备用容量以平抑出力波动,提高系统的稳定性。将失负荷惩罚计入成本,即

$$C_{\text{risk}} = \sum_{t=1}^{T} \lambda_{\text{e}}^{t} E_{\text{ens}}(t) \tag{3-65}$$

式中，$E_{\text{ens}}(t)$ 为 t 时段失负荷值，λ_{e}^{t} 为失负荷惩罚成本(通常高于电网售电电价)。通过求解算例得出，该策略下的日失负荷量为 1 435.74 kW，因此计及风险的 VPP 总收益为 5 420.53 元。

3.2　配电侧电力系统优化调度

传统配电网的控制和管理模式是被动的，大多处于不可观测和不可控的状态，并且存在自动化水平低、调度方式落后、网络规模较难扩展等一系列问题，难以适应分布式能源渗透率的不断提高以及负荷需求的持续增长。主动配电系统(active distribution system，ADS)是通过使用灵活的网络拓扑结构来管理潮流，以便对局部 DER 进行主动控制和主动管理的配电系统，该系统本质上是通过对配电网与 DER 双向信息、能量的优化管理实现对 DER 的高效消纳和对整个系统的运行优化。另一方面，微电网是一种以专网方式管理 DER 的现有最好的自治系统，同时也是友好接入配电网的最好形式，在以微网群形式接入 ADS 的应用上有着广泛的研究前景。

ADS 是未来智能配电网中的重要组成部分，近年来得到越来越多的应用，在有关 ADS 的能量管理、分层控制和优化运行方面推出了一些应用和研究成果。实际应用方面，我国基于国家高技术研究发展计划(863 计划)课题“主动配电网的间歇式能源消纳及优化技术研究与应用”已经开展了多项关于主动配电系统的优化运行方面的研究；欧盟的第 7 科技框架计划(FP7 计划)面向商业型的分布式电源设计了主动接入和主动管理的经济运行方案。目前与多微网- ADS 相关的研究较少，许多研究未完全将微电网与配电网结合[37]。总结目前的研究现状，发现以下几个问题比较突出：① 研究范围不全面，除了经济运行研究外一般停留在潮流优化和电压控制上。② 缺乏以微网群形式接入 ADS 的优化运行研究。③ 微网形式的分层分区协调控制缺乏微网间的互动与合作。④ 难以协调单个微网或 DG 与整个配电系统的电能利益。

多微网系统并网运行时，针对微网群与配电网的互联关系，分析微网群与配电网间的交互运行策略。在此基础上，建立微电群与配电网的联合优化调度模型，以配电网经济、可靠运行为目标，对微网群不同接入点的并网容量进行优化，同时对子微网内部进行优化，使微电网尽量以最小的成本满足配电网的调度需求。为解决分布式能源渗透率高、负荷需求量大、配电网扩展难等问题，针对并网工作方式，本节提出了一种含多个微电网的主动配电系统的运行和能量管理优化模型，并给出运行行为的博弈分析和优化算法。该模型以双层决策模型为基础，以改善用电质量，提升环境效益和配电可靠性作为运行行为分析的前提，把微网中的可调度容量作为互动备用容量，并引入互动备用博弈矩阵，全面地描述了多个微网之间的合作关系，然后通过基于序优化理论的递阶遗传算法求解。并网运行方式下，多微网系统优化运行调度示意图如图 3－32 所示。

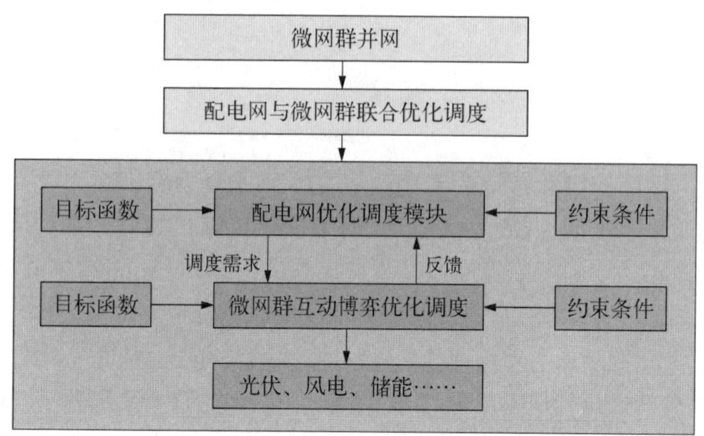

图 3－32　并网方式下多微网系统优化运行调度示意图

如图 3－33 所示，主动配电网能量管理系统是上层的决策单元，是实施配电网主动管理和优化运行的关键技术手段，可对下层管理模块以及直连配电网的分散 DG 进行控制和管理。下层的微网管理模块实现对微网及其内部的各个 DG 的综合控制，属于分层协调控制单元。微网管理模块可以为能量管理系统提供测量数据和电气参数等信息，为上层的调度运行提供预测和网络拓扑数据；能量管理系统通过优化模型和算法形成相应运行调度策略并传递到微网管理模块，以实现快速响应控制。本节的研究主要集中在上层能量管理系统中能量管理与运行的优化建

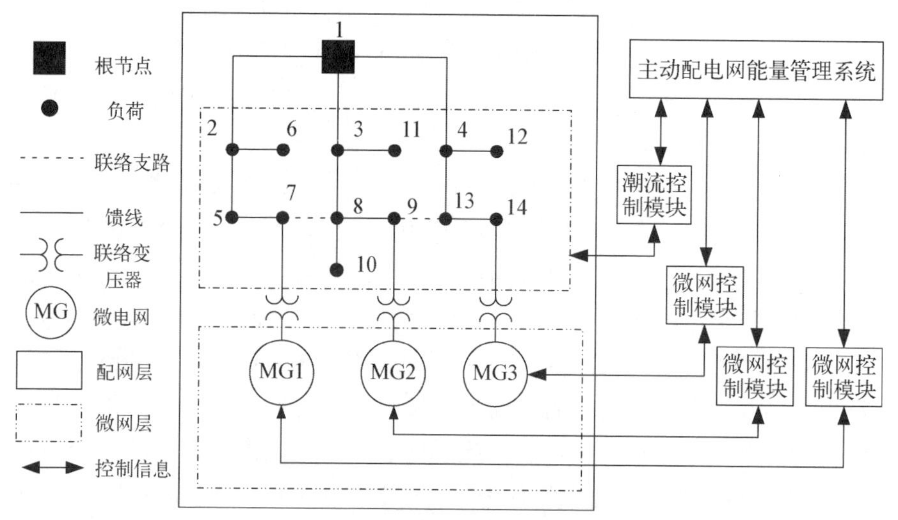

图 3－33　能量管理与运行控制框架

模和调度策略的分析制定。潮流管理模块属于主动配电网能量管理系统的一个功能模块，它除了实现配电网的潮流优化控制外，还能通过功率优化分配在配电网网络拓扑上构建微网之间的能量通路，在满足节点功率不超过阈值、能量通路形成的网损最小(可以忽略不计)的条件下实现微网层下微网之间的直接能量调度。

3.2.1　优化运行模型

3.2.1.1　配电网层模型

1）目标函数

由于多个微网接入配电网会对配电网的运行产生较大影响，比如会给接入点带来功率波动，某些情况下会导致配电系统的网损增加，会给整个配电系统的电压带来波动等。因此配电网运行的主要目标是尽量减少多微网接入带来的影响，并且保证配电网运行的可靠性和较高的电能质量。建立上层决策模型 $\min F_{\mathrm{up}}=F_1+F_2+F_3$ 中的目标分量如下：

$$F_1=\sum_{t=1}^{T}\sqrt{\sum_{f\in F}(U^{f,t}-1)^2/F}\tag{3-66}$$

$$F_2=\sqrt{\sum_{t=1}^{T}\left(\sum_{i\in I}P_{\mathrm{TL}}^{i,t}-k\right)^2/T}\tag{3-67}$$

$$F_3=\sum_{t=1}^{T}P_{\mathrm{loss}}^{t}\tag{3-68}$$

式中，F_1 为整个运行时段内配电网各节点电压的标准差，用于衡量整个运行时段内电压的偏移程度；F_2 为整个运行时段内配电网交换功率(多个微网之间总的交换功率)围绕 k 的波动大小，其中 k 为大于0、小于配电网可调度容量的常数，设置此分量的目的是为了将多个微网总的交换功率限制在一个特定值并平滑围绕此值的波动，以减少多微网、高渗透率 DG 接入时对整个配电网功率潮流的影响；F_3 为整个运行时段内配电网的网损之和；T 为系统运行时段总数；t 为第 t 时段；F 为配电网节点总数；f 为第 f 个配电网节点；I 为微网总数；i 为第 i 个微网；$U^{l,t}$ 为 t 时刻节点 l 处的电压(标幺值)；$P_{\mathrm{TL}}^{i,t}$ 为 t 时刻微网 i 的交换功率；P_{loss}^{t} 为 t 时刻全网网损。

2）约束条件

潮流约束为

$$\begin{cases}P_{\mathrm{g}}^{f,t}-P_{\mathrm{L}}^{f,t}-P_{\mathrm{TL}}^{f,t}=U^{f,t}\sum U^{s,t}(G^{f,s}\cos\theta^{f,s,t}+B^{f,s}\sin\theta^{f,s,t})\\Q_{\mathrm{g}}^{f,t}-Q_{\mathrm{L}}^{f,t}-Q_{\mathrm{TL}}^{f,t}=U^{f,t}\sum U^{s,t}(G^{f,s}\sin\theta^{f,s,t}+B^{f,s}\cos\theta^{f,s,t})\end{cases}\tag{3-69}$$

式中,下标 TL、g、L 分别表示微网交换功率、DG 和负荷,当该节点没有某项时该项置零;f 表示配电网第 f 个节点;s 为与节点 f 相连的节点;$G^{f,s}$ 和 $B^{f,s}$ 分别表示节点 f 和节点 s 之间的电导和电纳;$U^{f,t}$ 表示 t 时刻经潮流计算所得的节点 f 的电压;$\theta^{f,s,t}$ 表示 t 时刻经潮流计算所得的节点 f 与 s 的相角差。

配电网中功率、电压上下限约束为

$$\begin{cases} P_{\mathrm{TL}}^{\min} \leqslant P_{\mathrm{TL}}^{f,t} \leqslant P_{\mathrm{TL}}^{\max} \\ P_{\mathrm{g}}^{\min} \leqslant P_{\mathrm{g}}^{f,t} \leqslant P_{\mathrm{g}}^{\max} \\ Q_{\mathrm{TL}}^{\min} \leqslant Q_{\mathrm{TL}}^{f,t} \leqslant Q_{\mathrm{TL}}^{\max} \\ Q_{\mathrm{g}}^{\min} \leqslant Q_{\mathrm{g}}^{f,t} \leqslant Q_{\mathrm{g}}^{\max} \\ U^{f,\min} \leqslant U^{f,t} \leqslant U^{f,\max} \end{cases} \tag{3-70}$$

式中,$P_{\mathrm{TL}}^{\max}$,$P_{\mathrm{TL}}^{\min}$ 分别表示微网有功交换功率的上下限;$Q_{\mathrm{TL}}^{\max}$,$Q_{\mathrm{TL}}^{\min}$ 分别表示微网无功交换功率的上下限;$P_{\mathrm{g}}^{\max}$,$P_{\mathrm{g}}^{\min}$ 和 $Q_{\mathrm{g}}^{\max}$,$Q_{\mathrm{g}}^{\min}$ 分别表示 DG 有功和无功功率的上下限;$U^{f,\max}$,$U^{f,\min}$ 分别表示节点 f 处的电压上下限。

配电网层备用容量约束为

$$\sum_{f^{\mathrm{g}} \in F^{\mathrm{g}}} (P_{\mathrm{g}}^{\max} - P_{\mathrm{g}}^{f^{\mathrm{g}},t}) \geqslant R^{t} - R_{\mathrm{MG}}^{t} \tag{3-71}$$

直接连接配电网的 DG 爬坡约束为

$$\begin{cases} P_{\mathrm{g}}^{f^{\mathrm{g}},t} - P_{\mathrm{g}}^{f^{\mathrm{g}},t-1} \leqslant R_{\mathrm{g}}^{\mathrm{up}} \\ P_{\mathrm{g}}^{f^{\mathrm{g}},t-1} - P_{\mathrm{g}}^{f^{\mathrm{g}},t} \leqslant R_{\mathrm{g}}^{\mathrm{down}} \end{cases} \tag{3-72}$$

式中,f^{g} 为含 DG 的节点,设配电网接入的均为可控 DG;F^{g} 为所有含发电机的节点集合;R^{t} 为配电网层的原始备用容量;R_{MG}^{t} 为微网为配电网分担的备用容量。

3.2.1.2 微电网模型

1) 目标函数

该模型首先考虑的是运行的可靠高效和环境效益,因此接入配电网的多个微网之间是一种合作关系,即当一个微网出现功率缺额、功率过剩或是负荷波动等问题时,与其通过能量通道相连的其他微网能够提供无偿(即无附加服务费用)的对应电能支持,而这种支持是以微网各自的可调度容量为基础的。同时,配电网与微网上下层之间也是一种相互支持的关系。建立下层决策模型 $\min f_{\mathrm{down}} = f_1 + f_2$ 中的目标分量如下:

$$f_1 = \sum_{i \in I} \{ \sum_{t=1}^{T} [q(P_{\mathrm{ML}}^{i,t} - \sum_{j \in Ji} P_{\mathrm{DG}}^{j,i,t} - P_{\mathrm{MTL}}^{i,t}) + \sum_{j \in Ji} (K_{\mathrm{fuel}}^{j} + K_{\mathrm{om}}^{j}) P_{\mathrm{DG}}^{j,i,t} + C^{i,t} R_{\mathrm{ex}}^{i,t}] \} \tag{3-73}$$

$$f_2=\sum_{t=1}^{T}\sum_{i\in I}\sum_{j\in J^i}(p_{CO_2}\cdot N^j_{CO_2}+p_{NO_x}\cdot N^j_{NO_x}+p_{SO_2}\cdot N^j_{SO_2})\cdot P^{j,i,t}_{DG} \tag{3-74}$$

式中，f_1 为保证整个多微网层可靠性运行所需要的最基本费用，由于微网间为合作关系，且每个微网以用电可靠性和电能质量为首要目标，因此不将它们之间进行功率互换时的电价列入公式，即以后期结算形式支付费用；配电网、微网上下层间按照传统政策电价计算交互功率；q 为市场电价，为方便分析假设售电和买电价格相同；J^i 为微网 i 的 DG 种类总数；j 为第 j 种 DG，由 1～5 可分别代表微型燃气轮机(MT)、燃料电池(FC)、蓄电池(SB)、风机(WT)、光伏(PV)；$P^{i,t}_{ML}$ 为微网 i 在 t 时段的负荷功率，$P^{i,t}_{MTL}$ 为微网 i 与其他微网的交换功率，$P^{j,i,t}_{DG}$ 为微网 i 在 t 时段第 j 种电源的出力总和，由于微网网络结构简单，因此不计微网网损；K^j_{fuel} 和 K^j_{om} 分别为第 j 种 DG 的单位能耗成本和单位运行维护成本，其中 SB 的能耗成本为零，即 $K^3_{fuel}=0$；$R^{i,t}_{ex}$ 为互动备用博弈矩阵；$C^{i,t}$ 为 $R^{i,t}_{ex}$ 对应的综合运行费用；f_2 为衡量环境指标的污染气体排放总惩罚费用；p_{CO_2}，p_{NO_x} 和 p_{SO_2} 分别为 CO_2、NO_x、SO_2 的排放惩罚价格；$N^j_{CO_2}$，$N^j_{NO_x}$，$N^j_{SO_2}$ 分别为第 j 种 DG 每发 1 kW・h 电能时的 CO_2、NO_x、SO_2 的排放量。

2) 多微网间合作运行行为分析

当多个接入配电网的微网之间以能量信道的形式相互联系时，实际上为调度部门提供了更多选择，但同时使调度决策变得更加复杂。采用顺序博弈法并且引入 0－1 决策变量能够很好地解决多个决策变量加入系统后的决策问题，下面针对某一个与多个相邻微网连接的微网进行运行决策的行为分析。

当微网 a 出现功率缺额时，会出现一个待博弈集合 $\{a_1, a_2, a_3, a_4\}$，集合含有 4 个决策变量，其中 a_1 为 a 的可再生能源发电；a_2 为 a 的其他微源发电(包括 SB 的充放电)；a_3 为相邻微网备用容量中属于 MT 和 FC 的部分；a_4 为相邻微网备用容量中属于 SB 的部分。按顺序进行第一次博弈，为了充分利用可再生能源并消纳其发电波动，应先采用 a_1 决策，a_1 为第一次博弈的首个决策，总是会被执行，因此 a_1 的 0－1 决策变量 x_1 恒为 1；执行完 a_1 后在第二次博弈中会出现两种情况：当 a_1 电量等于缺额时，该次博弈结束，其他决策不需执行，则 $x_2=x_3=x_4=0$；当 a_1 电量大于或者小于缺额时，需要 a_2 中的 SB 储存或者释放电能，因此 $x_2=1$。执行完 a_2 后在第三次博弈中也会出现两种情况：当 a_1 电量等于缺额时，该次博弈结束，则 $x_3=x_4=0$；当 a_1 电量小于缺额时，除 $x_3=1$，需要设立二级决策变量 x'_3 来决定不同相邻微网的发电顺序，同理，x'_4 与 x'_3 类似。像这样进行博弈直到最后一次，当决策变量取 1 时为特定顺序条件下执行该决策，取 0 时不执行该决策，最终

形成博弈后集合 $\{x_1a_1, x_2a_2, x_3x'_3a_3, x_4x'_4a_4\}$。为方便理解,决策变量 x_3,x_4,x'_3 以及 x'_4 将在后文结合具体建模进行讨论。

3) 互动备用博弈矩阵

定义互动备用容量为微网中用于供给其他微网的可调度容量。上文已阐述 a_1 和 a_2 的博弈,由于下层目标函数中风、光发电运行总费用低于其他微源,在优化过程中这两种决策变量会按目标函数方向变化,优先使用费用低的部分,因此微网自身的微源无需采用 0－1 决策变量。然而 $C^{i,t}$ 是随 $R_{\text{ex}}^{i,t}$ 变化的,所以需要采用 0－1 决策变量对互动备用的运行行为进行指导,下面介绍互动备用博弈矩阵:

$$R_{\text{ex}}^{i,t}=a^{i,t}X^{i,t}P_{\text{DGEX}}^{i,t}+b^{i,t}Y^{i,t}P_{\text{SBEX}}^{i,t} \tag{3-75}$$

$$X^{i,t}=[x^{1,h,t}\cdots x^{M^h,h,t}\cdots x^{M^{H^i},H^i,t}] \tag{3-76}$$

$$Y^{i,t}=[y^{h,t}\cdots y^{H^i,t}] \tag{3-77}$$

$$P_{\text{DGEX}}^{i,t}=[P_{\text{DGEX}}^{1,h,t}\cdots P_{\text{DGEX}}^{M^h,h,t}\cdots P_{\text{DGEX}}^{M^{H^i},H^i,t}]^{\text{T}} \tag{3-78}$$

$$P_{\text{SBEX}}^{i,t}=[P_{\text{SBEX}}^{h,t}\cdots P_{\text{SBEX}}^{H^i,t}]^{\text{T}} \tag{3-79}$$

$$a^{i,t}=\begin{cases}1, & P_{\text{ML}}^{i,t}-\sum\limits_{j\in J^i}P_{\text{DG}}^{j,i,t}>0\\ 0, & P_{\text{ML}}^{i,t}-\sum\limits_{j\in J^i}P_{\text{DG}}^{j,i,t}\leqslant 0\end{cases} \tag{3-80}$$

$$x^{m,h,t}=\begin{cases}1, & \alpha^{m,h,t}=\alpha(P_{\text{DGmax}}^{m,h,t}-P_{\text{DG}}^{m,h,t})=\\ & \max\{\alpha^{m',h',t}\mid m'\in M^{h'},\ h'\in H^i\}\\ & \text{或 } \alpha^{m',h',t}=P_{\text{DGEX}}^{m',h',t},\ \alpha^{m',h',t}\in\{\alpha^{m'',h'',t}\mid \alpha^{m'',h'',t}>\\ & \alpha^{m,h,t},\ m''\in M^{h''},\ h''\in H^i\}\\ 0, & \text{其他情况}\end{cases} \tag{3-81}$$

$$b^{i,t}=\begin{cases}1, & P_{\text{ML}}^{i,t}-\sum\limits_{j\in J^i}P_{\text{DG}}^{j,i,t}<0\\ & \text{或 } \alpha^{m,h,t}=P_{\text{DGEX}}^{m,h,t},\ \forall\alpha^{m,h,t}\in\{\alpha^{m',h',t}\mid m'\in M^{h'},\ h'\in H^i\}\\ 0, & \text{其他情况}\end{cases} \tag{3-82}$$

$$y^{h,t}=\begin{cases}1, & \beta^{h,t}=\beta E_{\text{T}}^{h,t}=\max\{\beta^{h',t}\mid h'\in H^i\}\\ & \text{或 } \beta^{h',t}=P_{\text{SBEX}}^{h',t},\ \beta^{h',t}\in\{\beta^{h'',t}\mid \beta^{h'',t}>\beta^{h,t},\ h\in H^i\}\\ & \text{或 } P_{\text{SBEX}}^{h,t}<0\\ 0, & \text{其他情况}\end{cases} \tag{3-83}$$

$$C^{i,t}=\frac{\sum\limits_{h\in H^i}\left[\sum\limits_{m\in M^h}(K_{\text{fuel}}^{m}+K_{\text{om}}^{m})P_{\text{DGEX}}^{m,h,t}+K_{\text{om}}^{3}P_{\text{SBEX}}^{h,t}\right]}{\sum\limits_{h\in H^i}\left[\sum\limits_{m\in M^h}P_{\text{DGEX}}^{m,h,t}+P_{\text{SBEX}}^{h,t}\right]} \tag{3-84}$$

式中，i 为接受合作支持的微网 i；H^i 为与微网 i 连接的所有微网编号的集合，作为元素，它是该集合中最大的编号；h 为属于集合 H^i 的微网 h；M^h 为微网 h 所含 MT 和 FC 种类编号的集合，即 $M^h\leqslant 2$，作为元素，它是该集合中最大的编号；m 为属于集合 M^h 的机种 m；$P_{\text{DGEX}}^{i,t}$ 为一个 $1\times\sum\limits_{h\in H^i}M^h$ 矩阵，表示所有微网 h 能够提供的属于 MT 和 FC 的互动备用容量，这部分容量存在于机组该时刻出力与最大允许出力之间；$P_{\text{DGEX}}^{m,h,t}$ 为属于 $P_{\text{DGEX}}^{i,t}$ 的元素，表示 t 时刻微网 h 的机种 m 用于支持微网 i 的出力；$a^{i,t}$ 为决定 $P_{\text{DGEX}}^{i,t}$ 是否执行的一级 0－1 决策变量，意为当微网 i 自身的发电不足以弥补其功率缺额时，执行该决策。$X^{i,t}$ 为 $P_{\text{DGEX}}^{i,t}$ 的 $\sum\limits_{h\in H^i}M^h\times 1$ 的二级 0－1 决策变量矩阵，目的在于按何种顺序执行 $P_{\text{DGEX}}^{i,t}$ 中的平行元素，这里采用互动备用容量大先执行的博弈方案，以便维持整个多微网层各自备用容量的平衡，其中 α 为 $P_{\text{DGEX}}^{m,h,t}$ 的极限系数，用以防止微网 h 为支持其他微网而长期达到满发状态，保护机组可靠运行，当 $P_{\text{DGEX}}^{m,h,t}$ 达到极限阈值时，转而由第二大互动备用容量微网进行合作支持并以此类推。$P_{\text{SBEX}}^{i,t}$ 为一个 $1\times H^i$ 矩阵，表示所有微网 h 能够提供的属于 SB 的互动备用容量。$P_{\text{SBEX}}^{h,t}$ 为属于 $P_{\text{SBEX}}^{i,t}$ 的元素，表示 t 时刻微网 h 中 SB 用于支持微网 i 的互动备用容量，当 $P_{\text{SBEX}}^{h,t}>0$ 时，这部分容量存在于过渡态电池容量 $E_{\text{T}}^{h,t}$ 中；当 $P_{\text{SBEX}}^{h,t}<0$ 时，其容量处在过渡态容量与最大容量之间。$b^{i,t}$ 为决定 $P_{\text{SBEX}}^{i,t}$ 是否执行的一级 0－1 决策变量，当 $P_{\text{SBEX}}^{i,t}$ 被执行时有两种情况：一种是来自 MT 和 FC 的互动备用容量也不能弥补功率缺额时，采用此种博弈是因为储能系统的备用容量灵活可靠，能够用于多种突发情况，因此需要尽量留至最后使用；另一种是当受合作支持的微网经过本网消纳（包括将多余电能售往配电网）后还有功率盈余时，为储能系统充电。$Y^{i,t}$ 为 $P_{\text{SBEX}}^{i,t}$ 的 $H^i\times 1$ 的二级 0－1 决策变量矩阵，过渡态电池容量大的先执行，原理同 $X^{i,t}$，其中 β 为 $P_{\text{SBEX}}^{h,t}$ 的极限系数。

至此，本小节利用顺序博弈方法建立了互动备用容量的混合整数规划数学模型。

4）约束条件

功率平衡约束为

$$\begin{cases}P_{\text{ML}}^{i,t}-\sum\limits_{j\in J^i}P_{\text{DG}}^{j,i,t}-P_{\text{MTL}}^{i,t}-P_{\text{TL}}^{i,t}=0\\ Q_{\text{ML}}^{i,t}-\sum\limits_{j\in J^i}Q_{\text{DG}}^{j,i,t}-Q_{\text{TL}}^{i,t}=0\end{cases} \tag{3-85}$$

式中，$Q_{\mathrm{ML}}^{i,t}$ 为微网 i 在 t 时段的无功缺额；$Q_{\mathrm{DG}}^{j,i,t}$ 为微网 i 在 t 时段第 j 种电源的无功出力总和。

微源出力约束为

$$\begin{cases} P_{\mathrm{MT}}^{\min} \leqslant P_{\mathrm{DG}}^{1,i^1,t} + x^{1,i^1,t} P_{\mathrm{DGEX}}^{1,i^1,t} \leqslant P_{\mathrm{MT}}^{\max} \\ P_{\mathrm{FC}}^{\min} \leqslant P_{\mathrm{DG}}^{2,i^2,t} + x^{2,i^2,t} P_{\mathrm{DGEX}}^{2,i^2,t} \leqslant P_{\mathrm{FC}}^{\max} \\ -P_{\mathrm{SB}}^{\max} \leqslant P_{\mathrm{DG}}^{3,i,t} + y^{i,t} P_{\mathrm{SBEX}}^{i,t} \leqslant P_{\mathrm{SB}}^{\max} \\ Q_{\mathrm{MT}}^{\min} \leqslant Q_{\mathrm{DG}}^{1,i^1,t} \leqslant Q_{\mathrm{MT}}^{\max} \\ Q_{\mathrm{FC}}^{\min} \leqslant Q_{\mathrm{DG}}^{2,i^2,t} \leqslant Q_{\mathrm{FC}}^{\max} \\ -Q_{\mathrm{SB}}^{\max} \leqslant Q_{\mathrm{DG}}^{3,i,t} \leqslant Q_{\mathrm{SB}}^{\max} \end{cases} \tag{3-86}$$

式中，i^1 为含有 MT 的微网，i^2 为含有 FC 的微网，本模型认为每个微网都含有 SB；$(P_{\mathrm{MT}}^{\min}, P_{\mathrm{MT}}^{\max})$，$(P_{\mathrm{FC}}^{\min}, P_{\mathrm{FC}}^{\max})$，$(-P_{\mathrm{SB}}^{\max}, P_{\mathrm{SB}}^{\max})$，$(Q_{\mathrm{MT}}^{\min}, Q_{\mathrm{MT}}^{\max})$，$(Q_{\mathrm{FC}}^{\min}, Q_{\mathrm{FC}}^{\max})$，$(-Q_{\mathrm{SB}}^{\max}, Q_{\mathrm{SB}}^{\max})$ 分别为 MT、FC、SB 的出力下上限。

MT 和 FC 的爬坡约束为

$$\begin{cases} P_{\mathrm{DG}}^{1,i^1,t} + x^{1,i^1,t} P_{\mathrm{DGEX}}^{1,i^1,t} - P_{\mathrm{DG}}^{1,i^1,t-1} \leqslant R_{\mathrm{MT}}^{\mathrm{up}} \\ P_{\mathrm{DG}}^{1,i^1,t-1} - (P_{\mathrm{DG}}^{1,i^1,t} + x^{1,i^1,t} P_{\mathrm{DGEX}}^{1,i^1,t}) \leqslant R_{\mathrm{MT}}^{\mathrm{down}} \\ P_{\mathrm{DG}}^{2,i^2,t} + x^{2,i^2,t} P_{\mathrm{DGEX}}^{2,i^2,t} - P_{\mathrm{DG}}^{2,i^2,t-1} \leqslant R_{\mathrm{FC}}^{\mathrm{up}} \\ P_{\mathrm{DG}}^{2,i^2,t-1} - (P_{\mathrm{DG}}^{2,i^2,t} + x^{2,i^2,t} P_{\mathrm{DGEX}}^{2,i^2,t}) \leqslant R_{\mathrm{FC}}^{\mathrm{down}} \end{cases} \tag{3-87}$$

式中，$R_{\mathrm{MT}}^{\mathrm{up}}$，$R_{\mathrm{MT}}^{\mathrm{down}}$，$R_{\mathrm{FC}}^{\mathrm{up}}$，$R_{\mathrm{FC}}^{\mathrm{down}}$ 分别为 MT、FC 增加和降低有功功率的限值。

SB 的容量约束为

$$\begin{cases} E_{\mathrm{T}}^{i,t} = E_{\mathrm{T}}^{i,t-1} - P_{\mathrm{DG}}^{3,i,t} \\ E^{i,t} = E_{\mathrm{T}}^{i,t} - y^{i,t} P_{\mathrm{SBEX}}^{i,t} \\ E^{\min} \leqslant E^{i,t} \leqslant E^{\max} \end{cases} \tag{3-88}$$

式中，$E^{i,t}$ 为微网 i 中的 SB 在 t 时段的最终剩余容量，$E^{\min}$，$E^{\max}$ 分别为 SB 的容量下上限。

微网层预留智能配电系统原始备用容量约束为

$$\sum_{i^1 \in I^1} (P_{\mathrm{MT}}^{\max} - P_{\mathrm{DG}}^{1,i^1,t}) + \sum_{i^2 \in I^2} (P_{\mathrm{FC}}^{\max} - P_{\mathrm{DG}}^{2,i^2,t}) + \sum_{i \in I} E^{i,t} \geqslant R_{\mathrm{OMG}}^{t} \tag{3-89}$$

式中，I^1，I^2 分别为所有含 MT、FC 的微网编号；R_{OMG}^{t} 为 t 时段原始备用容量。

互动备用容量约束为

$$\sum_{i \in I} R_{\mathrm{ex}}^{i,t} \leqslant \varepsilon R_{\mathrm{OMG}}^{t} \tag{3-90}$$

$$R_{\mathrm{MG}}^{t}=(1-\varepsilon)R_{\mathrm{OMG}}^{t} \tag{3-91}$$

式中，ε 定义为支持度博弈系数，$0<\varepsilon<1$，反映了原始备用容量在微网和配电网之间的分配，同时也反映了微网层对配电网层的支持程度。

3.2.2　求解算法

本章中的优化运行模型采用递阶遗传算法求解。递阶遗传算法(hierarchical genetic algorithm, HGA)与一般的遗传算法不同，它的染色体的编码有一定结构层次，分为控制基因和参数基因。控制基因一般采用二进制编码，位于编码序列的上级，作用为控制对应的参数基因，当其为1时，所控制的参数基因处于激活状态，为0时，所控制的参数基因处于非激活状态；参数基因一般为实数编码，反映系统的对应信息，位于编码序列的下级。

对于本章中的模型，0-1决策变量可以作为控制基因，0-1决策变量对应目标函数中的决策变量可以作为参数基因，其余不在顺序博弈集合中的决策变量作为剩下的、不受控制基因影响的参数基因。在某一时刻的互动备用博弈矩阵 $R_{\mathrm{ex}}^{i,t}$ 中，式(3-77)、式(3-78)中的元素分别为控制式(3-79)、式(3-80)中对应元素的控制基因，式(3-79)、式(3-80)中的元素为对应的参数基因；对于式(3-76)中的 $a^{i,t}$ 和 $b^{i,t}$，在HGA原有染色体编码结构上做一改进，将 $a^{i,t}$ 和 $b^{i,t}$ 作为高级控制基因加入控制基因序列的前面，用于控制对应控制基因集合 $X^{i,t}$ 和 $Y^{i,t}$ 的激活状态，即当高级控制基因为1时，所控制的参数基因处于激活状态；$R_{\mathrm{ex}}^{i,t}$ 以外的各决策变量作为剩下的参数基因排在序列最后。

当染色体进行遗传运算时，参数基因部分进行正常的交叉和变异操作，对于高级控制基因和控制基因，它们的置“1”或置“0”取决于顺序博弈的博弈条件。各高级控制基因和控制基因依据式(3-81)～式(3-84)的条件进行重置，算法会依次检查每个基因对应的博弈条件，当符合置“1”的条件时置“1”，符合置“0”的条件时置“0”。

根据前文所述算法基本思想，形成如下算法求解步骤。

(1) 算法初始化，获取系统参数和模型参数等。

(2) 对上层优化的决策变量进行实数编码，随机产生初始种群，并对初始种群中的个体进行可行解判定，排除没通过判定的个体，然后再次随机产生与排除数相同的个体，直到初始种群中的所有个体都通过判定。其中判定内容为将个体中的各个微网的交换功率代入下层，进行HGA运算，其中的决策变量为HGA编码，判断下层优化是否有解，若无解，则该个体没通过判定；否则，保存求解结果，判定结束。

(3) 计算适应度函数值。

(4) 对本代种群进行选择、交叉和变异,形成下一代种群。因为选择运算不产生新的个体,所以不必在运算后进行可行解判定;因为交叉和变异产生了新的个体,所以在交叉和变异后需进行可行解判定。

(5) 检验最优解是否满足收敛条件。若满足条件,则计算结束,输出计算结果;否则,回到步骤(4)。

3.3 区域综合能源系统优化调度

在能源互联网理念不断深入的背景下,多能互补、集成优化成为解决分布式可再生能源就地消纳问题、提高能源综合利用效率的有效途径。而区域综合能源系统可看作是综合应用先进的电力电子技术、信息通信技术和智能控制技术,将大规模的、形式多样的分布式微源、储能装置和负载所构成的新型电力网络、热网络和天然气网络等能源节点互联起来,实现能量双向流动和对等交换的能源共享系统。本节将配电侧电力系统扩展至区域综合能源系统,探讨其优化调度问题。

3.3.1 分布式优化调度

3.3.1.1 调度框架

能源互联网在源-网-荷-储一体化纵向互联方面具有可再生能源发电渗透率较高、混合潮流双向流动、大规模分布式设备平等接入、即插即用等特点。采用传统的集中式调控方法需要建立一个非线性高维优化模型,并设计一个能够处理海量数据的集中控制器(用于判断网络各节点的运行状况),导致模型计算时间较长,且由于通信延迟问题使其计算准确性无法保障。同时,大量分布式设备的即插即用使能源互联网的拓扑结构可能随时发生变化,集中式调控方案将难以适用。针对上述问题,分层分布式优化方法逐渐成为能源互联网协调运行与控制的研究热点,其与多智能体系统的有机结合为能源互联网的智能调控提供了有效途径[38]。

相较于分布式控制,分层控制策略研究起步较早,并已在电力系统中获得了广泛应用。传统分层方式通常是根据网络的物理结构进行划分,如先按照电压等级分层,再结合地域和网架结构等因素进一步分为若干区域。这样的分层方式在应对故障隔离、局部系统变更等情况时具有明显优势,有利于提高系统整体的可靠性、灵活性及可扩展性。然而,多区域多层次的协调控制会造成大量的通信延时问题,影响系统的整体运行效率。基于此,有学者提出按照功能进行分层的思路,将能源互联网视为由能源路由器层、能源交换机层和能量接口层组成的三层结构,分别实现区域能源互联网与传统电网的连接、能源子网与能源路由器的连接以及分布式设备与能源子网的连接。这种采用功能分层控制结构进行能量平衡控制、供能质量调节和经济优化调度的方法，不仅能提高系统的整体运行效率，而且易于实现能源互联网的标准化和模块化。

基于物理与功能分层优化调控策略的思路，图 3－34 给出了能源互联网基本控制架构示意图。

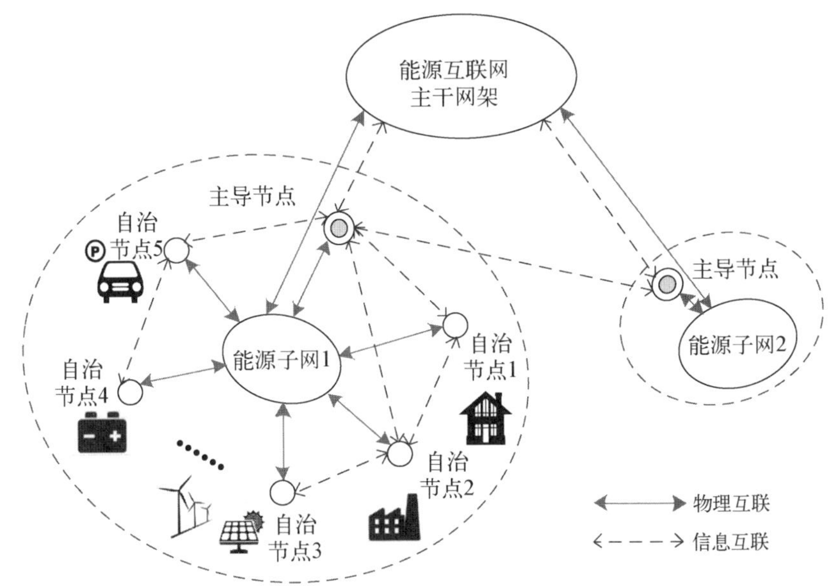

图 3－34 能源互联网分层分布式控制架构

在该分层分布式控制架构下，能源互联网中的多个能源子网通过主干网架实现多种能源的功率交换，其控制方式与传统模式的不同主要体现在信息流的交互方面。每个能源子网都具有一个或少量主导节点和多个自治节点，其中，主导节点对整个网络的信息互联起到关键作用。一方面，主导节点通过两种路径与外界相连，一种是与上级控制层直接互联，另一种是与相邻能源子网的主导节点相连。正常运行时，邻接主导节点间的信息交互即可实现广域的分布式调度；特殊或紧急情况下，上级控制层可直接将控制指令下发给各个主导节点，实现集中与分布式调度的统一。另一方面，主导节点负责将从外界收集到的信息汇总整理，并转发给所在能源子网内相邻的自治节点，再由自治节点间的邻接信息通道将信息传递给其余自治节点，从而实现区域内的分布式调控。

分布式协同调控方法在处理能源互联网中大量分布式资源存在的不确定性与波动性的底层控制问题上表现出巨大潜力。分布式调控手段无需建设复杂的通信网络，其通过各分布式可控单元与其他邻近单元通信，结合收集到的有限状态信息进行迭代控制，取代了传统集中控制器的作用，并可在“激励-响应”模式下快速响应分布式设备的频繁状态波动。

3.3.1.2 典型求解算法

在解决实际问题中广泛应用的全分布式优化算法主要有一致性算法和分布式次梯度算法。其中,一致性算法的基本思想是通过各节点与相邻节点的信息交互,选取适当的分布式协议更新自身的关键变量,如电压、频率、温度等,最终使得网络中所有节点的关键变量收敛于相同的群体决策值。对于具有 n 个节点的有向网络 G,令 $x_i[k]$ 代表节点 v_i 在离散时间 k 时的关键变量,N_i 代表节点 v_i 所有相邻节点的集合,则基于离散时间的一阶一致性算法可表述为

$$x_i[k+1]=\sum_{j=1}^{n} d_{ij}x_j[k] \tag{3-92}$$

写成矩阵形式为

$$\boldsymbol{x}[k+1]=\boldsymbol{D}[k]\boldsymbol{x}[k] \tag{3-93}$$

式(3-92)中,d_{ij} 为状态转移矩阵 $\boldsymbol{D}[k]$ 的系数,由通信网络拓扑结构决定,当 $v_j\notin N_i$ 时,$d_{ij}=0$。

分布式次梯度算法作为一种重要的全分布式优化算法,其主要思想是每个分布式自治单元通过其自身的目标函数信息(即目标函数的次梯度)对决策变量进行估计,并与网络中的其他自治单元直接或间接地交换这些估计并用于下一次的迭代更新,最终给出全局目标最优时的决策变量。对于以下无约束凸优化问题:

$$\min \sum_{i=1}^{n} f_i(x) \quad \text{s.t. } x_i[k]\in F^n \tag{3-94}$$

式中,用 $x_i[k]\in F^n$ 表示自治单元 i 在第 k 步迭代对决策变量 x_i 的估计值。在不考虑通信时延的情况下,自治单元 i 对估计值的更新方式如下:

$$x_i[k+1]=\sum_{j=1}^{n} a_{ij}[k]x_j[k]-d_i[k]\boldsymbol{s}_i[k] \tag{3-95}$$

式中,$a_{ij}[k]$ 为单元 i 与单元 j 的通信权重系数;标量 $d_i[k]$ 是代理 i 的迭代步长,$d_i[k]>0$;向量 $\boldsymbol{s}_i[k]$ 是单元 i 的目标函数 $f_i(x)$ 在点 $x=x_i[k]$ 的偏转次梯度。同时,次梯度算法在信息交换过程中还需要满足权重规则、连通性规则和通信频率规则。考虑到分布式稀疏通信网络拓扑属于无向图,由式(3-93)和式(3-95)可知,若偏转次梯度 $s_i[k]$ 可以由 $x_j[k](j=1,\ 2,\ \cdots,\ n)$ 线性表示,则一致性算法可视为一种特殊的次梯度算法。例如,在分布式电源的有功功率经济分配问题中,目标函数的次梯度信息即各分布式电源的成本微增率,由于优化问题的最优解即为等微增率点,而等微增率点又可视为以成本微增率为决策变量的一致性问题中的群体决策值,这样,次梯度优化算法便退化为一致性算法。

一致性算法与次梯度算法在应对网络拓扑结构的改变时仅需分别对状态转移矩阵 $\boldsymbol{D}[k]$ 和通信权重系数 $a_{ij}[k]$ 作相应修改即可，其可靠性高、时效性强且便于扩展，适用于能源互联网分布式设备的"即插即用"，从而成为分布式协同调控研究中的热点。一方面，考虑到一致性算法可快速获取全网各节点状态变量的平均值、最大值和最小值等信息，其与下垂控制相结合可实现电压、电流等的全局协同控制[35]。另一方面，由于次梯度算法中本就包含优化模型信息，同时考虑上述一致性问题与分布式优化问题的相关性，次梯度算法与一致性算法可广泛应用于能源互联网区域的自治优化调度及频率快速恢复，可在维持多能源系统的实时供需平衡的前提下降低全网的调节成本。

然而一致性算法与次梯度算法均只有一阶收敛性，收敛速度较慢，故有学者提出采用具有超线性收敛速度的分布式算法，如分布式牛顿法，但其在应用时对包含二阶梯度信息的海森矩阵 $\boldsymbol{H}_k$ 的求逆过程耗时较长，且由于多能耦合模型的复杂性，实现 $\boldsymbol{H}_k^{-1}$ 的分布式求解十分困难，其在能源互联网中的适用性有待进一步讨论。另一方面，由于成本微增率等优化目标函数的(次)梯度信息和二阶梯度信息属于各分布式单元的私有信息，对所属不同主体的分布式设备进行信息交互会造成能源互联网参与者的隐私泄露，而采用交替方向乘子法(alternating direction method of multipliers, ADMM)仅需交换"期望交换功率"等信息，可有效解决该问题，符合未来能源市场的交易要求。此外，考虑到上述方法主要应用于凸优化问题，当优化目标或其可行域非凸时，其收敛性无法保证。因此，在解决能源互联网中考虑最优功率流等非凸优化问题时可考虑运用二阶锥松弛、序列凸近似等方法将问题转化为凸优化问题继续求解。

3.3.2 多层级协同优化方法

随着可再生能源规模的不断增加，电气设备自动化程度的不断提高，信息能源节点数将不断增多，区域能源系统的自-互-群协同优化体系[39]如图 3-35 所示。

如图 3-35 所示结构，自优化主要依托智能终端设备，对端内进行纵向的电-气-热-冷等多能互补，横向的源-荷-储协同优化。对于边缘区域，利用智能数据处理优化功能实现对实时情况进行判断，若为正常情况，即正常运行；若是临界状态，则通过自身的智能性能自行调整，如果超出自身所能调节的状态，即紧急情况，则上传至上层优化体系。

在自优化的基础之上，互优化则是通过相邻智能终端区域进行邻端协同优化以及通过博弈等手段，寻求基于邻居范围内的优化。区别于单端的针对紧急情况的处理能力，互优化能充分利用邻居区域的能源和信息，进行局部优化。但其属于小范围内的优化方法，单纯只依托这一层级，虽能突破单一终端的承受范围，仍无

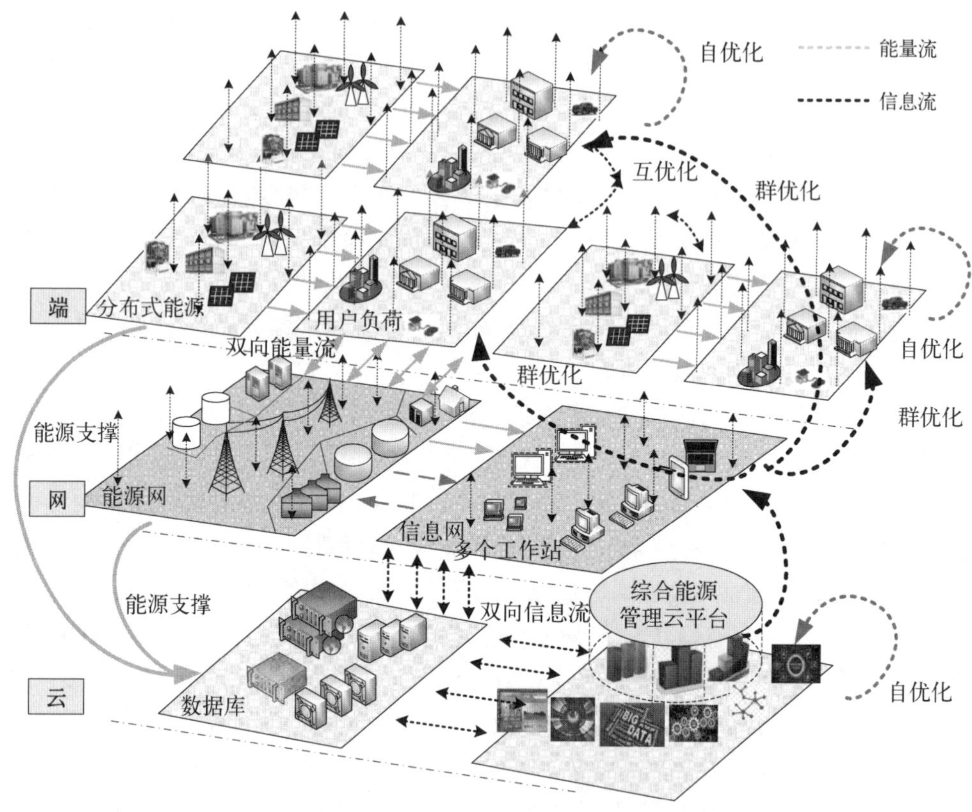

图 3-35　综合能源系统的自-互-群立体协同优化方法示意图

法达到全局优化的目的。

在终端智能自优化与邻居终端互优化的基础上，群优化通过云平台技术和智能终端交互进行能量调度，以及采用全局多时间尺度的多目标优化方法实现全局优化。建立这样的多层级优化体系可解决目前信息能源系统普遍存在的三大问题。

(1) 计算中心能耗不断提升。伴随着网络节点的不断增多，其产生的数据将海量增长，导致计算中心的计算设备处理数据过程中所产生的能耗也不断提升。据统计，目前全球数据中心的电力消耗量已超过全球电力使用量的 3%，且未来的用电量将随着数据的不断增多而持续提升。本节所提方法，即建立基于边缘智能的信息能源系统，可从边缘智能化出发，将计算任务边缘下放，在保障系统安全实施的前提下降低能耗。

(2) 网络拓扑结构不断改变。终端设备的不断提升，将导致网络拓扑结构的不断改变。通过分布式的协同控制方法，将实现终端设备的即插即用，保证系统的稳定运行。

(3) 网络堵塞及时延问题。随着数据的不断增多，网络带宽将成为数据上传的一大瓶颈，虽然带宽能升级增大，但显然无法完全满足实际需求。这将导致数据可能无法实时传送到计算中心，即网络存在堵塞，信息存在时延问题。边缘智能化，具备一定的边缘数据处理能力，能降低网络传输压力。

因此，构建基于信息能源系统的多层级自-互-群协同优化架构，能够根据实时情况，选择某一层级的优化方法，而不需时刻调用云平台，增加无谓的能量损耗。依托边缘智能，可实现数据的边缘处理，减轻系统的网络传输压力，同时配合分布式优化控制技术实现智能终端的即插即用，最终保证系统安全高效运行。

3.3.2.1 区域能源系统自优化

1）自学习智能终端

信息能源耦合网络的终端设备主要指监控装置。电网早期配用的监控装置，都是为了实现某一特定功能而设立的装置，例如电压监视仪、故障录波仪以及谐波分析仪等众多监测仪器[40]，导致电网中的监控装置种类繁且数量众多，同时伴随着维护困难、资金浪费等众多问题。随着电力市场的不断改革推进，智能电表成为智能电网的数据采集的基本装置，起到了采集、计量和传输电能数据的作用，是实现信息集成、分析优化和信息展现的基础[41]。

智能电表是智能电网的终端，除了计量基本用电量功能以外，它还具有用电信息存储功能、双向多种费率计量功能、多种数据传输模式的双向数据通信功能、防窃电功能等智能化功能，可以实现远程抄表、远程送电和断电，大大提高了用电管理和服务水平[42]。智能电表是销售、停电、电能质量综合管理等功能模块的信息来源，它将整个营配系统的故障定位及电能监控深入到供电末端[43]。针对目前的智能电表终端，可以看出，其智能性并不足够，对信息仍不具备自行处理能力，仍然需要连接远程的调控系统进行实际的控制操作，对于环境乃至用户，仍然只具备感知以及采集信息的功能。面对综合能源耦合网络日趋复杂的网络信息关系，对于智能电表等装置的进一步优化，开发更具智能性的终端设备是实现智能电网的必经之路。与已有智能电表相比，新一代智能终端设备应额外具备以下几个特点：

（1）在数据处理及转化层面，并不局限于单纯的数据传递，能实现由数据到知识的转化，即对数据进行预处理，实现向上级传递知识的能力。

（2）在数据感知层面，应进一步进行升级，实现从态势感知到自主认知的过程。即针对当前所监测的实时数据，经过自处理后，若判断为正常状态，则不向上层集中控制中心上传；若判断为临界状态，则智能终端进行自处理；若判断为紧急状态，则上传至上层控制中心进行处理。

（3）在实时控制层面，能实现自主采取控制手段的功能，并不局限于由远程的集中控制中心进行调控，最终实现装置自动化到智能化的转变。

基于智能终端的综合能源系统结构如图 3－36 所示。包含单能的源、荷、储装备，以及燃气轮机、电锅炉、气泵等多能耦合装备。因此，终端内的自优化包含单源的源-荷-储协同优化以及电-气-热-冷等多能互补的协同优化策略。

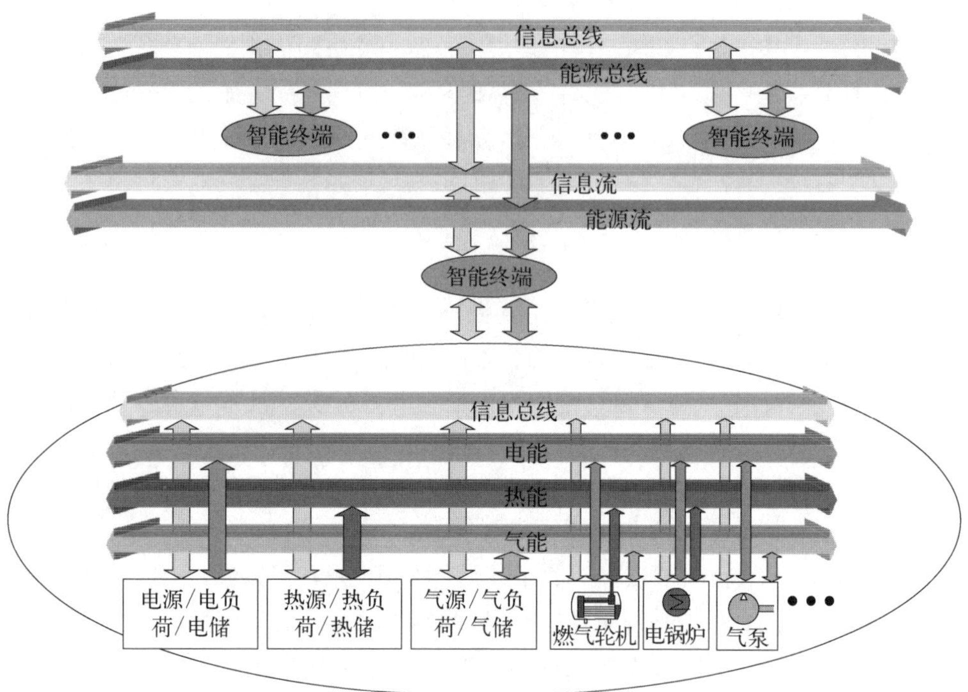

图 3-36　基于智能终端的综合能源系统结构图

2）端内源-荷-储协同优化

通过智能终端，采取“多源互补”“端荷共享”以及“源储交互”“荷储互协”的手段，共同实现智能终端内部的源-荷-储协同优化。

（1）多源互补。利用多种分布式新能源的时空特性（例如风力发电和光伏发电具有明显的间歇性和随机性），进行多源互补，以有余补不足，降低单品质新能源的出力波动性对整个网络的安全运行的影响。

（2）端荷共享。通过智能终端反馈给用户实时能源价格以及智能制定激励机制来引导用户改变当前消费模式，从而降低用户用能成本，进一步达到对整个大电网“削峰填谷”的目的。

（3）源储交互。储能装置通常有两种状态，即充电和放电，一般由储能单元与双向的变流器构成，储能单元根据系统的调度指令来决定充放电的状态。源储交互即储能装置在放电状态时与电源进行交互，可抑制新能源发电的波动性，增强电网稳定性。

（4）荷储互协。储能装置除了在放电状态时实现源储交互之外，还能在充电状态实现荷储互协。在较长的时间尺度上，储能装置通过负荷监测以及荷储互协功能，实现对电网的“削峰填谷”的目的。通过“低储高发”的模式来进行套利，进而提升经济性。

3）基于能量枢纽的多能互补策略

多能互补协同优化技术根据用户侧与供能侧对能源的实际需求情况，通过能源转换设备实现多种能源(电、气、热、冷等)的互联互补，更好地实现不同能源系统间的能源交互，以有余补不足，从而达到节约成本以及网络维稳的优化目的。在以往的多能互补协同优化研究中，能量枢纽作为典型的多能互补技术被广泛地研究[44,45]。能量枢纽模型如下：

ξ 为各个能源种类的集合，α, β, …, ω 为集合 ξ 上的各个元素，即 α, β, …, $\omega \in \xi=\{$电、气、热、冷……$\}$。

$$\underbrace{\begin{bmatrix} L_\alpha \\ L_\beta \\ \vdots \\ L_\omega \end{bmatrix}}_{\boldsymbol{L}} = \underbrace{\begin{bmatrix} c_{\alpha\alpha} & c_{\beta\alpha} & \cdots & c_{\omega\alpha} \\ c_{\alpha\beta} & c_{\beta\beta} & \cdots & c_{\omega\beta} \\ \vdots & \vdots & \ddots & \vdots \\ c_{\alpha\omega} & c_{\beta\omega} & \cdots & c_{\omega\omega} \end{bmatrix}}_{\boldsymbol{C}} \underbrace{\begin{bmatrix} P_\alpha \\ P_\beta \\ \vdots \\ P_\omega \end{bmatrix}}_{P} \tag{3-96}$$

其中 $\boldsymbol{L}$ 表示输出的能量，$\boldsymbol{P}$ 表示输入的能量，$\boldsymbol{C}$ 为多能转换矩阵。能量枢纽在能源互联网中扮演着重要角色，从优化的角度来看，实现多能源系统综合优化的本质是将分立的子空间优化问题转变为一个更大的全空间优化问题。其价值具体体现如下。

（1）提高系统的经济性。在规划层面，通过能源互补实现基础设施的高效配置，避免重复投资，降低系统投资成本；在运行层面，实现能源在不同系统的梯级利用，提升能源使用效率。

（2）提升系统的灵活性。在能源的供应侧，各种形式的能源能够相互转化；在能源的消费侧，用户能够选择不同形式的能源达成同样的目标，这种供给生产双边的多能互补增加了系统的灵活性。

（3）增加系统的可靠性。多能互补系统能够丰富能源的供应渠道，一方面各种能源能够通过传导设备直接传输到消费侧，另一方面还可以通过其他能源形式的转化实现能源的供给。当其中一种传输途径出现故障时能够利用其他途径进行补充，形成各种形式的能源的互补，提高供能可靠性。

（4）挖掘系统的互补性。多能互补系统能够使各子能源系统取长补短。例如，通过电力系统实现能源的高速、低损、远距离传输，通过热力系统、燃气系统实现能源的大规模存储，平抑能源供应的波动性。

可以看出，通过智能终端与能量枢纽之间的交互利用，对不同能源进行交互以及能量互补,可进一步提高系统经济性,加强系统可靠性。至此,对于端内自优化部分,可以以经济性为目标作为目标函数,以端内能源区域稳定为前提作为约束条件。端内自优化部分的数学模型如下:

$$\begin{aligned}&\text{Min}\ C(P_{\text{p}},\ P_{\text{g}},\ P_{\text{h}})\\ &\text{s. t.}\quad G_{ij-\min}\leqslant G_{ij}\leqslant G_{ij-\max}\\ &\qquad\ \ H_{i-\min}<H_{i}+f(\sum G_{ij})<H_{i-\max}\end{aligned}\tag{3-97}$$

其中,i,$j\in(\text{p},\ \text{g},\ \text{h})$,且 G_{ij} 表示能源 i 与能源 j 之间的能量传递,H_i 表示能源 i 网内评价该能源网络的稳定性指标,$f(\sum G_{ij})$ 为关于 G_{ij} 的函数,$H_{i-\min}$ 和 $H_{i-\max}$ 分别表示能源 i 网络稳定裕度的上限和下限。

3.3.2.2 区域能源系统互优化

1) 多智能终端的分布式协同优化

每个智能终端对应监控并控制一个小型的能源区域,通过网络,将各个综合能源区域进行连接,可形成能源互联网。对于网络稳定性,单智能终端的调节能力始终有限,同时为了实现智能终端的即插即用,基于多智能终端的分布式协同控制方法就显得尤为重要。

在多智能终端分布式协同控制系统中,每一个智能终端即可看作一个智能体,针对多智能终端的分布式协同控制即为多智能体的分布式协同控制。对于电网,主要表现为电压、频率等的一致性控制。对于综合能源系统,根据所需要实现的目标,通过更改通信协议以及建立新的协议的形式来达到一致性控制目的。这里仅介绍多智能体的一致性控制。

基于图论的知识,称 $\boldsymbol{G}=(\boldsymbol{V},\ \boldsymbol{E},\ \boldsymbol{A})$ 为一个加权有向图。其中 $\boldsymbol{V}=\{v_1,\ v_2,\ \cdots,\ v_n\}$ 表示图 $\boldsymbol{G}$ 的节点集合,有限集合 $\boldsymbol{I}=\{1,\ 2,\ \cdots,\ n\}$ 表示节点的指标集,$\boldsymbol{E}\subseteq V\times V$ 表示图 $\boldsymbol{G}$ 的边,$\boldsymbol{A}=[a_{ij}]$ 是图 $\boldsymbol{G}$ 的以 a_{ij} 为元素的非负邻接矩阵,其中 $a_{ij}\geqslant 0$ 表示节点 v_i 和 v_j 之间的连接权重。有向对 $(v_i,\ v_j)$ 表示图 $\boldsymbol{G}$ 的边,当且仅当第 i 个节点能直接接收第 j 个节点的信息时,$(v_i,\ v_j)\in\boldsymbol{E}$,此时节点 i_i 称作父节点,节点 j_j 称作子节点,否则 $(v_i,\ v_j)\notin\boldsymbol{E}$。当 $(v_i,\ v_j)\in\boldsymbol{E}$ 时有 $a_{ij}>0$,否则 $a_{ij}=0$。由于不存在自环的情况,则对于所有的 $i\in\boldsymbol{I}$,都有 $a_{ii}=0$。图论的很多性质可以通过矩阵的代数分析反映出来。

对于多智能体系统中的单个智能体 i 的状态可以表示为 $z_i(t)=u_i$,若所有智能体的状态最终趋于相等,则表示为 $\|z_i(t)-z_j(t)\|\rightarrow 0$,$\forall i\neq j$,且 $t\rightarrow\infty$。在多智能体一致性控制中,一致性协议是重点研究对象。这里仅介绍基本的连续时间的分布式一致性协议,用 $z_i(t)$ 表示第 i 个智能体(智能终端)的状态信息。状

态信息是用来表示智能体进行协调控制所需要的信息，对于电网则通常是电压、频率以及决策量等信息，对于气网、热网则通常表示压强、流速等信息。

用 N_i 表示第 i 个智能体的邻域集，定义如下：

$$N_i=\{i\in V: a_{ij}\neq 0\}=\{j\in V: (i, j)\in E\} \tag{3-98}$$

则基于连续时间的一致性协议如下：

$$z_i(t)=\sum_{j\in N_i}a_{ij}(z_j(t)-z_i(t)) \tag{3-99}$$

通过对一致性协议进行设计，使系统能够更快地达到全网一致，该方向仍是现在的研究热点。

多智能终端之间的互优化，即基于能量守恒，达到全网电压、频率等一致的稳定前提下，将改进控制方法与改进一致性协议相结合，增强系统的鲁棒性以及快速响应能力。

2）多终端分布式非合作博弈

伴随着能源市场的不断改革，能源市场的开放程度也不断提高，多终端之间可以通过通信线路进行信息交互。在假设各智能终端为自私且理智的前提下，各终端都希望自身得到更多的利益，多终端之间的互优化同时也可以看作多智能终端之间的博弈问题，即同时存在着生产者和消费者，多终端相互之间以及与能源供应商之间存在价格博弈以使多方利益最大化，此即典型的非合作博弈场景。

非合作博弈存在两种典型的数学规范表达式，即标准型博弈和混合策略博弈，分别应用于静态博弈与动态博弈。市场价格属于动态变化过程，适用于混合策略博弈。

混合策略博弈含有三个必备组分[45]：① 独立博弈局中人 N，$N=\{1, 2, \cdots, N\}$；② 博弈参与者 i 的混合策略，且 $\forall i\in N$，$\sigma_i^m\neq\varnothing$，策略集合 $\sigma=\{\sigma_1^m, \sigma_2^m, \cdots, \sigma_n^m\}$；③ 服从概率密度分布规律下的期望收益：

$$u_i(\sigma_i, \sigma_{-i})=\sum_{s_{-i}\in S_{-i}}\sum_{s_i\in S_i}u_i(s_i, s_{-i})\sigma_i(s_i)\sigma_{-i}(s_{-i}) \tag{3-100}$$

混合型博弈的数学形式为

$$\boldsymbol{\Gamma}=\{N, \sigma, u\}=\{N; \sigma_1^m, \sigma_2^m, \cdots, \sigma_n^m; u_1, u_2, \cdots, u_n\} \tag{3-101}$$

非合作博弈的均衡为纳什均衡，对于博弈 $\boldsymbol{\Gamma}$，存在策略反应集合 $\boldsymbol{\sigma}^*=\{\sigma_1^{m*}, \sigma_2^{m*}, \cdots, \sigma_n^{m*}\}$，满足 $\forall\sigma'_i\in S_i$，$\sigma'_i\neq\sigma_i^*$，$\forall i\in N$ 条件下有

$$u_i(\sigma_1^*, \sigma_2^*, \cdots, \sigma_i^*, \sigma_{i+1}^*, \cdots, \sigma_n^*)\geqslant u_i(\sigma_1^*, \sigma_2^*, \cdots, \sigma'_i, \sigma_{i+1}^*, \cdots, \sigma_n^*) \tag{3-102}$$

则 $\boldsymbol{\sigma}^*=\{\sigma_1^{m*}, \sigma_2^{m*}, \cdots, \sigma_n^{m*}\}$ 为纳什均衡，且 $\forall i\in N$，$\sigma_i=\sigma_i^*$ 时，$u_i=u_i^{\max}$。

由于多能之间存在能量耦合，以及存在多种交易策略，使得纳什均衡解存在但不唯一，这也是目前多能源系统中博弈的难点问题，也是亟须解决的问题。

常见的博弈模型有 Cournot 模型、Bertrand 模型、Stackelberg 模型等，根据不同的市场交易结构、市场交易机制可选取不同的博弈模型，进而确定相应的经济性目标函数以及相应的约束条件，最终实现既定优化目的。

3.3.2.3 区域能源系统群优化

1）智能终端-云平台联合能源调度

基于智能终端的信息能源系统的自优化及互优化是基于单端能源区域和相邻多端能源区域的优化方法。除此之外，还需要对全局网络进行统筹优化，对全终端云平台进行全局优化能源调度。云计算属于一种商业计算模型，可将模拟的新能源计算任务分布到由大量计算机构成的资源集合上，使用户能够按需获取计算能力、存储空间和信息服务[46]。

"云"的计算资源可以进行自我维护和管理，无需用户参与，一般可以分为公有云、私有云和混合云，且包含三个子层级：基础设施级服务层（Infrastructure as a Service，IaaS）、平台级服务层（Platform as a Service，PaaS）、软件级服务层（Software as a Service，SaaS）[47]。基于综合能源系统的云平台结构如图 3－37 所示。

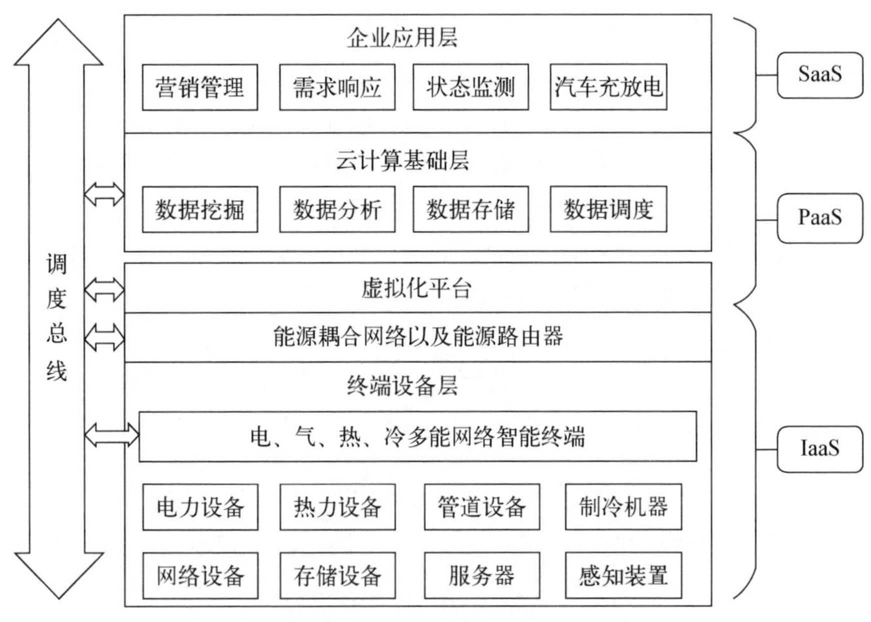

图 3－37　综合能源系统云平台结构示意图

各个能源系统通过智能终端、能源路由器以及虚拟化平台连接起来，构成一个统一的混合云平台。利用调度总线，实现资源的分配、调度和管理工作。针对综合能源系统,云平台主要起到负荷预测、用能质量检测与控制、需求侧管理与响应等作用。

(1) 负荷预测。利用存储的海量历史数据、实时采集的数据以及高水平的计算能力,云平台将适应各种事件的维度和空间的复杂度,使负荷预测的结果更及时、更精确。

(2) 用能质量检测与控制。用能质量指综合能源系统的能源特征、网络性能以及用户用能体验的保障。随着分布式能源的广泛接入,用能质量数据采集规模增大,势必要用到云平台的高水平计算能力。

(3) 需求侧管理与响应。伴随着电动汽车的广泛普及,智慧能源的广泛发展,用户不仅是能源的消费者,同时也是生产者。基于云平台的精准的负荷预测,将对用户用能等行为起很重要的指导意义。

综合能源系统的群优化,最重要的是面对海量数据,借助云平台的超强计算能力,以信息流控制能源流,最终做出精准的能源调度方案。

2) 全局多时间尺度、多目标优化

在实际信息能源系统中,其数据相对于电力系统往往因多种原因而处于不同时间断面。随着能源体系的不断改革,可再生能源的大量接入,明显出现了一个问题,即可再生能源设备与传统的能源设备相比,优化控制的周期会显著不同,这就使得信息能源网络呈现出较强的多时间尺度的特性。

对全局能源网络进行优化时,需充分考虑网络的时空异构性和网络结构的变化性。其中多时空特性主要表现在两个方面[48]:其一,对于海量的量测装置,大部分设备并不存在校时功能,进而导致获得的这些数据并不在同一时间断面上,这加大了优化难度。其二,可再生能源的大量渗透,使系统存在间歇式出力的特点,较依赖自然条件,且变化较频繁,因此其优化控制应在短时间内完成,但很多传统设备在短时间内可能无法调节完成(由于容量或者物理调节时间长等多重原因)。因此针对全局的优化,必须建立在多时间尺度之上。

全局优化框架除了建立在多时间尺度上之外,还应该属于跨网多目标优化的范畴[49-52]。对于综合能源系统的多目标优化,可以主要考虑以下几个方面:

(1) 经济性。以经济性为目标,主要包含运行维护成本 C_{OM}、电/气/热等多能交易成本 $C_{\mathrm{P}}/C_{\mathrm{g}}/C_{\mathrm{h}}$(初始投资成本属于建立过程,在此不考虑)。其中维护成本计算建立如下:

$$C_{\mathrm{OM}}=\sum_{a,\ b,\ c}\sum_{t=1}^{24}(C_{\mathrm{op},\ a}P_{t,\ a,\ \mathrm{out}}\Delta t+C_{\mathrm{og},\ b}P_{t,\ b,\ \mathrm{out}}\Delta t+C_{\mathrm{oh},\ c}P_{t,\ c,\ \mathrm{out}}\Delta t) \tag{3-103}$$

式中,$C_{\mathrm{oi},\ j}P_{t,\ j,\ \mathrm{out}}$ 中的下标 $i=\mathrm{p},\ \mathrm{g},\ \mathrm{h}$,$j=a,\ b,\ c$,且 p, g, h 分别代表电、气、

热，a，b，c 分别表示电、气、热的装置设备。$C_{oi,j}$ 表示第 i 种能源的设备 j 单位输出能量的运行维护费用；$P_{t,j,\mathrm{out}}$ 表示 t 时段内设备 j 的出力，Δt 表示 t 时段内设备 j 的出力时间。

对于电、气、热的多能交易成本，$C_\mathrm{P}/C_\mathrm{g}/C_\mathrm{h}$ 与实时电价、气价、热价等市场交易机制有关，相互之间存在耦合关系，并且是个动态博弈过程。

(2) 环保性。信息能源系统的环保性指标主要以 CO_2 和 NO_x 为主。其中 CO_2 的主要来源为气网天然气的燃料燃烧，以及多能耦合设备的转化过程中可能存在的碳排放。而 NO_x 主要来源于系统设备的排放。一般用 C_ENV 表示环境成本。

(3) 系统的可靠性。在进行电、热、气交互的过程中，需要引入系统的可靠性指标。引入可靠性指标主要是由于在能源供应过程中存在着供应中断的可能性。同时，需引入以智能终端监控区域为单位的内部能源网络的可靠性指标，主要包括供电中断率、供热中断率和供气中断率。一般用 C_REL 表示系统可靠性维持成本。

系统应该满足的约束主要包括能量平衡约束，即电/气/热能量平衡；设备的容量导致的运行出力约束，即电/气/热的功率交换约束等。因此关于信息能源系统的群优化，应注重多能跨网、多时间尺度、多目标的全局优化。

参考文献

[1] 王守相，梁栋，葛磊蛟.智能配电网态势感知和态势利导关键技术[J].电力系统自动化，2016，40(12)：2-8.

[2] Panteli M, Kirschen D S. Situation awareness in power systems: theory, challenges and applications[J]. Electric Power Systems Research, 2015, 122: 140-151.

[3] EPRI. Product-situation awareness in power system operations.[EB/OL].[2017-08-21] https://www.epri.com/#/pages/product/1015990/.

[4] PNNL: EIOC-situational awareness.[EB/OL].[2017-08-21] http://eioc.pnnl.gov/research/sitawareness.stm.

[5] 杨菁，张鹏飞，徐晓伟，等.电网态势感知技术国内外研究现状初探[J].华东电力，2013，41(8)：1575-1581.

[6] Wijbenga J P, Macdougall P, Kamphuis R, et al. Multi-goal optimization in powermatching city: a smart living lab[C]. Istanbul: Innovative Smart Grid Technologies Conference Europe (ISGTEurope), 2014 IEEE PES. IEEE, 2014: 1-5.

[7] 姚建国，高志远，杨胜春.能源互联网的认识和展望[J].电力系统自动化，2015，39(23)：9-14.

[8] 曾鸣，杨雍琦，刘敦楠，等.能源互联网"源-网-荷-储"协调优化运营模式及关键技术[J].电网技术，2016，40(1)：114-124.

[9] 王群，董文略，杨莉.基于 Wasserstein 距离和改进 K-medoids 聚类的风电/光伏经典场景集生成算法[J].中国电机工程学报，2015(11)：22-29.

[10] 朱誉,仪忠凯,陆秋瑜,等.基于典型场景集的虚拟电厂与配电网协同定价策略[J].电力建设,2019,40(6): 74 - 85.

[11] Muller F L, Szabo J, Sundstrom O, et al. Aggregation and disaggregation of energetic flexibility from distributed energy resources[J]. IEEE Transactions on Smart Grid, 2019, 10(2): 1205 - 1214.

[12] Yi Z, Xu Y, Gu W, et al. A multi-time-scale economic scheduling strategy for virtual power plant based on deferrable loads aggregation and disaggregation [J]. IEEE Transactions on Sustainable Energy, 2020, 11(3): 1332 - 1346.

[13] 李旭东,艾欣,胡俊杰,等.计及碳交易机制的核-火-虚拟电厂三阶段联合调峰策略研究[J].电网技术,2019,43(7): 2460 - 2470.

[14] 陆秋瑜,杨银国,王中冠,等.基于次梯度投影分布式控制法的虚拟电厂经济性一次调频[J].电力建设,2020,41(3): 79 - 85.

[15] Bidram A, Davoudi A. Hierarchical structure of microgrids control system[J]. IEEE Transactions on Smart Grid, 2012, 3(4): 1963 - 1976.

[16] 王甜婧,许阔,朱永强.主动配电网的源-网-荷多层博弈经济调度策略[J].电力系统保护与控制,2018,46(4): 10 - 19.

[17] 于娜,于乐征,李国庆.智能电网环境下基于多代理的商业用户可控负荷管理策略[J].电力系统自动化,2015,39(17): 89 - 95.

[18] Wang Z, Wu W, Zhang B. A fully distributed power dispatch method for fast frequency fecovery and minimal generation cost in autonomous microgrids[J]. IEEE Transactions on Smart Grid, 2016, 7(1): 19 - 31.

[19] Baringo A, Baringo L, Arroyo J M. Day-ahead self-scheduling of a virtual power plant in energy and reserve electricity markets under uncertainty[J]. IEEE Transactions on Power Systems, 2019, 34(3): 1881 - 1894.

[20] Li P, Liu Y, Xin H, et al. A robust distributed economic dispatch strategy of virtual power plant under cyber-attacks[J]. Industrial Informatics IEEE Transactions on, 2018, 14(10): 4343 - 4352.

[21] Wang Y, Ai X, Tan Z, et al. Interactive dispatch modes and bidding strategy of multiple virtual power plants based on demand response and game theory[J]. IEEE Transactions on Smart Grid, 2016, 7(1): 510 - 519.

[22] 刘思源,艾芊,郑建平,等.多时间尺度的多虚拟电厂双层协调机制与运行策略[J].中国电机工程学报,2018,38(3): 753 - 761.

[23] Xue Y S. Energy internet or comprehensive energy network[J]. Journal of Modern Power System and Clean Energy, 2015, 3(3): 297 - 301

[24] Martin G, Andersson G. Optimal power flow of multiple energy carriers [J]. IEEE Transactions on Power Systems, 2007, 22(1): 145 - 155.

[25] Moeini-Aghtaie M, Abbaspour A, Fotuhi-Firuzabad M, et al. A decomposed solution to multiple-energy carriers optimal power flow[J]. IEEE Transactions on Power Systems, 2014, 29(2): 707 - 716.

[26] Liu C, Mohammad S, Wang J H. Coordinated scheduling of electricity and natural gas

infrastructures with a transient model for natural gas flow[J].Chaos: An Interdisciplinary Journal of Nonlinear Science, 2011,21(2): 25102.

[27] Xu X,Jia H J,Chiang H,et al.Dynamic modeling and interaction of hybrid natural gas and electricity supply system in microgrid[J]. IEEE Transactions on Power Systems,2014, 30(3): 1212 - 1221.

[28] Munoz J, Jimenez-Redondo N, Perez-Ruiz J, et al. Natural gas network modeling for power systems reliability studies[C]. Bologna: Power Tech Conference Proceedings, IEEE, 2003, 4: 8.

[29] Pan Z, Guo Q, Sun H. Interactions of district electricity and heating systems considering time-scale characteristics based on quasi-steady multi-energy flow[J]. Applied Energy, 2016, 167: 230 - 243.

[30] Balamurugan K, Srinivasan D. Review of power flow studies on distribution network with distributed generation[C]. Singapore: IEEE Ninth International Conference on Power Electronics and Drive Systems. IEEE, 2011: 411 - 417.

[31] Kamalinia S, Wu L, Shahidehpour M. Stochastic midterm coordination of hydro and natural gas flexibilities for wind energy integration[J]. IEEE Transactions on Sustainable Energy, 2014, 5(4): 1070 - 1079.

[32] AN S. Natural gas and electricity optimal power flow[D]. Stillwater: Oklahoma State University, 2004.

[33] Shahidehpour M, Fu Y, Wiedman T. Impact of natural gas infrastructure on electric power systems[J]. Proceedings of the IEEE, 2005, 93(5): 1042 - 1056.

[34] Correa-Posada C M, Sanchez-Martin P. Security-constrained optimal power and natural-gas flow[J]. IEEE Transactions on Power Systems, 2014, 29(4): 1780 - 1787.

[35] Badakhshan S, Kazemi M, Ehsan M. Security constrained unit commitment with flexibility in natural gas transmission delivery[J]. Journal of Natural Gas Science & Engineering, 2015, 27: 632 - 640.

[36] Zhang X, Shahidehpour M, Alabdulwahab A, et al. Hourly electricity demand response in the stochastic day-ahead scheduling of coordinated electricity and natural gas networks[J]. IEEE Transactions on Power Systems, 2015, 31(1): 592 - 601.

[37] 吕天光.含多微网配电系统多元主体互动运行策略研究[D].上海：上海交通大学，2018.

[38] 殷爽睿，艾芊，曾顺奇，等.能源互联网多能分布式优化研究挑战与展望[J].电网技术，2018，42(5)：1359 - 1369.

[39] 胡杰，孙秋野，胡旌伟，等.信息能源系统自-互-群立体协同优化方法[J].全球能源互联网，2019，2(05)：457 - 465.

[40] 刘广一，史迪，朱文东，等.云雾协同优化控制和软件定义应用技术[J].电力信息与通信技术，2016，14(03)：89 - 95.

[41] 王思彤，周晖，袁瑞铭，等.智能电表的概念及应用[J].电网技术，2010，34(04)：17 - 23.

[42] 冯语晴，杨建华，黄磊，等.配电网智能化评价指标体系研究[J].电网与清洁能源，2017，33(03)：84 - 90.

[43] 张毅威，丁超杰，闵勇，等.欧洲智能电网项目的发展与经验[J].电网技术，2014，38(07)：

1717 - 1723.
[44] 王毅，张宁，康重庆.能源互联网中能量枢纽的优化规划与运行研究综述及展望[J].中国电机工程学报，2015，35(22)：5669 - 5681.
[45] 梅生伟，刘锋，魏韡.工程博弈论基础及电力系统应用[M].北京：科学出版社，2016.
[46] 胡菊，靳双龙，宋宗朋，等.基于云计算的全球可再生能源资源精细化评估方法[J].电力信息与通信技术，2016，14(03)：25 - 29.
[47] 杨胜春，刘建涛，姚建国，等.多时间尺度协调的柔性负荷互动响应调度模型与策略[J].中国电机工程学报，2014，34(22)：3664 - 3673.
[48] 王冰玉，孙秋野，马大中，等.能源互联网多时间尺度的信息物理融合模型[J].电力系统自动化，2016，40(17)：13 - 21.
[49] 周钰童，华亮亮，黄伟，等.计及电热交易的区域综合能源多目标优化配置[J].现代电力，2019，36(04)：24 - 30.
[50] 陈聪，沈欣炜，夏天，等.计及㶲效率的综合能源系统多目标优化调度方法[J].电力系统自动化，2019，43(12)：60 - 121.
[51] Zhang X, Shahidehpour M, Alabdulwahab A, et al. Hourly electricity demand response in the stochastic day-ahead scheduling of coordinated electricity and natural gas networks[J]. IEEE Transactions on Power Systems, 2015, 31(1): 592 - 601.
[52] Wei W, Liu F, Mei S. Distributionally robust co-optimization of energy and reserve dispatch[J]. IEEE Trans. on Sustain. Energy, 2015, 7(7): 1 - 12.

4 数字孪生技术

数字孪生旨在桥接数据与真实物理系统，本章与下一章将共同探讨如何严谨地、系统性地从系统海量数据中挖掘出有价值的信息，即聚焦数据利用的方法论。

4.1 科学范式的演变及电力系统的发展

在讨论数据利用的方法论之前，有必要在宏观上先回顾下科学[1]。符合科学严谨性和系统性的大前提，数据密集型科学范式（简称第四范式）是数字化与数字孪生提出、兴起、发展的大背景。

科学是一种系统性的知识体系，它随时间不断地组织和积累，并可检验有关于宇宙的解释和预测[2]。科学强调预测结果的具体性和可证伪性。科学不等同于寻求绝对无误的真理，而是在现有基础上或一定假设下，摸索式地不断接近真理。

科学发展进程中，科学范式不断演变，自古至今的科学范式可归纳为 4 个阶段。几千年前，“经验科学”是唯一的科学研究范式，该范式主要通过实验验证的方法描述自然现象。几百年前，出现了基于定律和定理的“理论科学”范式，主要包括模型推理、归纳总结等理论研究方式。到了几十年前，极速发展的计算机技术催生了“计算科学”范式，该范式包括仿真模拟复杂现象、数值计算等主要研究方式。这三种科学研究范式针对的都是因果关系型的数据。随着大数据、人工智能等技术的发展，面向海量数据的分析、存储、传输、管理成为可能，由此推动了第四种科学研究范式的发展，即“数据密集型科学”范式，或称为“大数据科学”范式。该种研究范式以统计关系型数据为主要研究对象，以协同化、网络化和数据驱动为主要特征，研究内容包括知识的发现、标识与评估。数据密集型科学范式本质上是一种数据驱动的认知模式，即以数据而非物理模型或主观经验等为基础，设计方法或构建主要途径对系统进行分析。

科学范式的演变如图 4-1 所示。

电力系统发展和管理的模式也遵从科学范式。如图 4-2 所示，第二代电网的管理模式如图 4-2 中上半部分的蓝线所示，隶属第二、第三范式；而基于随机矩阵

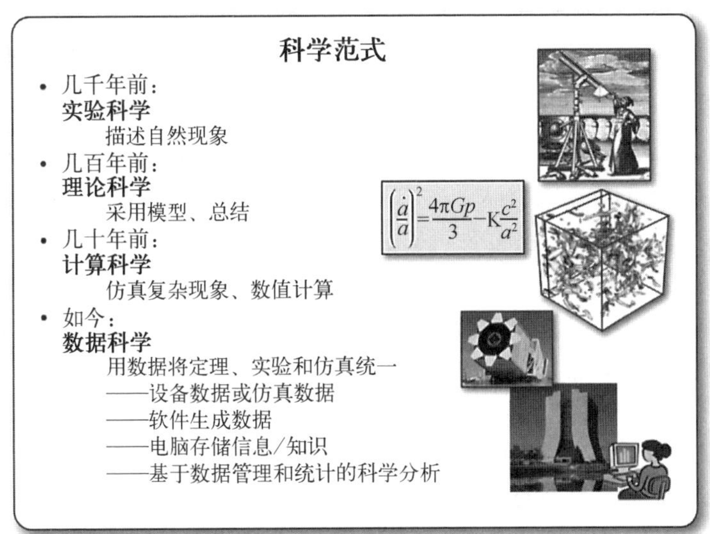

图 4-1 科学范式的演变

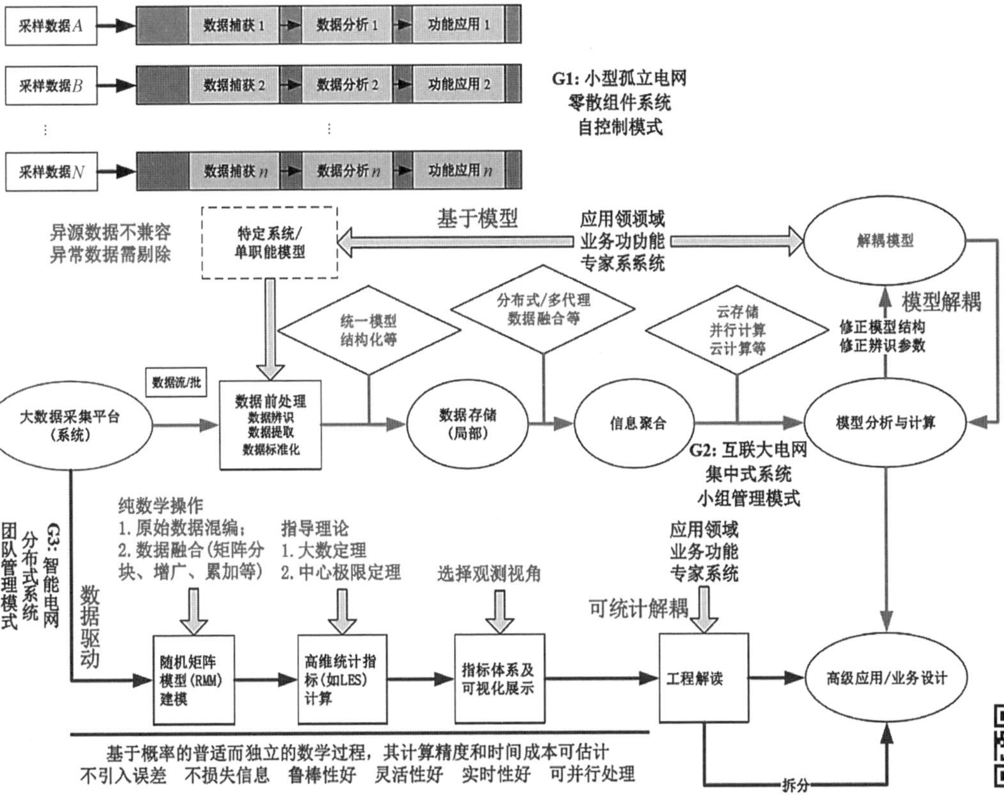

采样数据 A → 数据捕获 1 → 数据分析 1 → 功能应用 1
采样数据 B → 数据捕获 2 → 数据分析 2 → 功能应用 2
⋮
采样数据 N → 数据捕获 n → 数据分析 n → 功能应用 n

G1：小型孤立电网
零散组件系统
自控制模式

异源数据不兼容
异常数据需剔除
特定系统/
单职能模型
基于模型
应用领域
业务功能
专家系统
解耦模型
模型解耦
修正模型结构
修正辨识参数
统一模型
结构化等
分布式/多代理
数据融合等
云存储
并行计算
云计算等
数据流/批
大数据采集平台
（系统）
数据前处理
数据辨识
数据提取
数据标准化
数据存储
（局部）
信息聚合
模型分析与计算
G2：互联大电网
集中式系统
小组管理模式

G3：智能电网
分布式系统
团队管理模式
数据驱动
纯数学操作
1. 原始数据混编；
2. 数据融合（矩阵分块、增广、累加等）
指导理论
1. 大数定理
2. 中心极限定理
选择观测视角
应用领域
业务功能
专家系统
可统计解耦
随机矩阵模型（RMM）建模
高维统计指标（如LES）计算
指标体系及可视化展示
工程解读
高级应用/业务设计
拆分
基于概率的普适而独立的数学过程，其计算精度和时间成本可估计
不引入误差　不损失信息　鲁棒性好　灵活性好　实时性好　可并行处理

图 4-2 三代电网的数据管理流程示意图（扫描二维码查阅彩图）

理论的数据驱动方案则如图4-2中下半部分的紫线所示，属于第四范式的认知模式。

传统数据驱动方案以所研究系统本身的特性和内部因果关系为基础，从已有的物理机理建立模型。图4-2中蓝线表述了基于因果描述系统的过程，即依据系统机理模型建立起表达公式、模块等进而分析系统的演变和主体间的相互作用，如：① 电力系统的静态运行状态由潮流方程和给定初值(PQ节点、PV节点、平衡节点)所决定，其网络拓扑参数为重要参数；② 理想情况下风机出力的功率大小与风速的3次方成正比[5]；③ 评估系统的暂态稳定裕度需计算其轨迹灵敏度或李雅普诺夫指数[6,7]；④ 进行负荷/线损和设备寿命预测时需要考虑老化模型等。这些机理模型最大的共同点是其分析往往是低维的，数据的利用受限于机理描述的模型维度和所选的代入模型的样本质量，其分析效果难以保证。如基于某给定的风速模型，当风速确定时，其风机功率也确定了，这就意味着特定模型往往无需也无法消纳更多的数据和异源数据。大量数据往往用于训练模型以实现参数辨识或修正，或用来提取优质样本，价值挖掘度较低；而更糟糕的是，如果恰恰选择了异常数据代入模型，则往往会导致错误的结论。从最终分析结果指标方面来看，机理模型的指标也往往是依据单个维度、单个时间断面所构建的，表征上极为受限，如以检测为目的的低维度指标往往难以平衡其敏感性和可靠性，此部分内容将在第五章高维信息、指标体系等部分详细展开叙述。

以高维统计分析和深度学习等为基础的数据驱动方案则完全从另外的视角出发。该方案并不依赖系统运行机理和主体间相互作用的物理模型，其用于分析的相关定理/指标/工具，如梯度下降、深层特征、单环定律、M-P(Marchenko-Pastur)定律、线性特征值统计量等，往往基于数据科学，特别是统计学而独立于实际系统机理模型。在上述背景下，一种新的认知方案和相应的指标体系——数字孪生就被建立了起来。

4.2 数字孪生技术的动机和目的

本书所探究的数字孪生技术，其重点在于认知电力系统运行的核心基础而非侧重于控制某个单元或者全生命周期评估等。数字孪生技术的研究目的可类比于早期NASA的阿波罗项目，NASA在地表上为在太空中作业的飞行器(本体)建立了多台飞行器并称之为本体的孪生体，基于场景还原和通信技术通过观察控制孪生体进行仿真，感知本体所处的状态，继而推演其可行的行为策略以供本体中的航天员参考[8]。

数字孪生技术将数字技术引入孪生体工程中，通过挖掘/分析大量实时/历史数据，映射实体的实时动作、行为和状态。与现行仿真或数据统计分析相比，数字孪生技术可以提供更全面、透明、多层次的观测/推演视角。对于电力系统，相比于Matpower、PSCAD等经典仿真软件对机理模型的依赖，电力系统数字孪生(power system digital twin，PSDT)主要依赖于量测数据，其甚至在一定程度上实现了免模型，这也契合了电力大数据分析[9]、电力物联网建设和第四范式探索[10]的大背景。后续，本书将介绍一系列电力数字孪生技术在工程/实际研究中的应用，来体现其免模型以及提升模型的效果。

4.3 数字孪生在工程实际中的应用

早在20世纪60年代，NASA就利用数字孪生技术为意外做防范准备，同时节省了工程资源和时间。在阿波罗项目中，孪生体被广泛用于飞行准备期间的训练[11]。另外，在飞行任务中，孪生体也通过数据的实时交互尽可能地模拟本体的运行状况与环境，进一步模拟能供本体选择的备选方案，从而在关键情况下协助宇航员做出可靠的决策。1970年，阿波罗13号在执行任务时遭遇灾难，孪生体在当时的营救任务中扮演了至关重要的角色，成功地将宇航员送回家。事实上，每一种用来反映真实运行条件，以模拟实时行为的原型，都可以被视为孪生体[12]。

另一个著名的孪生体案例就是铁鸟试验台[13]，即飞控液压系统综合试验台架。由于仿真技术的发展，铁鸟试验台的硬件部分已经被虚拟模型所取代，从而得到了硬件-数字混合孪生体。将这一思想进一步扩展到系统设计生命周期的所有阶段，可以得到物理系统的完整数字模型，即数字孪生体[12]。

数字孪生技术作用于电力系统的示意图如图4-3所示，它以数据驱动为内核，集结了传统的模型驱动和专家系统。相比于Matpower、PSCAD等经典物理机理仿真，电力孪生系统(PSDT)的建立对物理系统的依赖度更小，组建方式更为灵活——主要依赖于历史/实时数据以及相匹配的高维统计分析、机器/深度学习等工具/算法。PSDT在运行过程中可通过与真实值的比对、校正等主动行为，确保虚实系统的一致性。

为实现上述目的，PSDT应具备3大特征：数据驱动、闭环反馈和实时交互。数据驱动让PSDT更适用于当今复杂的电力系统，它可以仅依据所得数据建立实体系统模型，继而对系统进行感知和分析，具体可参考IEEE Transaction on Smart Grid在2016年的特刊“Big data analytics for grid modernization”和本章下一节“4.4.1数字孪生建模”中介绍的相关工作[14]。模型驱动模式需要预先处理大量的信息，如掌握电网的拓扑结构及雅可比矩阵方能进行潮流计算，且模型驱动模式缺乏一套有效的机制来应对假设、简化及系统的固有误差和不确定性的评估及传递。而数据驱动模式可有效避免上述难题，且一定程度上可以实现模型及其交织问题的解耦。闭环反馈则使得PSDT的数据模型可以在投运后通过主动学习海量数

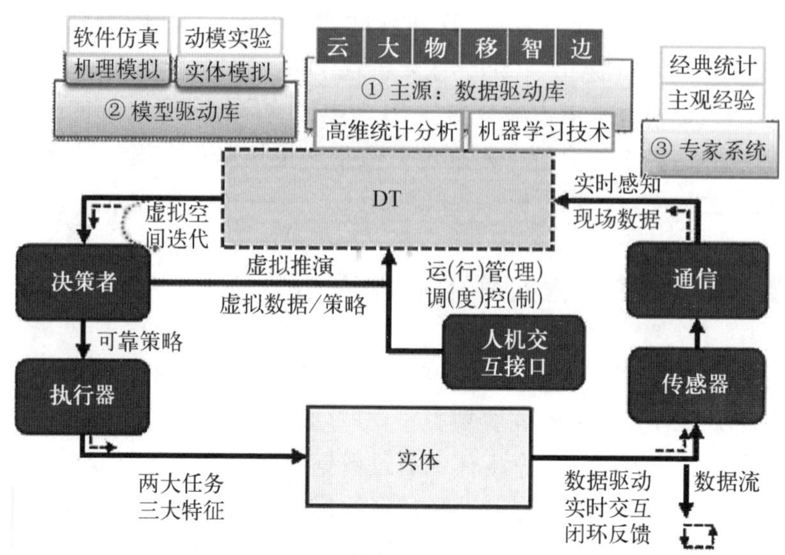

图 4-3　电力数字孪生系统示意图

据，实现自适应更新和优化，且学习效果随着数据的增多而提升。介入门槛低和自学习使得 PSDT 相比于传统仿真更具接纳能力，且更能充分利用大数据福利。实时交互联动数据驱动和闭环反馈，进一步完善了 PSDT 的实时态势感知和超实时虚拟测试的功能，使其可以在常规运行甚至紧急情况下准确把控系统情况并迅速模拟出可行/优化的决策方案，达到类比于阿波罗项目中孪生体的效果。

在数据输入及预处理方面，PSDT 的数据仍以电压、功率等电气量为主要数据源，其数据一般来自同步相量测量装置(PMU)或电压互感器(PT)、电流互感器(CT)等。关于对异常数据的校正和缺失数据的填充可参考本章参考文献[15]或本书第五章。在此主要阐述对约束和不确定性的处理，针对电力系统已有的一些约束，可以通过归一化或预设定义域/值域进行处理，如把电压约束 $0.94U_0 \sim 1.06U_0$ 映射到开区间 $(0,+\infty)$ 或闭区间 $[0,1]$；而对于不确定性的处理则可借助随机矩阵理论等高维分析工具得到更为稳定(标准差小)的高维统计指标，如线性统计特征量(LES)等[16]。

4.4　电力数字孪生系统的特点和功能

4.4.1　数字孪生建模

电力数字孪生系统的建模以海量电力/能源大数据作为驱动力，以深度学习等方法为工具，辅以实际电力系统的物理模型，抽象出可以模拟表征系统中单体特性或网络结构的数字化载体，即建立相应的数字孪生模型。

以第二章中发电机、负荷、励磁系统等电力/能源系统元件为例，其数字孪生模型可以直接通过采集实际或模拟运行时产生的电压、电流、功率等数据，也可以通过数据增维等方式扩充数据集，弥补实际系统特殊状态数据样本不足的问题。进一步，构造深度神经网络并进行训练，得到对应的基于深度神经网络的单体元件数字孪生模型。以下将简要介绍这种以数据采集-数据增维-神经网络建模为流程的综合能源网数字孪生建模方法。

4.4.1.1　基于数据驱动的数据增维与数据处理

数据驱动的核心思想是将数据视为研究对象的表象，即直接从数据中挖掘信息，这与传统的依靠将数据带入预设模型来认知对象继而分析出所关注的对象属性的方式截然不同。物理模型、传感器更新、运行历史等泛在能源物联网所承载的数据流可以作为 PSDT 中进行神经网络参数训练所需的训练集。神经网络模型的性能与训练集的大小（即训练集的数据量）息息相关，训练集数据量足够大时，各层神经网络参数即连接权重收敛于最优值，网络输出值与实际值误差趋向于零，从而达到优越的预测性能，因此高维数据是 PSDT 研究的重要“原料”。而在实际系统中，由于传感器数量不足、收集样本量有限等原因常常导致训练集数据量不足，可采用以下两种方法进行数据增强，扩大训练集数据量。

(1) 采用生成式对抗网络进行数据增强。

生成式对抗网络（GAN）具有拟合数据分布的功能，可以产生和原始数据集分布特征相似的一些数据，用以扩充某一特定分布的数据集。

GAN 中同时训练两个模型，即捕获数据分布的生成模型 G 和估计样本来自训练数据的概念的判别模型 D。生成器 G 的结构为一个多层感知机，参数为 θ_g，$G(z, \theta_g)$ 为生成映射函数，将噪声 z 映射到新的数据空间。判别器 D 也是一个多层感知机，参数为 θ_g，$D(x, \theta_d)$ 输出为一个标量，表示 x 来自真实的数据而不是生成数据的概率。最后的训练目标为

$$\min_G \max_D V(D, G) = E_{x\sim p_{\text{data}}(x)}[\lg D(x)] + E_{z\sim p_z(z)}[\lg(1-D(G(z)))] \tag{4-1}$$

判别器 D 应尽可能区分真实样本和虚假样本，因此 $D(x)$ 应尽可能大，$D(G(z))$ 应尽可能小，即 $V(D, G)$ 应尽可能大。若生成器 G 生成的数据与原始数据的差别越小，$D(G(z))$ 就越大，则 $V(D, G)$ 就越小。两个模型相对抗，最后达到全局最优。GAN 训练过程如图 4-4 所示。

图 4-4 中，黑色点线是真实样本的概率分布函数，黑色实线是虚假样本的概率分布函数，最下方的横线是噪声 z，它映射到 x，灰色曲线（细虚线）是判别器 D 的输出，它的值越大表示这个样本越有可能是真实样本。

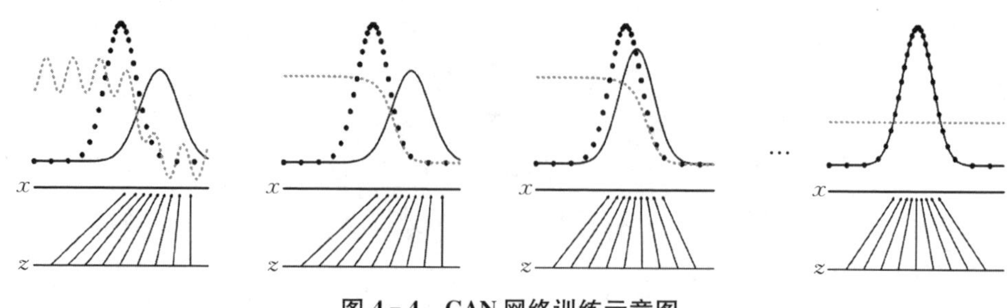

图 4-4　GAN 网络训练示意图

(2) 采用克罗内克积进行数据增维。

采用克罗内克积进行数据增维的思路是通过两任意大小矩阵之间的特殊运算,大幅进行数据增维,提高时序矩阵的维度以弥补实际数据的不足。

$\boldsymbol{A}$ 是一个 $m \times n$ 的矩阵,$\boldsymbol{B}$ 是一个 $p \times q$ 的矩阵,克罗内克积 $\boldsymbol{A} \otimes \boldsymbol{B}$ 则是一个 $mp \times nq$ 的分块矩阵, 即

$$\boldsymbol{A} \otimes \boldsymbol{B} = \begin{bmatrix} a_{11}\boldsymbol{B} & \cdots & a_{1n}\boldsymbol{B} \\ \vdots & \ddots & \vdots \\ a_{m1}\boldsymbol{B} & \cdots & a_{mn}\boldsymbol{B} \end{bmatrix} \tag{4-2}$$

利用上述运算可使原始数据的维度倍增,因此采用克罗内克积可构建更高维的空间以进行更精确的高维分析。

采用统计工具分析系统的各个环节和其数据模型高维特征的统计性质(如收敛性、置信度、精度、训练/测试误差),所得到的高维特征为系统认知提供了新的依据。随机矩阵理论(RMT)是处理电力物联网时空大数据的有力工具,一方面,高维时空随机矩阵可视为复杂系统的数据表象,特征值分析是其核心:通过研究特征值的分布规律如圆环律、半圆律、M-P 律等可揭示电力系统的内在特性,即可以得到谱的理论分布。另一方面,特征值分布也可以用实验方法获得,即可以得到谱的实验分布。通过两方面的分析从而将理论分析和实验观察通过随机矩阵理论这个桥梁联系起来,进一步拓展自由概率论在随机矩阵中的应用,进而增加大数据分析的普适性。

4.4.1.2　电力数字孪生系统中各层级模型的构建

综合能源网建模存在两大难题,一是机理模型难以建立,因各能源系统运行特性各异、设备多元化、耦合关系复杂;二是多主体行为利益的协调问题,因分布式能源数量大,运行涉及多方利益主体,存在多方博弈,且信息不全面,经济运行实现困难,且在多能市场环境下,能源供给与需求侧的互动响应机制复杂。

在"细胞-组织"视角下,"能源细胞"内部包含发电(集成式/分布式)、输配电线路、负荷等元件;"能源组织"中大型网络连接交互、多源(水/气/热/风/光/电)耦合

互补，通过信息的交互协调内部“细胞”资源，实现“细胞间”的双向互补，从而达到全局最优。在剖析区域综合能源系统架构，多区域、多能源控制与调度，“细胞-组织”特性与互动机制后，通过物理模型和数据模型双重驱动，可建立一个与真实系统尽可能相像的数字孪生系统。

利用 MATLAB 和 SimuLink 对电路元件进行建模仿真实验，通过设置网络各元件参数以及不同线路故障类型进行动态仿真实验，获取节点输出数据。利用循环神经网络(RNN)反映数据时间序列上的联系，同时利用长短期记忆(long short-term memory, LSTM)神经网络来考虑可能存在的梯度消失或梯度爆炸问题，进而完善数据模型结构。在模型训练过程中，将标签数据集及其高维统计量、常规电气量和非电气量，以及其低维统计量等数据作为输入值，将所需目标量如有功功率 P、电压 V 等作为输出值，通过端对端学习建立深层神经网络模型，以拟合输入与输出的函数关系，分别从静态和动态角度将机理模型映射至数据模型。

构建好 LSTM 预测模型的各层基本结构并设置适当超参数后，读取输入数据并构造训练集，根据图 4-5 所示流程图编写程序。构造的 LSTM 预测模型是数字孪生的一种非常有效的预知能力的体现。

4.4.2 电力系统实时态势感知

目前，关于电力/能源系统的实时态势感知技术研究，国内外学者已展开广泛的讨论。文献[17]综述了能源系统的态势感知。文献[18]从气网模型出发，讨论了电-气能源网的态势感知。文献[19]探讨了动态系统的态势感知支撑理论。针对态势感知传统方法的局限性，部分学者利用日益详尽且易于获取的能源网络大数据，结合先进的随机矩阵理论和深度学习技术作为支撑，对能源系统态势感知的提取察觉、感知理解二个层次展开了详细研究。

其一，态势提取察觉的主要场景包括能源网络异常状态检测、低频振荡识别、意外事故分析等。文献[20]基于随机矩阵理论建立了异常用电行为检测方法；文献[21]以随机矩阵理论为基础，提出了一种高维数据驱动的配电网异常状态检测方法。文献[22]提出了一种基于线性回归和统计的异常用电行为检测方法。文献[23]对数据驱动的综合能源系统电能质量评估方法进行了综述，介绍了一系列电能质量扰动数据估计的人工智能方法。

其二，态势感知理解的研究难点是如何从能源网络时空大数据中提取有效指标进行状态表征。这些大数据是一种特殊的大 N 大 T 时空数据结构，可以利用随机矩阵(RMT)等高维统计方法进行分析。文献[24-26]等提出基于随机矩阵理论的高维指标体系构建方法，文章从电力系统的基本公式出发，在理论上论证了将复杂电网的时空大数据建模为随机矩阵的有效性，该数据建模框架将 RMT 和电

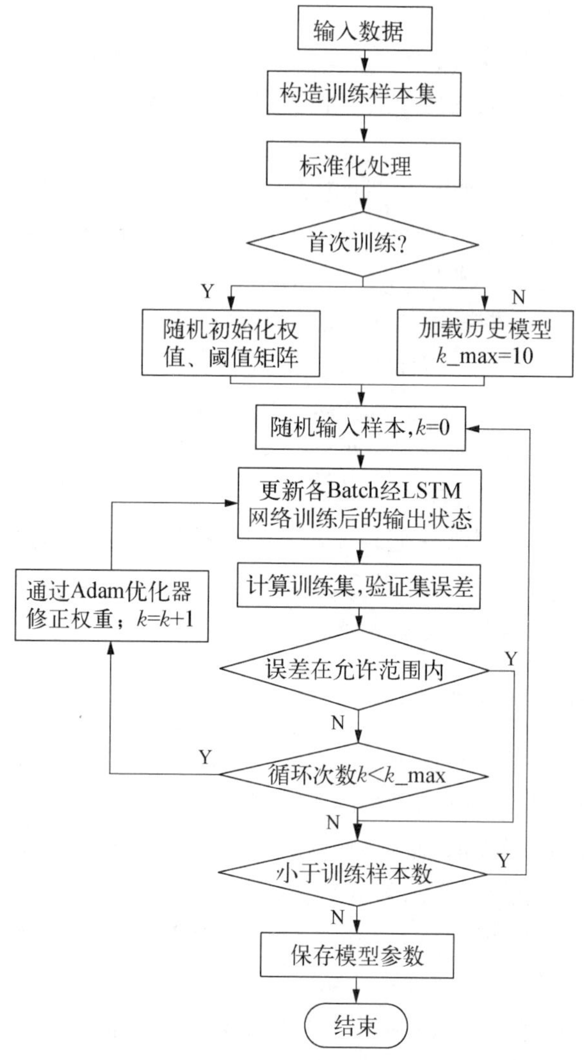

图 4-5 LSTM 训练流程图

力系统分析联系在一起利用数据之间的相关性描述整个系统的状况,避开了一些经典模型中极难处理的问题,形成了能源系统的新观测角度,为系统认识提供了新的手段。

4.4.3 超实时虚拟测试

电力数字孪生系统以历史/实时运行状态和环境量测数据为驱动,通过深度学习、概率预测、特征提取等数据驱动的方法,进行超实时虚拟测试,从而预测系统未来的运行态势,以便更好地评估系统未来的运行状态。通过这种超实时虚拟推演,电力数字孪生系统的数据模型可以在投运后主动学习海量数据，实现自适应更新和优化，有助于实现闭环反馈功能。[27]

目前，对于电力/能源系统的超实时虚拟推演方面的技术研究，国内外研究者已展开广泛的讨论。大量研究者们基于人工智能技术对电力/能源系统中负荷、可再生能源出力及其他状态参量等进行预测，文献[28]提出了基于深度学习算法的区域级超短期负荷预测方法，文献[29]结合深度学习算法与概率预测方法提出了能量组织负荷概率预测方法。文献[30]基于模型预测控制理论，提出一种考虑多时空尺度协调的风电集群有功分层预测控制方法。文献[31]利用随机矩阵理论评估新能源出力状态，以此为基础提出计及新能源出力状态的基于人工神经网的超短期功率预测方法。

参考文献

[1] Science[EB/OL]. Online etymology dictionary[2021.9.20]. https://www.etymonline.com/search?q=science.

[2] Wilson E O. Consilience: The unity of knowledge[M]. New York: Penguin Random House US.1999.

[3] Hey T, Tansley S, Tolle K. The fourth paradigm: Data-intensive scientific discovery[J]. Proceedings of the IEEE, 2011, 99(8): 1334 - 1337.

[4] Hey T, Tansley S, Tolle K. The fourth paradigm: Data-intensive scientific discovery[M]. Redmond: Microsoft Research, 2009.

[5] 章健.Multi Agent 系统在微电网协调控制中的应用研究[D].上海：上海交通大学，2009.

[6] 邹建林，安军，穆钢，等.基于轨迹灵敏度的电力系统暂态稳定性定量评估[J].电网技术，2014，38(3)：694 - 699.

[7] 黄晓鹏.基于能量函数与熵函数法的电力系统暂态稳定分析研究[D].哈尔滨：哈尔滨工业大学，2007.

[8] Glaessgen E, Stargel D. The digital twin paradigm for future NASA and US Air Force vehicles[C]. Hawaii: Structural Dynamics and Materials Conference 20th AIAA/ASME/AHS Adaptive Structures Conference 14th AIAA.2012.

[9] He X, Ai Q, Qiu R C, et al. A big data architecture design for smart grids based on random matrix theory[J]. IEEE Transactions on Smart Grid, 2017, 8(2): 674 - 686.

[10] Gray J. Jim Gray on escience: A transformed scientific method[R]. The fourth paradigm: Data-intensive scientific discovery, 2009.

[11] Rosen R, Wichert G V, Lo G, et al. About the importance of autonomy and digital twins for the future of manufacturing[J]. IFAC - PapersOnLine, 2015, 48(3): 567 - 572.

[12] Boschert S, Rosen R. Digital twin—the simulation aspect[M]. Berlin: Springer International Publishing, 2016.

[13] Shafto M, Conroy M, Doyle R, et al.Modeling, simulation, information technology and processing roadmap[R].National Aeronautics and Space Administration, 2010.

[14] Hong T, Chen C, Huang J, et al.Guest editorial big data analytics for grid modernization [J].IEEE Transactions on Smart Grid, 2016, 7(5): 2395 - 2396.

[15] Gao P, Wang M, Ghiocel S G, et al.Missing data recovery by exploiting low-dimensionality in power system synchrophasor measurements[J].IEEE Transactions on Power Systems, 2016, 31(2): 1006 - 1013.

[16] He X, Qiu R C, Ai Q, et al.Designing for situation awareness of future power grids: An indicator system based on linear eigenvalue statistics of large random matrices[J].IEEE Access, 2016, 4: 3557 - 3568.

[17] 孟显海,高辉.综合能源系统态势感知:概念、架构及关键技术[J].电器与能效管理技术,2019(19): 23 - 27.

[18] Yang J, Zhang N, Botterud A, et al. Situation awareness of electricity-gas coupled systems with a multi-port equivalent gas network model[J]. Applied Energy, 2020, 258: 114029.

[19] Endsley M R. Toward a theory of situation awareness in dynamic systems[M]//Salas E, Dietz A S. Situational awareness. New York: Routledge, 2017: 9 - 42.

[20] Xiao Fei, Ai Qian. Electricity theft detection in smart grid using random matrix theory [J]. IET Generation Transmission & Distribution, 2018, 12(2): 371 - 378.

[21] He X, Qiu R C, Chu L, et al. Invisible units detection and estimation based on random matrix theory[J]. IEEE Transactions on Power Systems, 2019, 35(3): 1846 - 1855.

[22] Yip S C, Wong K S, Hew W P, et al. Detection of energy theft and defective smart meters in smart grids using linear regression[J]. International Journal of Electrical Power & Energy Systems, 2017, 91: 230 - 240.

[23] Yufan Z, Qian A I, Fei X, et al. Present situation, supporting technologies and prospect of data driven power quality analysis[J]. Electric Power Automation Equipment, 2018, 38(11): 187 - 196.

[24] He X, Qiu R C, Ai Q, et al. Designing for situation awareness of future power grids: An indicator system based on linear eigenvalue statistics of large random matrices[J]. IEEE Access, 2016, 4: 3557 - 3568.

[25] He X, Ai Q, Qiu R C, et al. A big data architecture design for smart grids based on random matrix theory[J]. IEEE transactions on smart Grid, 2015, 8(2): 674 - 686.

[26] He X, Chu L, Qiu R C, et al. A novel data-driven situation awareness approach for future grids—using large random matrices for big data modeling[J]. IEEE Access, 2018, 6: 13855 - 13865.

[27] 张宇帆,艾芊,林琳,等.基于深度长短时记忆网络的区域级超短期负荷预测方法.电网技术,2019,43(6): 1884 - 1892.

[28] 王玥,张宇帆,李昭昱,等.即插即用能量组织日前负荷概率预测方法[J].电网技术,2019,43(09): 3055 - 3060.

[29] Xiao F, Ai Q. Data-driven multi-hidden markov model-based power quality disturbance prediction that incorporates weather conditions. IEEE Transactions on Power Systems,

2019, 34(1): 402 - 412.
[30] 叶林,张慈杭,汤涌,等.多时空尺度协调的风电集群有功分层预测控制方法[J].中国电机工程学报,2018,38(13): 3767 - 4018.
[31] 杨茂,周宜.计及风电场状态的风电功率超短期预测[J].中国电机工程学报,2019,39(05): 1259 - 1268.

5 电力系统信息化

5.1 数据驱动模式

1) 数据驱动与模型驱动的比较

目前，对电力系统运行状态的描述主要采用基于第二范式和第三范式的经典指标[1,2]，它们是模型驱动或低维的，大致有以下几种。

(1) 原始物理指标——直接由单点、单时刻采样所得的一维指标，如母线的电压，线路的电流、潮流等。

(2) 低维统计指标——通过对某(几)个参数(数据量可能很大)进行映射操作或一段时间的简单统计所得，如供电可靠性、全年停电时间等。

(3) 仿真模拟指标——基于构造函数、仿真模型等所得，也是低维指标，如李雅普洛夫能量、最优潮流等。

而将深度学习技术、高维统计理论应用于电力系统中，其本质是采用了一种新的数据处理工具并提供了相应视角；该工具是数据驱动的，即以数据为驱动力，对系统进行分析。具体来说，高维统计方法吸取了统计学最新的理论突破和研究成果，在高维空间直接提取多元高维数据中的固有相关性，分析数据之中所蕴藏的规律，是一种非监督式的数据驱动模式[3-6]。深度学习方法利用深度神经网络的特征提取优势，有效解决了电力系统中存在的复杂、高维度、非线性的难题，深度学习方法涉及的子方法众多，可以实现监督式、半监督式或非监督式的数据驱动模式，其大多数是通过监督式训练实现的。

相比于模型驱动方案，数据驱动研究模式具有以下优势。

(1) 直接建立数据的数据模型而非系统机理模型[7]，避免了由于电网拓扑结构复杂，元件多元化，以及可再生能源与柔性负荷的可调性、可控性、不确定性等因素带来的模型不准确或难以建模的问题，降低了硬件资源在质量和精度方面的要求(如系统数据的完备性、传感器精度要求等)，提升了分析的可信度。

(2) 通过分析高维数据间的相关性而非因果关系，定量描述了事件与主体/系统的关联性，直接锁定源头，避免了由于系统不确定性、偶然性及多重复杂递推关系等带来的相关性难以量化的问题。如分析光强与电力系统的因果链可以采用“光强→太阳能发电→电力系统”这一路径，另一方面，光强也会通过影响人的生活行为进而影响电力系统，如“光强→温度→空调负荷→电力系统”这一路径。故很难通过基于假设或简化的模型去描述实际系统中众多物理量的关系，且即使可以描述，这种描述方式所隐含的误差也将随着因果链的传递而不断累积。

(3) 高维统计分析以随机矩阵理论(RMT)为主要分析工具，进而建立随机矩阵模型(random matrix model, RMM)。RMM的建立不限于特定的网络结构或作用机理，操作极为自由。这意味着该种工具可以有效地利用电力系统中庞大的数据资源，特别是异源数据；且如将风力数据与节点电压数据做拼接，其结果仍为RMM。

(4) 针对RMM的分析过程为独立于工程系统的纯数学过程，并不引入系统误差；更可在算法层面上实现并行计算或分布式计算，可极大地减少时间资源需求，解决维数灾难等问题。该方案可支持上万节点的系统进行实时态势分析。

(5) 由于单次分析的数据量大，高维指标的计算将具备非常高的冗余度，对于源数据在空间和时间上的异常具备良好的鲁棒性。且基于非监督的系统分析并不依赖于人工训练过程和个体样本选择，通过对多维(全)参数的分析提取高维统计参数以表征系统的运行态势，可以有效地解决大数据系统中随数据量增大而出现的噪声累积、虚假相关和偶然相关等传统统计方法极难解决或回避的问题，即使是在系统中数据质量不高的情况下(如存在坏数据，甚至是核心区域数据丢失的情况)仍可以准确地挖掘信息[8-10]。

2) 电力系统的数据驱动

通过对比分析，可以发现，相对模型驱动的方案，数据驱动的方案更适用于认知当今电网。关于方法论方面的描述，详见本章后续论述。本部分以高维统计数据驱动模式为例，以随机矩阵为基本数学工具，建立起电力系统的随机矩阵模型和数据驱动视角。

电力系统是一种非线性动力学系统，其动态行为可以归结为非线性微分-差分-代数方程组(differential-difference-algebraic equations, DDAE)。潮流方程是电网运行的基本规律，也是系统分析的起点。电力系统正常运行时，每个节点的功率保持平衡，即节点的网络注入功率和节点的负荷消耗的功率相等。根据这种基本关系，可以得到电力系统基本潮流方程式：

$$\begin{bmatrix} \Delta \boldsymbol{P} \\ \Delta \boldsymbol{Q} \end{bmatrix} = \begin{bmatrix} \dfrac{\partial \Delta \boldsymbol{P}}{\partial \boldsymbol{\theta}} & \dfrac{\partial \Delta \boldsymbol{P}}{\partial \boldsymbol{V}} \\ \dfrac{\partial \Delta \boldsymbol{Q}}{\partial \boldsymbol{\theta}} & \dfrac{\partial \Delta \boldsymbol{Q}}{\partial \boldsymbol{V}} \end{bmatrix} \begin{bmatrix} \Delta \boldsymbol{\theta} \\ \Delta \boldsymbol{V} \end{bmatrix} = \begin{bmatrix} \boldsymbol{H} & \boldsymbol{N} \\ \boldsymbol{M} & \boldsymbol{L} \end{bmatrix} \begin{bmatrix} \Delta \boldsymbol{\theta} \\ \Delta \boldsymbol{V} \end{bmatrix} \tag{5-1}$$

依据上述潮流方程式,可将节点的消耗/产生的功率 P_i, Q_i 视为系统的输入量 $\boldsymbol{W}$, 线路阻抗 B_{ij}, G_{ij} 视为网络参数 $\boldsymbol{Y}$, 电压量幅值和相角 V_i, θ_i 视为状态量 $\boldsymbol{X}$。系统当前所处的平衡态即可被描述为 $\boldsymbol{W}_0=f(\boldsymbol{X}_0, \boldsymbol{Y}_0)$, 而系统将受到的扰动/动作将被描述为

$$\boldsymbol{W}_0+\Delta\boldsymbol{W}=f(\boldsymbol{X}_0+\Delta\boldsymbol{X}, \boldsymbol{Y}_0+\Delta\boldsymbol{Y}) \tag{5-2}$$

将上式进行泰勒展开,即得

$$\begin{aligned}\boldsymbol{W}_0+\Delta\boldsymbol{W}=&f(\boldsymbol{X}_0, \boldsymbol{Y}_0)+f'_x(\boldsymbol{X}_0, \boldsymbol{Y}_0)\Delta\boldsymbol{X}+f'_Y(\boldsymbol{X}_0, \boldsymbol{Y}_0)\Delta\boldsymbol{Y}+\frac{1}{2}\\&[f''_{xx}(\boldsymbol{X}_0, \boldsymbol{Y}_0)(\Delta\boldsymbol{X})^2+2f''_{XY}(\boldsymbol{X}_0, \boldsymbol{Y}_0)\Delta\boldsymbol{X}\Delta\boldsymbol{Y}+f''_{YY}(\boldsymbol{X}_0, \boldsymbol{Y}_0)(\Delta\boldsymbol{Y})^2]+\cdots\end{aligned} \tag{5-3}$$

式中,虽然 $\boldsymbol{Y}$ 参数的具体值未知,但已知 $f(\boldsymbol{X}, \boldsymbol{Y})$ 是 $\boldsymbol{Y}$ 的线性函数,故 $f''_{YY}(\boldsymbol{X}, \boldsymbol{Y})=0$; 而当系统状态量 $\Delta\boldsymbol{X}$ 变化不大时,忽略 $(\Delta\boldsymbol{X})^2$ 及其更高次项。故上式将转化为

$$\Delta\boldsymbol{W}=f'_X(\boldsymbol{X}_0, \boldsymbol{Y}_0)\Delta\boldsymbol{X}+f'_Y(\boldsymbol{X}_0, \boldsymbol{Y}_0)\Delta\boldsymbol{Y}+f''_{XY}(\boldsymbol{X}_0, \boldsymbol{Y}_0)\Delta\boldsymbol{X}\Delta\boldsymbol{Y} \tag{5-4}$$

进而得到系统状态量 $\Delta\boldsymbol{X}$ 随系统运行的表达式:

$$\begin{cases}\Delta\boldsymbol{X}=(f'_x(\boldsymbol{X}_0, \boldsymbol{Y}_0)+f''_{XY}(\boldsymbol{X}_0, \boldsymbol{Y}_0)\Delta\boldsymbol{Y})^{-1}(\Delta\boldsymbol{W}-f'_Y(\boldsymbol{X}_0, \boldsymbol{Y}_0)\Delta\boldsymbol{Y})\\\boldsymbol{X}_1=\boldsymbol{X}_0+\Delta\boldsymbol{X}\end{cases} \tag{5-5}$$

上式的推导并不基于具体参数,进而构建了电网的数据驱动视角。

系统实际运行状态的改变可分为以下两种情况讨论: ① 仅节点功率扰动引发的系统变化,即 $\Delta\boldsymbol{Y}=0$; ② 仅网络拓扑结构扰动引发的系统变化,即 $\Delta\boldsymbol{W}=0$。

(1) $\Delta\boldsymbol{Y}=0$ 的情况。

这种情况是本章讨论的重点。此时,系统状态量 $\Delta\boldsymbol{X}$ 随系统运行的表达式变为

$$\Delta\boldsymbol{X}=(f'_x(\boldsymbol{X}_0, \boldsymbol{Y}_0))^{-1}(\Delta\boldsymbol{W})=\boldsymbol{J}_0^{-1}\Delta\boldsymbol{W}=\boldsymbol{S}_0\Delta\boldsymbol{W} \tag{5-6}$$

式中, $f'_x(\boldsymbol{X}_0, \boldsymbol{Y}_0)=\left.\dfrac{\partial f(\boldsymbol{X}, \boldsymbol{Y})}{\partial X}\right|_{X=X_0, Y=Y_0}=\boldsymbol{J}_0$ 为系统当前运行的雅可比矩阵; $\boldsymbol{S}_0$ 是其逆矩阵,称为系统的灵敏度矩阵。$\boldsymbol{J}_0$(或 $\boldsymbol{S}_0$)与系统稳定性有一定关系,相关推导见文献[11]。

(2) $\Delta\boldsymbol{W}=0$ 的情况。

该种情况讨论网络拓扑结构变化(如断线、短路等)对系统运行的影响,可被等值为前一种情况,其变换具体如下:

$$\Delta\boldsymbol{X}=(f'_x(\boldsymbol{X}_0,\boldsymbol{Y}_0)+f''_{XY}(\boldsymbol{X}_0,\boldsymbol{Y}_0)\Delta\boldsymbol{Y})^{-1}(-f'_Y(\boldsymbol{X}_0,\boldsymbol{Y}_0)\Delta\boldsymbol{Y})$$
$$=\boldsymbol{S}_0\boldsymbol{S}_0^{-1}(f'_x(\boldsymbol{X}_0,\boldsymbol{Y}_0)+f''_{XY}(\boldsymbol{X}_0,\boldsymbol{Y}_0)\Delta\boldsymbol{Y})^{-1}(-f'_Y(\boldsymbol{X}_0,\boldsymbol{Y}_0)\Delta\boldsymbol{Y})$$
$$=\boldsymbol{S}_0(\boldsymbol{I}+f''_{XY}(\boldsymbol{X}_0,\boldsymbol{Y}_0)\Delta\boldsymbol{Y}f'_x(\boldsymbol{X}_0,\boldsymbol{Y}_0)^{-1})^{-1}(-f'_Y(\boldsymbol{X}_0,Y_0)\Delta\boldsymbol{Y})=\boldsymbol{S}_0\Delta\boldsymbol{W}_Y \quad (5-7)$$

5.2 电力系统大数据分析和高维统计信息

5.2.1 电力系统数据资源

电力系统是由发电厂、输变电线路、供配电所和用户等主体组成的电能生产与消费系统。它的功能是将自然界的一次能源通过发电动力装置转化成电能，再经输电、变电和配电将电能可靠、优质、经济、安全地供给到用户侧。如第三代电网——智能电网(G3)，这是一种非常复杂的网络[3]，特别是其中一些新主体、新拓扑结构、新控制方案，难以对其进行标准化等值，故难以建立精确认知模型甚至是无法建模。

而另一方面，与数据相关的各种技术正在高速发展，全景实时数据的采集、传输、存储以及快速处理已经成为智能电网的基本功能。相关的技术、硬件、平台等包括信息通信技术(information communication technology, ICT)、高级计量架构(advanced metering infrastructure, AMI)、数据采集与监视控制系统(supervisory control and data acquisition, SCADA)、传感器技术(sensor technology, ST)、同步相量测量单元(phasor measurement unit, PMU)、智能电子设备(intelligent electronic device, IED)等。在此基础上，可开发一系列的高级功能[3]，诸如用户用电行为的实时监测、无人值守变电站的运行管理、线损评估(包括线路损耗和窃电)、智能预警、扰动快速识别、绿色能源与高效用电、实时市场计划和定价机制等，为电力系统的稳定、优质、经济、安全运行提供决策支撑。

常规意义上的电网数据可大致分为 3 类：电网运行和设备监测数据、电力企业营销数据和电力企业管理辅助支撑数据。

如图 5-1(a)所示，系统运行、设备、调度参数等属于第 1 类数据，电力市场数据等属于第 2 类数据，而气象数据等属于第 3 类数据。第 1 类数据又可以进一步划分为来自一次侧设备数据和来自二次侧设备数据等。而从服务的角度来说，第 1 类实时数据主要服务于提升电力系统的稳定性和电能质量，第 2 类营销数据则服务于提升电力系统的经济性，第 3 类企业管理数据则将支撑电力企业与终端(用户、发电厂商)的友好互动，以使电力系统稳定、优质、经济运行。

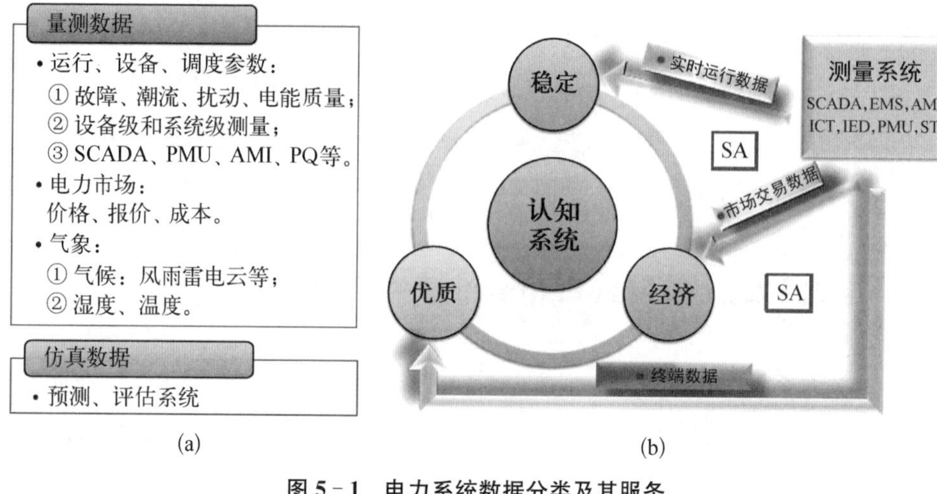

(a) (b)

图 5-1 电力系统数据分类及其服务

(a) 电力企业的数据分类；(b) 电力企业的数据服务

智能电网是一个典型的大数据系统，其数据资源满足大数据的“4V”特征[1]：

(1) 海量(volume)：例如，全球智能测量装置的数量在 2011 年至 2017 年间提升了近 3 倍，从 1 千多万提升至 3 千万左右[3]；而 2012 年仅美国纽约州每天的家居用电数据就高达 127.1 TB[4]。

(2) 高速(velocity)：对一些在线决策的制定，数据的处理总时间(包括读取、通信、计算等过程)需要控制在秒级甚至毫秒级。

(3) 多样(variety)：数据往往来自不同的部门，采用不同的格式。从数据管理的角度，源数据的采样频率、处理速度以及服务对象都不尽相同。

(4) 真实(veracity)：海量的数据中不可避免地会存在一些瑕疵，如数据不完整、异常、不同步、不可用等，而数据驱动的分析结果和系统决策必须是高度可信的。

上述特征也对应着本书所提的“从如此之多的数据中可以得到些什么?”“如何处理带瑕疵(异常、缺失、不同步)的数据?”等核心问题，即如何在有限的资源(时间、硬件、人力等)下，从数据中挖掘出有价值的信息以认知系统，并最终支撑决策制定。

5.2.2 高维统计信息

数据驱动的核心思想是将数据视为研究对象的表象，通过直接挖掘数据而非依靠将数据带入预设模型来认知对象继而分析所关注的对象的属性。数据模型的建模与分析可独立于工程系统，即利用数据集和统计工具即可实现。数据驱动范式在一定程度上规避了在电网系统中基于物理运行机理难以建模及大量数据难以利用等问题，并且数据驱动范式可采用统计工具分析各个环节和数据模型高维特征的统计性质（收敛性、置信度、精度、训练/测试误差），其得到的高维特征为系统认知提供了新的依据。

因而用高维统计指标来描述复杂且庞大的电网系统更为合适。高维特征相比于低维特征更适合用于构建认知指标低维特征可表征简单的变量，如仅用均值和方差即可表示高斯变量的所有统计信息，然而不同的时间序列也可能存在同样的均值和方差；高维特征的构建涉及多个量测数据，包含更多的统计信息（从信息量的角度考虑，高维特征包含低维特征），且对原始数据丢失、异常等瑕疵有较强的鲁棒性；更重要的是，原始数据及其对象本身就是高维的，高维特征在构建过程中可考虑噪声空间（不确定性、数据质量、干扰、误差等）与信号空间（对象属性）的高维统计规律（如时空联合相关性，仅体现在高维空间中），并可依此分离两者从而提高所建特征对信号的表征能力，故高维特征的统计性质往往更加稳定（收敛性好、方差小）。

5.3 数据挖掘框架和工具

5.3.1 深度学习

神经网络自 20 世纪 50 年代被提出后开始迅速发展起来，然而，传统的神经网络仍存在一些局限：① 随着层数的增加，深度神经网络的参数会大幅增加，要求在训练时需要有很大的标签数据，且模型训练的时间过长；② 神经网络随着层数的增加，梯度下降容易陷入局部最优解，很难找到误差范围内的最优解。在反向传播的过程中也会发生梯度饱和的情况，导致模型结果精度很低。2006 年，Hinton 提出了深度信念网络[12]，解决了传统神经网络存在的一些问题，大大推动了深度学习技术的发展。自此，受限玻尔兹曼机、深度信念网络、堆栈式自编码器、卷积神经网络、循环神经网络等深度学习模型被相继提出，深度学习技术蓬勃发展。本节将介绍深度神经网络中的长短期记忆网络[13,14]的网络结构与计算原理。

5.3.1.1 长短期记忆网络

长短期记忆（long short-term memory, LSTM）网络是循环神经网络（recurrent neural network, RNN）中的一种典型结构，它将序列隐含层神经元相互连接，形成一个序列的反馈，可以充分利用历史信息，在动态时序数据分析中表现出良好的适应性。LSTM 在语音识别、文本预测、机器翻译等众多序列识别预测场景中具有广泛应用。与传统 RNN 相比，LSTM 将记忆参数限制于[0, 1]区间内，从而有效防止较远时刻的记忆对输出产生指数爆炸的影响；LSTM 独特的记忆单元的设计又使得梯度在沿时间步反向传播的过程中，在梯度传播到被激活的遗忘门之前，可以经过较长的时间步而不消失，从而有效解决了 RNN 无法处理的梯度消亡问题，可以学习到较长时间段内的相关性特征。由于负荷在一定时间尺度内呈现较为明显的周期性规律，在预测时应当充分考虑其时序相关性，因此，具有记忆功能的 LSTM 模型能够有效学习负荷序列及相关影响因素的数据组成的历史信息中的规律性，该模型近年来在负荷预测领域得到了广泛应用。

LSTM 单元的基本结构如图 5-2 所示。图中：$\boldsymbol{x}_t$ 和h_t 分别为t 时刻的输入向量和隐含层状态量，i，f，c，o 分别为对应的输入门、遗忘门、备选更新门和输出门，$\boldsymbol{W}$，$\boldsymbol{U}$ 和$\boldsymbol{b}$ 分别为对应门的权重系数矩阵和偏置向量，也可取$\boldsymbol{W}=\boldsymbol{U}$，门的激活函数$\sigma$ 和 tanh 分别为 sigmoid 激活函数和双曲正切激活函数，即$\sigma(x)=\dfrac{1}{1+\mathrm{e}^{-x}}$ 和$\tanh(x)=\dfrac{1-\mathrm{e}^{-2x}}{1+\mathrm{e}^{-2x}}$，两种激活函数使得函数值可以分别在$(-1,1)$和$(0,1)$区间内充分光滑。综上，LSTM 基本单元的计算公式可表示为

$$f_t=\sigma(\boldsymbol{W}_f\boldsymbol{x}_t+\boldsymbol{U}_f h_{t-1}+b_f) \tag{5-8}$$

$$i_t=\sigma(\boldsymbol{W}_i\boldsymbol{x}_t+\boldsymbol{U}_i h_{t-1}+b_i) \tag{5-9}$$

$$o_t=\sigma(\boldsymbol{W}_o\boldsymbol{x}_t+\boldsymbol{U}_o h_{t-1}+b_o) \tag{5-10}$$

$$\hat{c}_t=\tanh(\boldsymbol{W}_c\boldsymbol{x}_t+\boldsymbol{U}_c h_{t-1}+b_c) \tag{5-11}$$

$$c_t=f_t\odot c_{t-1}+i_t\odot \hat{c}_t \tag{5-12}$$

$$h_t=o_t\odot\tanh(c_t) \tag{5-13}$$

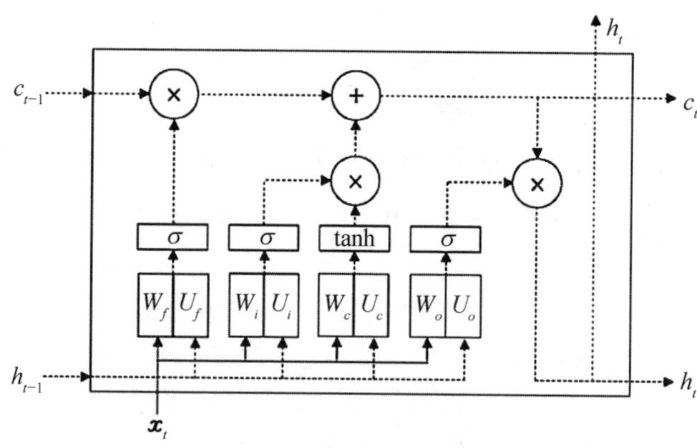

图 5-2　LSTM 单元基本结构

将 LSTM 基本单元串接可得到单层 LSTM，再将 LSTM 层与层间堆栈可建立深度 LSTM 网络。深度 LSTM 网络的构建流程如算法 1 所示。

算法 1：深度 LSTM 模型构建

输入：输入向量 $\boldsymbol{x}$
输出：输出向量 $\boldsymbol{y}$
参数设置：LSTM 隐含层数 d，输入序列长度 L，连接权值 $\boldsymbol{W}$ 及阈值 $\boldsymbol{b}$
for $t=1, \cdots, L$ do
for $k=1, \cdots, d$ do
if $k \neq 1$ then
$x_{k,t} \leftarrow h_{k-1,t-1}$
end if
$f_t = \sigma(\boldsymbol{W}_{k,f}[x_{k,t}; h_{k,t-1}] + b_{k,f})$
$i_t = \sigma(\boldsymbol{W}_{k,i}[x_{k,t}; h_{k,t-1}] + b_{k,i})$
$o_t = \sigma(\boldsymbol{W}_{k,o}[x_{k,t}; h_{k,t-1}] + b_{k,o})$
$\hat{c}_t = \tanh(\boldsymbol{W}_{k,c}[x_{k,t}; h_{k,t-1}] + b_{k,c})$
$c_t = f_t \odot c_{t-1} + i_t \odot \hat{c}_t$
$h_t = o_t \odot \tanh(c_t)$
end for

深度 LSTM 网络的训练过程可以视作一个有监督的特征学习过程，根据一定的网络结构设计可将原始数据投影到高维空间，由于深度 LSTM 网络具有记忆单元，通过 LSTM 独特的门结构进行判断，从而决定输入数据的各个时间步之间的相关关系是否需要被存储，因此负荷数据结构信息将被编码在 LSTM 网络参数中。并且，在网络进行有监督训练的过程中，隐含层提取时间序列中的高维结构信息，并在最后一个 LSTM 单元隐含层中输出预测值或提炼为与被预测时刻负荷具有线性回归关系的多变量，进而将具有强非线性特征的问题简化为线性回归问题，即在高维空间中找到一个超平面，使得数据落在该超平面上。

5.3.1.2 深度置信网络

深度置信网络(deep belief network, DBN)是 Hinton 等人首次提出的一种深度学习算法，其由一系列受限玻尔兹曼机(RBM)堆叠组成，可以实现高维、大规模数据的高效学习，常被用于协同过滤、图像及语音特征提取、时间序列预测等方面，近年来引起了电力领域的广泛关注。通过 DBN 的特征提取特性可以有效解决电力系统中存在的复杂、高维度、非线性的难题，从而提高模型预测精度与可靠性。本节将从 RBM 和 DBN 的原理、预测模型的构建与处理等方面展开论述。

1) RBM 网络结构

受限玻尔兹曼机(restricted Boltzmann machine, RBM)是深度置信网络的基本组成单元，它是一个对称连接而无自反馈的随机神经网络模型，其模型结构如图 5-3 所示[15]。RBM 由可见层 V 和隐含层 H 两层网络结构组成，层内无连接，

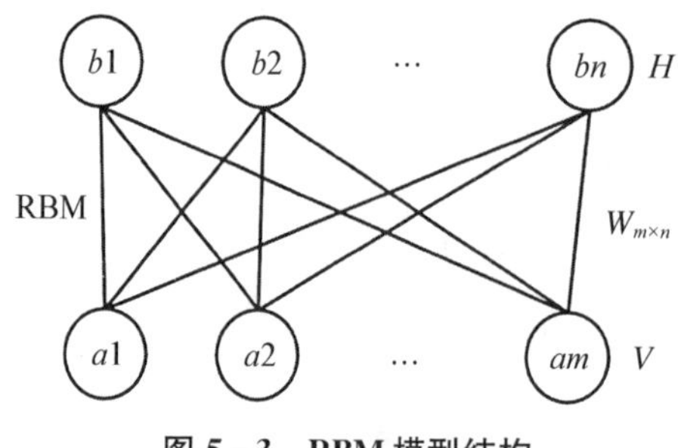

图 5-3　RBM 模型结构

两层间全连接，连接权重为 W。RBM 网络神经元可以服从高斯分布、泊松分布、指数分布等，为了简化推导，假设所有神经元只有激活和未激活两种状态，即服从 0-1 分布。

对于一个有 m 个可见层神经元、n 个隐含层神经元组成的 RBM，设 v_i、h_j 分别为可见层神经元 i 和隐层神经元 j 的状态，对应偏置值分别为 a_i、b_j，两个神经元之间的连接权重为 W_{ij}。当给定状态 (v, h) 时，RBM 系统具备的能量为

$$E(v, h \mid \theta) = -\sum_{i=1}^{m} a_i v_i - \sum_{j=1}^{n} b_j h_j - \sum_{i=1}^{m} \sum_{j=1}^{n} v_i W_{ij} h_j \qquad (5-14)$$

式中，$\theta = \{W_{ij}, a_i, b_j\}$ 为 RBM 参数。对于确定的参数，根据能量函数可推导 (v, h) 的联合概率分布，即

$$\begin{cases} P(v, h \mid \theta) = \dfrac{e^{-E(v, h \mid \theta)}}{Z(\theta)} \\ Z(\theta) = \sum\limits_{v, h} e^{-E(v, h \mid \theta)} \end{cases} \qquad (5-15)$$

式中，$Z(\theta)$ 为配分函数，用作归一化因子。$Z(\theta)$ 难以有效计算，故一般采用 Gibbs 采样法等近似计算。

求上述联合概率分布 $P(v, h \mid \theta)$ 的边际分布，可以得到 RBM 关于观测数据 v 的分布，即似然函数 $P(v \mid \theta)$，为

$$P(v \mid \theta) = \frac{\sum\limits_{h} e^{-E(v, h \mid \theta)}}{Z(\theta)} \qquad (5-16)$$

由 RBM 层内无连接、层间全连接的属性，RBM 呈对称结构，故式(5-16)中似然函数 $P(h \mid \theta)$ 满足相同分布。当给定可见层状态时，隐含层单元的激活状态条件独立，其中，隐含层神经元 j 的激活概率如式(5-17)所示。由对称性可知，给定隐含层状态时，可见层神经元的激活概率满足相同分布，如式(5-18)所示。

$$P(h_j \mid v, \theta) = \sigma(b_j + \sum_{i} v_i W_{ij}) \qquad (5-17)$$

$$P(v_i \mid h, \theta) = \sigma(a_j + \sum_{j} h_j W_{ij}) \qquad (5-18)$$

式中，$\sigma(x)=\dfrac{1}{1+\exp(-x)}$ 为 sigmoid 激活函数。

2) RBM 训练过程

RBM 训练的本质是求解马尔可夫最大似然估计问题，即学习目标是求解参数 θ 使得训练集(样本数量为 T) 上的对数似然函数最大，即

$$\theta^{*}=\arg\max_{\theta} L(\theta)=\arg\max_{\theta}\sum_{t=1}^{T}\ln P(v^{(t)}\mid\theta) \tag{5-19}$$

为获取最优参数 θ^{*}，令对数似然函数 $L(\theta)$ 对 θ 求偏导数，则

$$\begin{aligned}
\frac{\partial L}{\partial\theta}&=\sum_{t=1}^{T}\frac{\partial}{\partial\theta}\ln P(v^{(t)}\mid\theta)\\
&=\sum_{t=1}^{T}\frac{\partial}{\partial\theta}\ln\sum_{h}P(v^{(t)},h\mid\theta)\\
&=\sum_{t=1}^{T}\frac{\partial}{\partial\theta}\ln\frac{\sum_{h}\exp[-E(v^{(t)},h\mid\theta)]}{\sum_{v}\sum_{h}\exp[-E(v,h\mid\theta)]}\\
&=\sum_{t=1}^{T}\Bigg(\sum_{h}\frac{\exp[-E(v^{(t)},h\mid\theta)]}{\sum_{h}\exp[-E(v^{(t)},h\mid\theta)]}\times\frac{\partial(-E(v^{(t)},h\mid\theta))}{\partial\theta}\\
&\qquad-\sum_{h}\sum_{v}\frac{\exp[-E(v,h\mid\theta)]}{\sum_{h}\sum_{v}\exp[-E(v,h\mid\theta)]}\times\frac{\partial(-E(v,h\mid\theta))}{\partial\theta}\Bigg)\\
&=\sum_{t=1}^{T}\left(\left\langle\frac{\partial(-E(v^{(t)},h\mid\theta))}{\partial\theta}\right\rangle_{P(h\mid v^{(t)},\theta)}-\left\langle\frac{\partial(-E(v,h\mid\theta))}{\partial\theta}\right\rangle_{P(v,h\mid\theta)}\right)
\end{aligned} \tag{5-20}$$

式中，$\langle\cdot\rangle_P$ 为关于分布 P 的数学期望。$P(h\mid v^{(t)},\theta)$ 为可见层固定为已知训练样本 $v^{(t)}$ 时隐含层的条件概率分布，$P(v,h\mid\theta)$ 为可见层和隐含层单元的联合概率分布。显然，条件概率项较容易获取，而联合概率项由于 $Z(\theta)$ 的存在而难以计算，通常可采用 Gibbs 采样等方法获取。Hinton 曾提出一种对比散度(contrastive divergence, CD)算法的快速学习方法，它克服了 Gibbs 采样步数大、训练效率低的缺点，仅需几步采样便可达到近似要求，甚至仅一步迭代就能取得良好效果。

采用 CD 算法训练 RBM 网络时，以梯度上升法更新各参数，其计算准则为

$$\begin{cases}\Delta w_{ij}=\varepsilon(\langle v_i h_j\rangle_{\text{data}}-\langle v_i h_j\rangle_{\text{recon}})\\ \Delta a_i=\varepsilon(\langle v_i\rangle_{\text{data}}-\langle v_i\rangle_{\text{recon}})\\ \Delta b_j=\varepsilon(\langle h_j\rangle_{\text{data}}-\langle h_j\rangle_{\text{recon}})\end{cases} \tag{5-21}$$

式中，ε 为学习率，$\langle\cdot\rangle_{data}$ 为原始观测数据概率分布，$\langle\cdot\rangle_{recon}$ 为重构后模型新定义的分布，对比式(5-20)，相当于以 data 替换 $P(h \mid v^{(t)}, \theta)$，以 recon 替换 $P(v, h \mid \theta)$。

CD 算法的训练过程可以总结为如图 5-4 所示流程图，它先将可见层视为一个训练样本，计算隐含层神经元状态，再通过隐含层神经元重构可见层神经元的状态，由重建后的可见层神经元状态再次计算出新的隐含层神经元状态。

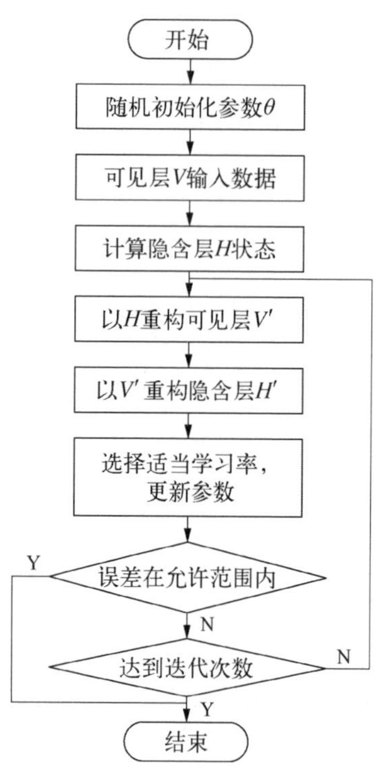

图 5-4　对比散度算法流程图

3) DBN 网络结构

DBN 网络由多层 RBM 网络堆叠而成，是一种无监督学习的神经网络模型。当应用于可再生能源发电预测这种有监督学习模型时，常见的一种实现方式是与一个顶层输出单元串接，本节采用全连接层作为顶层输出单元，采用双输出神经网络直接输出发电功率区间预测的上下界，网络的基本结构如图 5-5 所示。图中，V1 层为 RBM1 网络的可见层，接收输入样本数据，此后堆叠的 RBM 中，下一级 RBM 网络将上级网络的隐含层作为可见层，实现网络的多层嵌套。最后一层 RBM 网络将隐含层神经元输出作为 BP 神经网络的输入向量，经过单层神经网络后得到发电功率区间预测的上下界。通过多层堆叠的 RBM 系统，利用 DBN 模型可以有效实现多维特征提取。

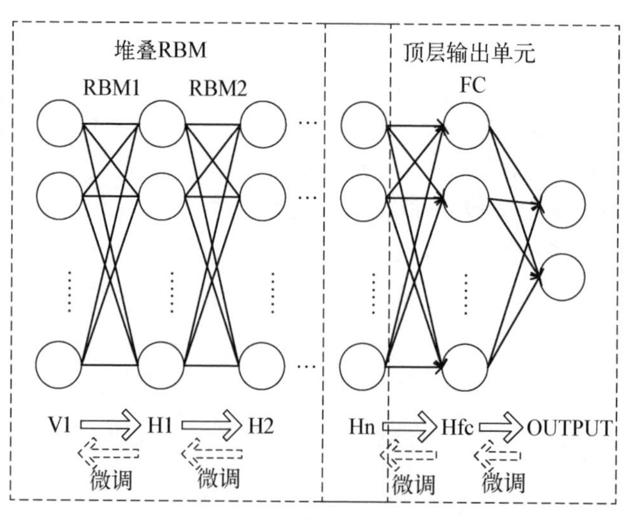

图 5-5　DBN 网络基本结构

4) DBN 训练过程

对于上文建立的发电功率区间预测模型,合理选取网络权值与阈值,可以得到预测的最优区间。DBN 网络的训练过程由预训练(pre-training)和反向微调(fine-tune)两个阶段组成。预训练过程为自底而上的无监督学习,从第一层 RBM 依次训练至最后一层 RBM。同时,通过反向微调进一步优化网络性能,反向微调步骤为自上而下的有监督学习过程。首先,输入样本数据后逐层正向传递得到输出值,每层传递过程如式(5-22)所示;其次计算输出层误差,如式(5-23)所示;再将误差函数反向传递,并通过梯度下降法对参数进行微调,微调规则如式(5-24)所示。

$$y_k = f(e) = f\left(\sum_{j=1}^{n} W_{jk} x_j + b\right) \tag{5-22}$$

式中,$f(\cdot)$ 为传递函数,这里取作 sigmoid 函数。W_{jk} 为连接上一层第 j 个神经元和下一层第 k 个神经元的权值,上一层第 j 个神经元的输出为 x_j,神经元个数为 n,阈值为 b。利用加权运算与传递函数,输入数据逐层传递,最终得到输出。RBM 与 BP 神经网络正向传递时均满足该式。

$$E = 1/2 \sum_{j} (d_j - y_j)^2 \tag{5-23}$$

式中,d_j、y_j 分别为第 j 个神经元的实际输出与期望输出。

$$\Delta W_{ijk} = -\varepsilon \frac{\partial E}{\partial W_{ijk}} = \varepsilon \frac{\mathrm{d} f_{ik}(e)}{\mathrm{d}e} \delta_{ik} x_{ij} \tag{5-24}$$

式中,W_{ijk} 为连接第 i 层第 j 个神经元与 $i+1$ 层第 k 个神经元之间的权值,ε 为学习率,x_{ij} 为第 i 层第 j 个神经元的输出,$f_{ik}(e)$ 表示 $i+1$ 层第 k 个神经元的传递函数,δ_{ik} 表示 $i+1$ 层第 k 个神经元反向传递得到的误差,满足

$$\delta_{ik} = \begin{cases} d_k - y_k & i+1=M \\ (d_k - y_k) \sum_{h=1}^{n_{i+2}} \delta_{(i+1)h} W_{(i+1)kh} & i+1<M \end{cases} \tag{5-25}$$

式中,M 为网络层数,n_{i+2} 为第 $i+2$ 层的神经元个数。

综上,DBN 网络的训练流程如图 5-6 所示。

5.3.2 随机矩阵理论

5.3.2.1 随机矩阵分析的数学起源

随机矩阵分析是一种大数据的高维统计分析方法。现代统计学的奠基人是 Karl Pearson[16] 和 Ronald Aylmer Fisher[17],两者分别提出了卡方检测和最大似

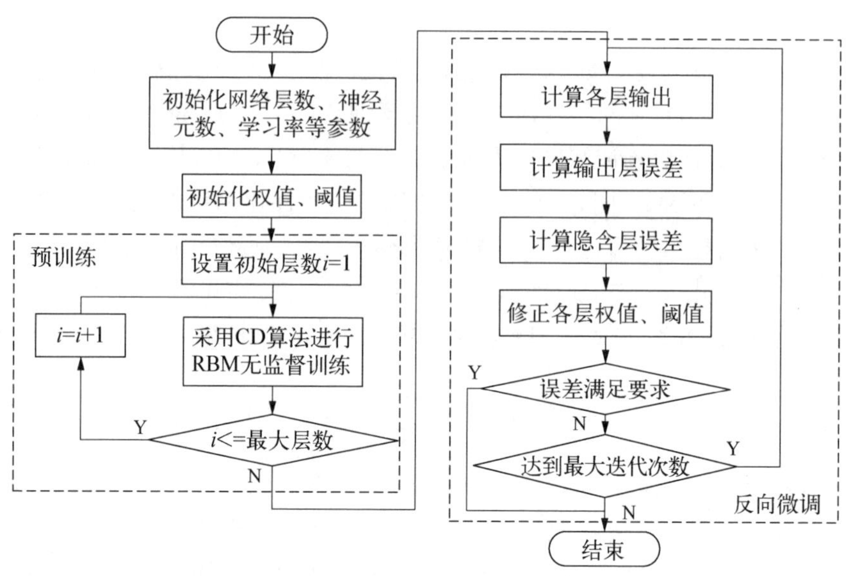

图 5-6　DBN 网络训练流程图

然估计，奠定了经典统计学基础，同时将统计这门经验方法上升为科学。经典统计学适用于低维样本(一般为 6 维以下)的统计特性分析，但如今，很多问题的规模远远超出了这个维度，例如：

(1) 通过观测原子核内部多个粒子的复杂相互作用，分析原子核所处的激发状态；

(2) 通过统计 102 个对象体内的 6 033 102 条基因分析某种病的病理[18]；

(3) 利用 3 000 个 PMU 的实时观测数据来认知电网等。

随机矩阵理论为解决上述高维度空间的统计问题提供了数学支撑。而另一方面，Eugene Paul Wigner 提出的对称矩阵谱分布理论[19]，Vladimir Marchenko 和 Leonid Pastur 提出的 Marchenko-Pastur 定律(M-P Law)[10]，以及 Kolmogorov 所做的关于渐近性的一系列工作[16]则为随机矩阵理论的发展奠定了基础。

5.3.2.2　实际电网的随机矩阵建模

电网系统的量测数据可以看成是在一张抽象随机图上的时空采样，系统、设备本身的不确定性以及采样时空断面选取的不确定性共同构成了量测数据的随机性。在实际工程中，量测数据往往并不满足独立同分布(IID)；然而，通过处理多种仿真[1]/真实[20]的系统/设备的数据，发现其结果均能够满足圆环定律(Ring Law)和 M-P 定律，其理论支撑正是大数据普适法则。

因此，可以将电网采样数据建立成随机矩阵模型，而随机矩阵模型的分析基础为非渐近概率不等式(nonasymptoic probabilistic inequalities)。这意味着得到某个参数的极限分布并不是最终目的，最终目的是在高维空间上准确捕捉多个相关变量的相关性[6]。这种基于非渐近概率不等式的分析模式非常适用于实际电网——对于一个互联大型系统,多个参数之间往往异源且难以找到某种机理模型或规律来精准描述。而纯数据驱动的随机矩阵建模则提供了一种有力的分析途径,可提供一批定量的统计指标来描述电网,为电网分析提供依据,甚至可为机理的反推提供一定线索和支撑。

5.3.2.3 电力系统的随机矩阵分析基本步骤

随机矩阵分析在电力系统中的实现流程可分为随机矩阵建模和随机矩阵分析两部分,分别在本书第六章第三节和本章第四节进行了介绍。根据大数据的定义,电力系统是一个典型的大数据系统——假设系统中有 n 个维度的量测数据,且进行了 t 次观测,即得

$$\hat{x}_1,\ \hat{x}_2,\ \cdots,\ \hat{x}_t,\ \text{其中},\ \hat{x}_j \in \mathbb{C}^{n\times 1},\ j=1,\ 2,\ \cdots,\ t \tag{5-26}$$

上述数据的维度为 $n\times t$, $\hat{x}_1$, $\hat{x}_2$, $\cdots$, $\hat{x}_t$ 为数据源,记为 $\boldsymbol{\Omega}$。

$\boldsymbol{\Omega}$ 是一个高维空间量而非无穷空间量,在实际系统中,其维数 n 往往是几十到上百万不等,而时间尺度 t 则可自由控制。这是一种独特的数据架构,需探究相应的高维统计分析理论、工具和框架。经典统计学只适用于两类 $X\in\mathbb{R}^{N\times T}$ 形式的数据架构,即 N, T 足够小或 N 足够小而 T 无穷,而对 Ω 类特殊架构无能为力,这直接从源头上限制了海量数据资源的充分利用[21]。而更值得注意的是,在数据源 $\boldsymbol{\Omega}$ 中,往往需要根据实际问题选择一定的时空断面数据,比如在空间上从 n 中选择 N, 在时间上从 t 中选择 T。这样,就得到一个具体的数据断面 $\hat{X}\in\mathbb{C}^{N\times T}$。从统计角度说,$\hat{X}$ 的随机性也体现在系统时空断面数据本身的不确定性上,即 $\hat{X}$ 可理解为真实系统的一次蒙特卡罗观测,该过程如图 5-7 所示,此处,有如下两点需要特别强调:

(1) 动态分析模式。采用移动窗口法对系统进行动态分析,特别是如果把窗口右边设置为当前时刻($\boldsymbol{A}_{\text{Time}}(\text{end})=t_0$),即成为实时分析。

(2) 分块分析模式。这种模式主要考虑电网的空间特性。随机矩阵框架支持维度的任意选择,即可以仅选择一些特殊的或感兴趣的维度甚至是空间上断裂的数据。用这种方式可以将互联的各子电网从数据层面自然解耦。

这两种模式都可以得到初始数据断面 $\hat{X}$; 下一步将 $\hat{X}$ 按照过程(3-9)逐行处理得到 $\tilde{X}$。这样,就可以建立系统任意指定时空断面的随机矩阵模型并对其进行分析。

5.3.3 信息熵理论

信息熵(information entropy)理论是一种非线性的评估方法,具有很强的抗噪能力,并且该方法比普通的线性谱估计具有更高的分辨能力,主要应用在医疗器

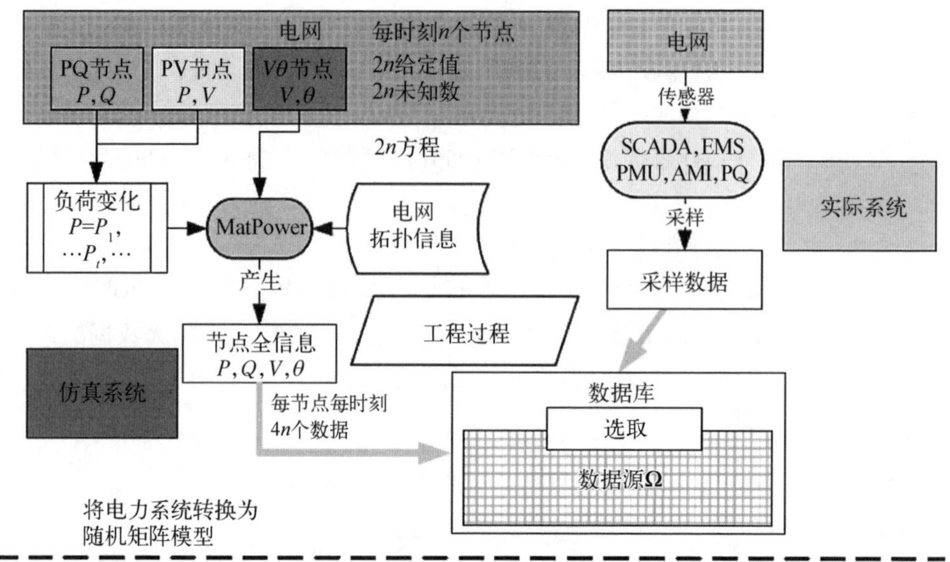

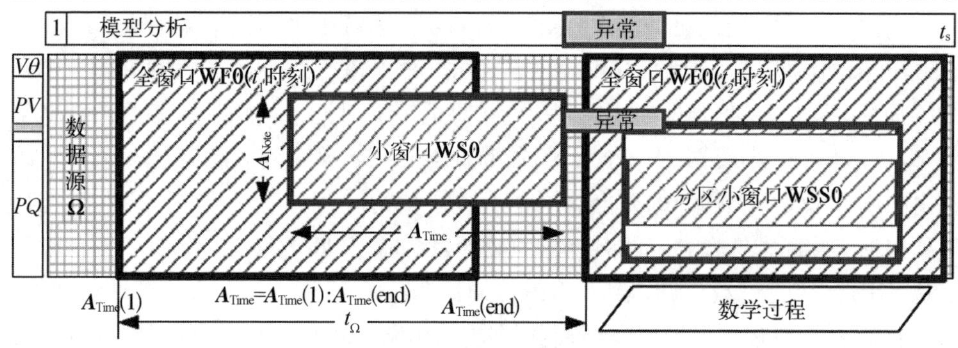

图 5-7　电网大数据应用框架设计

械、机械设备的状态识别，以及信息通信等领域，如传统的信号系统分析和图像信息处理。信息熵理论是特征值提取的重要手段，可以在噪声干扰的背景下，对重要信号进行提取。近年来，该方法在电力系统状态评估等领域中也有了一些应用。

在电力系统的诊断与评估中，主要利用信息熵描述不确定性指标的能力。所谓不确定性指标，即系统信息量的变化，而一个系统任何方面的变化都会带来信息熵的增减。信息熵理论是一种度量的方法，能够对不确定性变化进行量化处理。设备的实际状态，系统的复杂程度、评估与诊断的难易程度等，都可以用信息熵来度量。本小节主要对信息熵理论进行简单介绍。

熵是紊乱程度的一个度量单位，它的概念从热力统计学中得出。热力学中的熵与信息熵表达的是不同的内容，在定义上有本质的区别。熵在信息论中旨在对信源不确定性进行描述，用熵函数对系统状态的变化程度进行量化。Shannon 把自信息的数学期望定义为信息熵，也就是信源的平均自信息量：

$$H(X)=\mathbb{E}\left[I(x_i)\right]=\mathbb{E}\left[-\log_a P(x_i)\right]=-\sum_{i=1}^{n}P_i\ln P_i \tag{5-27}$$

其中，$P(x_i)$ 是事件 x_i 发生的概率。

熵值的计算单位由公式(5－27)中对数的底来决定的，底数为 2 时，熵值的单位是 bit；底数为 e 时，熵值的单位是 nat；底数是 10 时，熵值的单位是 hart；一般情况下取底数为 2。熵值的物理意义可以解释为反映信源系统统计特性的变化程度，对系统整体平均不确定性的度量。事件发生概率的不同，使得事件本身的不确定度也不同，从信息熵的定义出发，可以表征为每个事件所具有的信息熵不同。熵值并不是由 x 的实际取值确定，是由其概率分布决定的，熵的大小也反映出平均信息量的大小。同时，熵值可用于描述事件未知度，即当某信息必然发生时，概率为 1，其熵为 0，表明事件很确定，不确定度为 0[22]。

5.3.3.1 信息熵的代数性质

1) 条件熵定义

设有离散型随机变量 $X=\{x_1, x_2, \cdots, x_n\}$ 和 $Y=\{y_1, y_2, \cdots, y_m\}$，$Y$ 对 X 的条件概率为 $p(y \mid x)$，则以变量 X 为条件时变量 Y 的条件熵可表示为

$$H(Y \mid X)=\sum_{x\in X}p(x)H(Y \mid X=x)=-\sum_{j=1}^{m}\sum_{i=1}^{n}p(y_j \mid x_i)\log_a p(y_j \mid x_i) \tag{5-28}$$

上式反映出两种变量的参与下，信息之间会存在冗余，这会造成熵与条件熵的差异。

2) 互信息定义

互信息(mutual information, MI)[23]表示了两个随机变量共同包含的信息量，可用于衡量两个变量的关联程度。设有离散型随机变量 $X=\{x_1, x_2, \cdots, x_n\}$ 和 $Y=\{y_1, y_2, \cdots, y_m\}$，其中 x_i 和 y_j 的先验概率分别为 $p(x_i)$ 和 $p(y_j)$，X 的信息熵 $H(X)$ 可以表示为式(5－29)，$H(X)$ 的值越大则 X 的不确定性越大，所需信息量越大；X 和 Y 的联合信息熵可表示为式(5－30)，联合概率密度函数为 $p(xy)$；以变量 X 为条件时变量 Y 的条件熵可表示为式(5－31)，Y 对 X 的条件概率为 $p(y \mid x)$。

$$H(X)=-\sum_{i=1}^{n}p(x_i)\lg p(x_i) \tag{5-29}$$

$$H(X, Y)=-\sum_{i=1}^{n}\sum_{j=1}^{m}p(x_iy_j)\lg p(x_iy_j) \tag{5-30}$$

$$H(Y \mid X)=-\sum_{j=1}^{m}\sum_{i=1}^{n}p(y_j \mid x_i)\lg p(y_j \mid x_i) \tag{5-31}$$

变量之间的联合熵可由条件熵推导而得

$$H(X,Y)=H(X)+H(X\mid Y)=H(Y)+H(Y\mid X) \tag{5-32}$$

变量 X 和变量 Y 的互信息 $I(X;Y)$ 可通过熵、联合熵和条件熵表示为式(5-33)，也可转化为由边缘概率密度函数 $p(x)$、$p(y)$ 和联合概率密度函数 $p(xy)$ 组成的表达式。互信息关系可以直观地表示为图 5-8 所示形式。

$$\begin{aligned} I(X;Y)&=H(X)-H(X\mid Y)=H(X)+H(Y)-H(X,Y) \\ &=\sum_{x\in X}\sum_{y\in Y}p(xy)\lg\frac{p(xy)}{p(x)p(y)} \end{aligned} \tag{5-33}$$

为了降低多值变量计算的偏差，将互信息计算结果控制在[0，1]区间内，本节将互信息标准化，得到标准化互信息 $NI(X;Y)$：

$$NI(X;Y)=I(X,Y)/\sqrt{H(X)\times H(Y)} \tag{5-34}$$

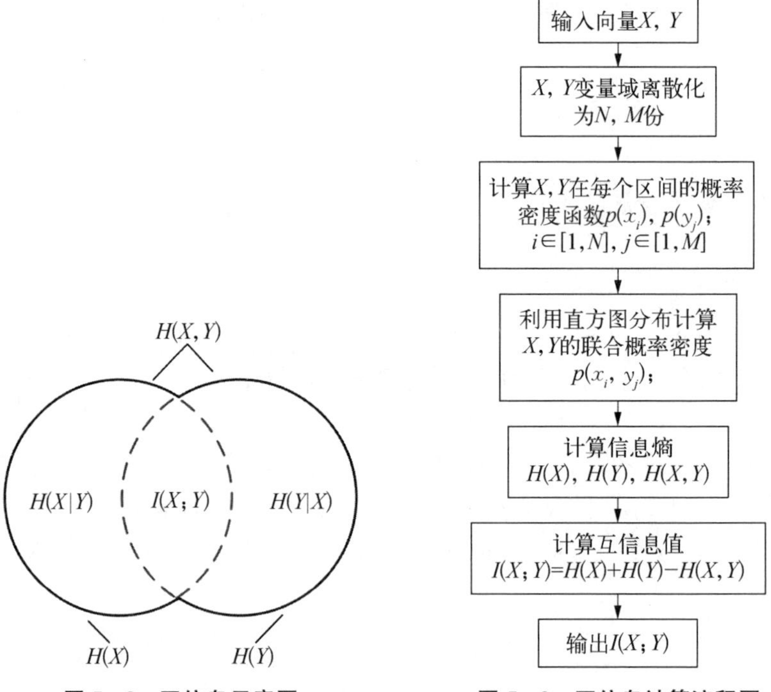

图 5-8　互信息示意图　　**图 5-9　互信息计算流程图**

互信息计算的程序流程如图 5-9 所示。

3) 信息熵的基本性质

信息熵能够对系统的不确定性进行量化，同时它也可以对一些实时变化的系统进行度量，如电气设备的检修策略的选取，故障诊断的复杂程度等。

$H(X)$ 函数具有以下性质。

(1) 对称性：$H_n(p_1, p_2, \cdots, p_n)=H_n(p_k(1), p_k(2), \cdots, p_k(n))$

(2) 有界性：$0 \leqslant H(X) \leqslant \ln n$

(3) 肯定性：$H_2(1, 0)=H_2(0, 1)=0$

(4) 递推性：

$$
\begin{aligned}
H_n(p_1, p_2, \cdots, p_n)= & H_{n-1}(p_1+p_2, p_3, \cdots, p_n) \\
& +(p_1+p_2) H_2\left(\frac{p_1}{p_1+p_2}, \frac{p_2}{p_1+p_2}\right)
\end{aligned}
$$

(5) 展开性：

$$
\begin{aligned}
H_n(p_1, p_2, \cdots, p_n) & =H_n(0, p_1, p_2, \cdots, p_n) \\
& =H_{n+1}(p_1, p_2, \cdots, p_k, 0, p_{k+1}, \cdots, p_n) \\
& =H_{n+1}(p_1, p_2, \cdots, p_n, 0)
\end{aligned}
$$

(6) 可加性：

$$
\begin{aligned}
& H_{n+m}(p_1 q_1, p_1 q_2, \cdots, p_1 q_m, p_2 q_1, p_2 q_2, \cdots, \\
& p_2 q_m, \cdots, p_n q_1, p_n q_2, \cdots, p_n q_m) \\
= & H_n(p_1, p_2, \cdots, p_n)+H_m(q_1, q_2, \cdots, q_m)
\end{aligned}
$$

(7) 强可加性：

$$
\begin{aligned}
& H_{n+m}(p_1 q_{11}, p_1 q_{21}, \cdots, p_1 q_{m1}, p_2 q_{12}, p_2 q_{22}, \cdots, \\
& p_2 q_{m2}, \cdots, p_n q_{1n}, p_n q_{2n}, \cdots, p_n q_{mn}) \\
= & H_n(p_1, p_2, \cdots, p_n)+\sum_{i=1}^n q_i H_m(q_{1i}, q_{2i}, \cdots, q_{mi})
\end{aligned}
$$

式中，$q_{1i}, q_{2i}, \cdots, q_{mi}$ 是 m 维的概率向量。

5.4 基于随机矩阵的时空大数据分析

5.4.1 高维统计信息-矩阵指标

对于电力系统这个复杂大型系统，可采用高维统计指标通过概率语言来描述。线性特征值统计量(linear eigenvalue statistic, LES)是一种重要的统计指标，是后文随机矩阵态势感知分析的基础。与经典指标相比，LES 统计指标具有一系列优势：

(1) 兼容多时空跨职能的数据，可以充分利用数据资源；

(2) 纯数学步骤，不限制于采样过程和机理模型，可通过拼接融合异源数据，通过分块自然解耦互联电网；

而经典指标具有如下劣势：由少量数据即可获得，未充分利用数据资源；往往基于简化、假设模型，易引入系统误差。

线性特征值统计量描述了随机矩阵的迹，即反映了一个随机矩阵的特征值分布情况。大数定律(law of large numbers)和中心极限定理(central limit theorem, CLT)表明，对于一个随机矩阵而言，矩阵的迹能够反映矩阵元素的统计特性，而矩阵的单个特征值由于具有随机性无法反映该特性，故可采用平均谱半径(mean spectral radius, MSR)作为关联性分析的指标。针对具体系统，可结合历史数据与专家经验等给出 MSR 的阈值，即当 MSR 不在阈值范围内时，系统将以一定概率失稳。

采用高维统计指标描述系统特性，这是基于随机矩阵的电力系统时空大数据分析的基础。

5.4.2 矩阵系综

对于电网数据的随机矩阵模型，可以将其建立成以下三种系综：高斯(Gaussian)系综、Wigner 系综和 Wishart 系综。

1) Gaussian 系综

若 $\boldsymbol{R}$ 为标准 Gaussian $N \times T$ 随机矩阵，则其元素 R_{ij} 独立同分布，且满足均值 $\mu = 0$，方差 $\sigma^2 = \dfrac{1}{N}$。

$\boldsymbol{R}$ 的概率密度分布(probability density function, PDF)为

$$\rho_{\mathrm{Gau}}(\boldsymbol{R}) = (\pi\sigma^2)^{-NT} \exp\left(-\frac{\mathrm{Tr}(\boldsymbol{R}\boldsymbol{R}^{\mathrm{H}})}{\sigma^2}\right) \tag{5-35}$$

其中，$Tr(\cdot)$ 为求迹算子。

Gaussian 标准矩阵是随机矩阵中的一类重要矩阵，具有很多非常重要的统计特性。此外，另两类特殊的随机矩阵也将被介绍来用于电力系统建模。

2) 高斯酉系综(Gaussian unitary ensemble, GUE)

若 $\boldsymbol{W} = \{\boldsymbol{w}_{ij}\}_{1 \leqslant i,\, j \leqslant T}$ 为 Wigner 矩阵(又称高斯酉矩阵)，则 $\boldsymbol{W}$ 满足：

(1) 元素 w_{ij} 是独立同分布的高斯变量。

(2) 元素的实部分量 $\mathrm{Re}(w_{ij})$ 和虚部分量 $\mathrm{Im}(w_{ij})$ 均独立同分布，且服从 $N\left(0, \dfrac{1}{2}\sigma^2\right)$ 分布。

(3) 对于任意 i，j，$\boldsymbol{w}_{ij} = \overline{\boldsymbol{w}}_{ji}$。

(4) 对角线元素 w_{ij} 为服从 $N(0, \sigma^2)$ 分布的实数变量。

按照上述定义,可以构建典型的 Wigner 矩阵 $\boldsymbol{W}=\frac{1}{2}(\boldsymbol{R}+\boldsymbol{R}^{\mathrm{H}})$,其中 $\boldsymbol{R}$ 满足 $N=T$。Wigner 矩阵的概率密度分布(PDF)为[8][24]

$$\rho_{\mathrm{GUE}}(\boldsymbol{W})=2^{-T/2}\,\pi^{-T^2/2}\exp\left(-\frac{\mathrm{Tr}\boldsymbol{W}^2}{2}\right) \tag{5-36}$$

3) 拉盖尔西系综(Laguerre unitary ensemble, LUE)

若 $\boldsymbol{S}=\{\boldsymbol{s}_{ij}\}_{1\leqslant i,\,j\leqslant T}$ 为 Wishart 矩阵(又称拉盖尔西矩阵),则 $\boldsymbol{S}$ 满足:

(1) 元素 s_{ij} 是独立同分布的高斯变量。

(2) $\mathbb{E}(s_{ij})=0$。

(3) $\mathbb{E}(s_{ij}^2)=\frac{1}{2}(1+\delta_{ij})$。

按照上述定义,可以构建典型的 Wishart 矩阵 $\boldsymbol{S}=\frac{1}{T}(\boldsymbol{R}\boldsymbol{R}^{\mathrm{H}})$,其中 $\boldsymbol{R}$ 满足 $N\leqslant T$。Wishart 矩阵的概率密度分布为[4,5,8]

$$\rho_{\mathrm{LUE}}(s)=\frac{\pi^{-N(N-1)/2}}{\det\sum\prod_{i=1}^{N}(T-i)!}\exp(-\mathrm{Tr}\{\boldsymbol{S}\})\det\boldsymbol{S}^{T-N} \tag{5-37}$$

LUE 可处理矩形数据,相比于 GUE 在实际工程应用中更为普适,一般要求 $N<T$。LUE 极为重要,它还有一些其他性质[8,25]。如对于 $N\times T$ 的 LUE 矩阵 $\boldsymbol{S}(N<T)$,

$$\begin{gathered}
\mathbb{E}[\mathrm{Tr}\{\boldsymbol{S}\}]=NT \\
\mathbb{E}[\mathrm{Tr}\{\boldsymbol{S}^2\}]=NT(N+T) \\
\mathbb{E}[\mathrm{Tr}^2\{\boldsymbol{S}\}]=NT(NT+1) \\
\mathbb{E}[\mathrm{Tr}\{\boldsymbol{S}^{-1}\}]=\frac{N}{T-N} \\
\mathbb{E}[\mathrm{Tr}\{\boldsymbol{S}^{-2}\}]=\frac{NT}{(T-N)^3-(T-N)} \\
\mathbb{E}[\mathrm{Tr}^2\{\boldsymbol{S}^{-1}\}]=\frac{N}{T-N}\left(\frac{T}{(T-N)^2-1}+\frac{N-1}{T-N+1}\right) \\
\mathbb{E}[\det\{\boldsymbol{S}^k\}]=\prod_{j=0}^{N-1}\frac{\Gamma(T-j+k)}{\Gamma(T-j)}
\end{gathered} \tag{5-38}$$

其中，$\Gamma(\cdot)$ 为 Gamma 函数：

$$\Gamma(x)=\int_0^{\infty} t^{x-1}\,\mathrm{e}^{-t}\,\mathrm{d}t \tag{5-39}$$

5.4.3 M-P定律和圆环定律

对于 GUE 和 LUE，有很多有意义的结论对其经验谱分布(empirical spectral distribution，ESD)进行描述。本节主要研究 GUE 和 LUE 的临界特征值概率密度 $\rho_{N\to\infty}(x)$ 的极限特征。

5.4.3.1 M-P 定律和圆环定律的定义

对于 $N\times N$ 维的 GUE 矩阵和 $N\times T$ 维的 LUE 矩阵，当 N，$T\to\infty$ 且 $c=\dfrac{N}{T}$ 时，$\rho_{N\to\infty}(x)$ 满足：

$$\lim_{N\to\infty}\rho_N(x)=\begin{cases}\dfrac{1}{2\pi}\sqrt{4-x^2}\,, & x\in[-2,\ 2]\,,\ \text{GUE}\\ \dfrac{1}{2\pi cx}\sqrt{(x-a)(x-b)}\,, & x\in[a,\ b]\,,\ \text{LUE}\end{cases} \tag{5-40}$$

式中，$a=(1-\sqrt{c})^2$，$b=(1+\sqrt{c})^2$。

第一个式子就是著名的 Wigner 矩阵的半圆定律(Semicircle Law)，而第二个式子则是 M-P 定律[5,24,26]。

另一个关于高斯随机矩阵的 ESD 的著名定理则是圆环定律(Ring Law)[27]。

考虑 L 个独立矩阵的累乘 $\boldsymbol{Z}=\prod_{i=1}^{L}\boldsymbol{X}_{u,\,i}$，其中 $\boldsymbol{X}_u\in\mathbb{C}^{N\times N}$ 为 $\widetilde{\boldsymbol{X}}$ 的奇异值等价矩阵[28]；$\widetilde{\boldsymbol{X}}$ 可由观测数据 $\hat{\boldsymbol{X}}\in\mathbb{C}^{N\times T}$ 直接得到。进一步，可将 $\boldsymbol{Z}$ 按照式(5-44)转换为 $\widetilde{\boldsymbol{Z}}$，则当 N，$T\to\infty$ 且 $c=\dfrac{N}{T}\in(0,\ 1]$ 时，$\widetilde{\boldsymbol{Z}}$ 的 ESD 几乎一定收敛于分布：

$$\rho_{\text{ring}}(\lambda)=\begin{cases}\dfrac{1}{\pi cL}\,|\lambda|^{\left(\frac{2}{L}-2\right)}\,, & (1-c)^{L/2}\leqslant|\lambda|\leqslant 1\\ 0, & \text{其余}\end{cases} \tag{5-41}$$

$$\tilde{\boldsymbol{x}}_i=\frac{\sigma(\tilde{\boldsymbol{x}}_i)}{\sigma(\hat{\boldsymbol{x}}_i)}(\hat{\boldsymbol{x}}_i-\mu(\hat{\boldsymbol{x}}_i))+\mu(\tilde{\boldsymbol{x}}_i),\ 1\leqslant i\leqslant N \tag{5-42}$$

式中，$\hat{\boldsymbol{x}}_i=(\hat{x}_{i,1},\ \hat{x}_{i,2},\ \cdots,\ \hat{x}_{i,T})$，$\mu(\tilde{\boldsymbol{x}}_i)=0$，$\sigma^2(\tilde{\boldsymbol{x}}_i)=1$。

$$\boldsymbol{X}_u=\sqrt{\widetilde{\boldsymbol{X}}\,\widetilde{\boldsymbol{X}}^{\mathrm{H}}}\,\boldsymbol{U} \tag{5-43}$$

式中，$\boldsymbol{U} \in \mathbb{C}^{N\times N}$ 是哈尔酉矩阵(Haar unitary matrix)；$\boldsymbol{X}_u \boldsymbol{X}_u^{\mathrm{H}} \equiv \widetilde{\boldsymbol{X}} \widetilde{\boldsymbol{X}}^{\mathrm{H}}$。

$$\tilde{\boldsymbol{z}}_i = \frac{\boldsymbol{z}_i}{\sqrt{N}\sigma(\boldsymbol{z}_i)},\ 1 \leqslant i \leqslant N \tag{5-44}$$

式中，$\boldsymbol{z}_i = (z_{i,1}, z_{i,2}, \cdots, z_{i,T})$，$\boldsymbol{Z} = \prod_{i=1}^{L} \boldsymbol{X}_{u,i}$。

5.4.3.2 圆环定律的分析过程

圆环定律执行分析步骤如下。

圆环定律分析步骤

---

1) 初始化参数：
(1) 确定数据源 $\boldsymbol{\Omega}$；
(2) 设置 $\boldsymbol{A}_{\text{Time0}}$ 和 $\boldsymbol{A}_{\text{Node0}}$，定位初始窗口 $\hat{\boldsymbol{X}}_0$；
(3) 设置 t_{end} 和 $k=0$ 确定移动窗口的走势。
2) 数据建模、分析：
(1) $\boldsymbol{A}_{\text{Time}} = \boldsymbol{A}_{\text{Time0}} + k$，锁定数据断片并建立其随机矩阵模型 $\hat{\boldsymbol{X}}$；
(2) 数据变换得到 $\widetilde{\boldsymbol{Z}}(\hat{\boldsymbol{X}} \rightarrow \widetilde{\boldsymbol{X}} \rightarrow \boldsymbol{X}_u \rightarrow \boldsymbol{Z} \rightarrow \widetilde{\boldsymbol{Z}})$；
(3) 计算特征值 $\lambda_{\widetilde{Z}}$ 并在复平面上绘制；
(4) 观测实验特征值的圆环分布并将其与理论分布作对比；
(5) 计算 $\tau_{\text{MSR}} = \sum_{i=1}^{N} |\lambda_{Z,i}|/N$ 作为统计指标；
(6) 对比 τ_{MSR} 与期望值 $\mathbb{E}(\tau_{\text{MSR}})$。
3) 动态演变过程：
(1) $k < t_{\text{end}} \Rightarrow k{+}{+}$；回到步骤 2)；
(2) $k \geqslant t_{\text{end}}$ 结束。
4) 可视化解读：
(1) 绘制 $\tau - t$ 曲线，可视化指标 τ；
(2) 给予工程解释。

5.4.3.3 M-P 定律的分析过程

M-P 定律的分析过程类似于圆环定律的分析过程，其差异步骤体现在数据建模、分析步骤上，M-P 定律执行分析步骤如下。

M-P 定律分析步骤

---

1) 初始化参数：
(1) 确定数据源 $\boldsymbol{\Omega}$；
(2) 设置 $\boldsymbol{A}_{\text{Time0}}$ 和 $\boldsymbol{A}_{\text{Node0}}$，定位初始窗口 $\hat{\boldsymbol{X}}_0$；
(3) 设置 t_{end} 和 $k=0$ 确定移动窗口的走势。

（续表）

M－P定律分析步骤
2）数据建模、分析： (1) $\boldsymbol{A}_{\text{Time}}=\boldsymbol{A}_{\text{Time0}}+k$，锁定数据断片并建立其随机矩阵模型 $\hat{\boldsymbol{X}}$； (2) 数据变换得到计算特征值 $\boldsymbol{M}\left(\boldsymbol{M}=\frac{1}{N}\widetilde{\boldsymbol{X}}\widetilde{\boldsymbol{X}}^{\text{H}}\right)$ (3) 计算特征值 $\lambda_{\boldsymbol{M}}$； (4) 观测实验特征值的谱分布并将其与理论分布作对比； (5) 计算 $\tau_{\text{MSR}}=\sum_{i=1}^{N}\varphi(\lambda_{\boldsymbol{M},i})$ 作为统计指标； (6) 对比 τ_{MSR} 与期望值 $\mathbb{E}(\tau_{\text{MSR}})$。 3）动态演变过程： (1) $k<t_{\text{end}}\Rightarrow k++$；回到步骤2)； (2) $k\geqslant t_{\text{end}}$ 结束。 4）可视化解读： (1) 绘制 $\tau-t$ 曲线，可视化指标 τ； (2) 给予工程解释。

5.4.4 随机矩阵理论的中心极限定理

在随机矩阵理论中，半圆定律和M－P定律可类比经典统计中的大数定律，而接下来将研究随机矩阵的线性特征值统计量的中心极限定理。

本小节将给出一些有关Wishart矩阵的结论。在LUE中，当 $s>3/2$ 时，可构造矩阵 $\boldsymbol{S}$ 的特征值 $\lambda(\boldsymbol{S})$ 的函数，在希尔伯特空间中选取检验函数

$$\|f\|_s^2=\int(1+2|\omega|)^{2s}|F(\omega)|^2\mathrm{d}\omega \tag{5-45}$$

式中，$F(\omega)$ 为傅里叶变换：

$$F(\omega)=\frac{1}{\sqrt{2\pi}}\int \mathrm{e}^{-j\omega t}f(t)\mathrm{d}t \tag{5-46}$$

注意：如果 f 是希尔伯特空间中的实函数，且 f 自身及其导数 f' 几乎处处连续有界，则 f 满足利普希茨连续条件(Lipschitz continuity)[29]。

假定 $\mathbb{E}[X_{ij}^4]=m_4$，$(1\leqslant i,j\leqslant N)$，且存在 $\varepsilon>0$ 使得 $\sup\limits_{N\geqslant 1}\sup\limits_{1\leqslant i,j\leqslant N}\mathbb{E}|X_{ij}|^{4+\varepsilon}<\infty$，$f$ 是希尔伯特空间中的实函数，且当 $s>3/2$ 时满足 $\|f\|_s<\infty$，则当 $N\rightarrow\infty$ 时，有

$$\sum_{i=1}^{N}f(\lambda_i(\boldsymbol{S}))-\mathbb{E}\sum_{i=1}^{N}f(\lambda_i(\boldsymbol{S}))\rightarrow N(0,v^2[f]) \tag{5-47}$$

其中，方差 $v^2[f]$ 为

$$v^2[f]=\frac{1}{2\pi^2}\int_0^4\int_0^4\left(\frac{f(x)-f(y)}{x-y}\right)^2\frac{(4-(x-2)(y-2))}{\sqrt{4-(x-2)^2}\sqrt{4-(y-2)^2}}\mathrm{d}x\,\mathrm{d}y+\frac{m_4-3}{4\pi^2}\left[\int_0^4\frac{x-2}{\sqrt{4-(x-2)^2}}\mathrm{d}x\right]^2 \tag{5-48}$$

给定足够光滑的检验函数 f，当 $N\to\infty$ 时，$\boldsymbol{S}$ 的统计量 $\sum_{i=1}^{N}f(\lambda_i(\boldsymbol{S}))$ 的方差 $v^2[f]$ 并不趋于无穷；反之，随着 N 的增大，在设计一些统计量时可以更有效的利用变量间随机性的相互削弱以提升其统计量的估量精度[30, 31]。

5.4.5 LES 及基于 LES 的假设检验

本节主要介绍线性特征值统计量(LES)的定义、表达式及其统计特性，给出 LES 的大数定律和中心极限定理，并对 LES 的检测函数进行介绍和分析，为系统认知指标体系奠定基础。

矩阵的线性特征值统计量是通过连续检验函数 φ: $\mathbb{R}\to\mathbb{C}$ 来定义的：

$$N[\varphi]=\sum_{i=1}^{N}\varphi(\lambda_i) \tag{5-49}$$

1) LES 的大数定理

大数定理是研究 LES 的第一步。始于 1958 年，文献[9]对 Wigner 系综矩阵的 LES 进行研究；随后在 1972 年，文献[30]通过引入 Stieltjes 变换，证明当向量 W 的分布服从最小条件数时(Lindeberg 类型条件[31])时，Wigner 系综矩阵的谱满足著名的半圆定律。大数定律表明 $N^{-1}N[\varphi]$ 依概率收敛于：

$$\lim_{N\to\infty}N^{-1}N[\varphi]=\int\varphi(\lambda)\rho(\lambda)\mathrm{d}\lambda \tag{5-50}$$

式中，$\rho(\lambda)$ 为矩阵特征值的概率密度函数。

2) LES 的中心极限定理

类似于经典统计的研究过程，中心极限定理自然而然地成为研究 LES 的第二个步骤，旨在对 LES 的波动情况进行分析。对于不同系综的随机矩阵，大量的文章从各个方面对 LES 的中心极限定理进行了研究与证明[31-37]。文献[35]通过阶矩的方法，给出了 Wigner 系综和 Wishart 系综矩阵下基于多项式检测函数的 LES 的中心极限定理的证明；文献[34]在添加如下附加假设的情况下，给出了 Wigner

系综和 Wishart 系综矩阵下基于实检测函数的 LES 的中心极限定理的证明;

$$\begin{cases}\mathbb{E}(W_{i,i}^2)=2,\ \mathbb{E}(W_{i,j}^4)=3\,\mathbb{E}^2(W_{i,j}^2)=3, & \text{Wigner}\\ \mathbb{E}(X_{i,j}^4)=3\,\mathbb{E}^2(X_{i,j}^2), & \text{Covariance}\end{cases} \tag{5-51}$$

文献[36]则更进一步表明,只要矩阵满足 $\mathbb{E}[W_{i,i}^2]=2$,矩阵元素的 3 阶矩和 4 阶矩相同,即可证明 LES 的中心极限定理(并不要求 $\mathbb{E}[W_{i,j}^4]=3$)。另外,检测函数也并不要求一定是实函数,只要求构造函数的傅里叶变换 $\hat{\varphi}$ 满足下示不等式即可:

$$\int(1+|k|^5)|\hat{\varphi}(k)|\mathrm{d}k<\infty \tag{5-52}$$

这意味着 φ 拥有至少 5 个有界导数。

3) 协方差矩阵的中心极限定理

考虑另一种形式的协方差矩阵:

$$\boldsymbol{M}=\frac{1}{N}\boldsymbol{X}\boldsymbol{X}^{\mathrm{H}}=\frac{1}{c}\boldsymbol{S}_N \tag{5-53}$$

根据式(5-40),其经验谱分布收敛于:

$$\rho_{\mathrm{mp}_2}(\lambda)=\begin{cases}\dfrac{1}{2\pi\lambda\sigma^2}\sqrt{(b_+-\lambda)(\lambda-b_-)}, & b_-\leqslant\lambda\leqslant b_+\\ 0, & \text{其他}\end{cases} \tag{5-54}$$

其中,$b_\pm=\sigma^2(1\pm1/\sqrt{c})^2$。Sheherbina 于 2009 年在文献[31]中给出其中心极限定理。

给定一个非 Hermitian 的 $N\times T$ 矩形随机阵 $\boldsymbol{X}$,其元素为 $X_{i,j}$;$\boldsymbol{M}$ 是形如式(5-53)的协方差矩阵。令实检验函数 φ 满足 $\|\varphi\|_{\frac{3}{2}+\epsilon}<\infty(\epsilon>0)$,则 $N,T\to$ $c=\dfrac{N}{T}\leqslant1$ 时,按照式(5-49)所构造的 $N_N^0[\varphi]=N_N[\varphi]-\mathbb{E}[N_N[\varphi]]$,其分布收敛于均值为 0、方差为如下的高斯随机变量:

$$\begin{aligned}V_{SC}[\varphi]=&\frac{2}{c\pi^2}\iint\limits_{-\frac{\pi}{2}<\theta_1,\theta_2<\frac{\pi}{2}}\psi^2(\theta_1,\theta_2)(1-\sin\theta_1\sin\theta_2)\mathrm{d}\theta_1\mathrm{d}\theta_2\\&+\frac{\kappa_4}{\pi^2}\left(\int_{-\frac{\pi}{2}}^{\frac{\pi}{2}}\varphi(\zeta(\theta))\sin\theta\mathrm{d}\theta\right)^2\end{aligned} \tag{5-55}$$

其中,$\psi(\theta_1,\theta_2)=\dfrac{[\varphi(\zeta(\theta))]_{\theta=\theta_2}^{\theta=\theta_1}}{[\zeta(\theta)]_{\theta=\theta_2}^{\theta=\theta_1}}$,$\zeta(\theta)=1+1/c+2/\sqrt{c}\sin\theta$,$\kappa_4=$

$\mathbb{E}(X^4)-3$ 是 X 元素的 4 阶累计量。

4) LES 的设计和理论值

对于标准高斯变量 R，$\mathbb{E}(R)=0$，$\mathbb{E}(R^2)=1$，$\mathbb{E}(R^4)=3$。现假定 $N=118$，$T=240$，$c=N/T=0.4917$。

(1) 圆环律的 LES。平均谱半径是一类特殊的 LES，其定义如下：

$$\tau_{\mathrm{MSR}}=\sum_{i=1}^{N}\frac{1}{N}|\lambda_{\tilde{\mathbf{Z}},i}| \tag{5-56}$$

式中，$\lambda_{\tilde{\mathbf{Z}},i}(i=1,2,\cdots,N)$ 是 $\tilde{\mathbf{Z}}$ 的特征值，$|\lambda_{\tilde{\mathbf{Z}},i}|$ 是复圆盘上 $\lambda_{\tilde{\mathbf{Z}},i}$ 点到原点的半径。

根据式(5-50)，当 $N\to\infty$，LES 的均值期望为

$$\begin{aligned}\mathbb{E}(\tau_{\mathrm{MSR}})&=\iint_{\mathrm{Area}}\mathbb{P}(r)\times r\cdot r\mathrm{d}r\mathrm{d}\theta\\&=\int_0^{2\pi}\int_{\sqrt{1-c}}^{1}\frac{1}{c\pi}r\cdot r\mathrm{d}r\mathrm{d}\theta=0.8645\end{aligned} \tag{5-57}$$

式中，P(r)由式(5-41)给出，$c=0.4917$。

(2) 协方差矩阵的 LES。检测函数 φ 是设计 LES 的核心，要求足够连续即可，如切比雪夫多项式(Chebyshev polynomials)T_2：$\varphi(\lambda)=2x^2-1$

$$\tau_{\mathrm{T}_2}=\sum_{i=1}^{N}(2\lambda_i^2-1) \tag{5-58}$$

当 $N=118$，$T=240$，$c=N/T=0.4917$ 时，根据式(5-50)，LES 的均值期望如下：

$$\mathbb{E}(\tau_{\mathrm{T}_2})=N\int\varphi(\lambda)\rho_{\mathrm{mp2}}(\lambda)\mathrm{d}\lambda=1338.3 \tag{5-59}$$

根据式(5-55)，LES 的方差期望如下：

$$\mathbb{D}(\tau_{\mathrm{T}_2})=665.26 \tag{5-60}$$

类似的，对于特定的随机矩阵模型，可以通过选择不同检测函数来设计 LES 指标，并直接计算其期望值。下面将列出另外一些常用的检测函数：

① 切比雪夫多项式 T_3：$4x^3-3x$；

② 切比雪夫多项式 T_4：$8x^4-8x^2+1$；

③ 行列式：$\ln(x)$；

④ 似然函数：$x-\ln(x)-1$。

LES 是一种统计指标，不同的 LES 可视为基于量测数据 X，用不同的视角来

观测系统;而检测函数 $\varphi(\lambda)$,从某方面来说则类似于滤波器,这样就可以构造一个指标体系来从各个方面评价系统。

5) 基于 LES 指标的认知方案特点

基于随机矩阵和 LES 指标的数据驱动方案和常规数据驱动方案相比,具有以下特色:

(1) LES 指标是基于随机矩阵的,有理论对其进行支撑,可进行分析。

(2) LES 指标值具有良好的统计性质——服从高斯分布,理论期望值可预先给出,偏差较少,为 $O(N^{-2})$。

(3) 计算仅依据特征值而不涉及特征向量。仅用特征值极大地减少了对存储、通信的资源需求,并提升了计算速度。放弃特征向量虽然意味着信息丢失,但仍然有大量的信息有待挖掘,且可以通过采取设计算法检测函数等后处理手段来提供系统的多维观测视角;另外,特征值的异常值也可用于进一步的数据分析[38][39]。

(4) LES 指标是直接由数据源而并非变换过的数据空间(如主元空间)得到,故减少了训练等过程中由主观性带来的误差。

(5) 利用多个矩阵运算后仍是矩阵这一特性,可灵活地进行数据分块[1]、相加[40]、相乘[40]、拼接[41]等操作。这一部分的相关理论详见文献[8]的第 7 章。

(6) 特别地,对于给定 X,不同的 LES 计算,即 $\tau_F=\sum_{i=1}^{N}\varphi_F(\lambda_{\boldsymbol{M},i})$,是一个并行过程,可通过并行计算或分布式计算等提高实时性。各 LES 反映了系统的不同观测视角,系统可逐块被解读。此外,也可以设计一些特殊的 LES 去追踪一些先验的信号。

5.5 基于数据驱动的态势感知

5.5.1 基于随机矩阵方法的运行态势估计方法

电力系统潮流计算的经典方程:

$$\begin{bmatrix}\Delta P\\ \Delta Q\end{bmatrix}=J\begin{bmatrix}\Delta\theta\\ \Delta V\end{bmatrix} \tag{5-61}$$

由该方程可知,对于平衡的稳定电力系统,各节点的电压也是稳定的,量测数据中包含测量误差和小扰动等高斯白噪声。此时由量测数据组成的随机矩阵可以通过随机矩阵原理进行验证,例如本节将采用的单环定理或 M-P Law 等随机矩阵定理,验证的结果均符合定理的假设。

单环定理:设 $\hat{\boldsymbol{X}}=\{x_{i,j}\}_{N\times T}$ 为一个非 Hermitian 特征的随机矩阵,每一个元

素为符合独立同分布的随机变量，其期望和方差满足 $E(x_{i,j})=0$，$E(|x_{i,j}|^2)=1$。对于多个非Hermitian特征的随机矩阵 $\hat{\boldsymbol{X}}_i(i=1, 2, \cdots, L)$，定义矩阵积为

$$\hat{\boldsymbol{Z}}=\prod_{i=1}^{L}\hat{\boldsymbol{X}}_{u,i} \tag{5-62}$$

式中，$\hat{\boldsymbol{X}}_{u,i}\in\mathbb{C}^{N\times N}$ 为 $\hat{\boldsymbol{X}}_i$ 的奇异值等价矩阵，$\mathbb{C}$代表复数集。将矩阵积 $\hat{\boldsymbol{Z}}$ 进行变换得到标准矩阵积 $\widetilde{\boldsymbol{Z}}=\{\tilde{z}_{i,j}\}_{N\times N}$，其每一个元素均满足 $E(\tilde{z}_{i,j})=0$，$E(|\tilde{z}_{i,j}|^2)=1/N$。当 N 和 T 趋近于无穷，且保持 $c=N/T$ 不变时，$\widetilde{\boldsymbol{Z}}$ 的特征值的经验谱分布几乎一定收敛于单环定理，其概率密度函数为

$$f(\lambda)=\begin{cases}\dfrac{1}{\pi cL}|\lambda|^{\frac{2}{L}-2}, & (1-c)^{\frac{2}{L}}\leqslant|\lambda|\leqslant 1\\ 0, & \text{其他}\end{cases} \tag{5-63}$$

其中 $c\in(0, 1]$。根据单环定理，在复平面上，$\widetilde{\boldsymbol{Z}}$ 的特征值大致分布于 2 个环之间，内环半径为 $(1-c)^{\frac{L}{2}}$，外环半径为 1。

当能源网络中出现负荷突变、线路故障或者拓扑改变等情况时，量测数据也将发生突变，此时由历史数据与实时量测数据构成的矩阵将不再符合随机矩阵原理，因为矩阵已经不再“随机”，通过验证定理可以判断系统中的事件发生。通过计算矩阵的相关指标，如本章中采用的 LES 指标，来体现网络运行状态的具体改变，同时可以根据历史计算指标形成统一的指标规范，从而对能源系统状态进行认知。

5.5.2 基于深度学习的故障诊断及定位

能源网络故障诊断与定位是网络运行态势感知的重要组成部分。本部分内容基于深度学习理论，对故障数据进行特征自学习，提出一种对能源网络故障类型及位置进行辨识的方法，即利用系统母线电压幅值和相角数据实现故障诊断与定位。当仅对单个母线进行电压监测时，电压波动特征往往不明显，而故障诊断要求短时间内区分故障类型，从而导致样本数据和信息量不足。因此，基于能源网络时空大数据的量测特点，考虑将全系统量测的母线电压幅值和相角作为整体输入，使得样本数据同时具有时间和空间特性，同时扩大样本容量，提高检测精度。

基于深度学习的能源网络故障诊断及定位流程如图 5－10 所示。首先，通过数字孪生系统动态仿真、数据扩充等技术获取海量不同故障工况条件下的电压幅值和相角数据，并进行归一化、数据整合等预处理，然后以这些状态数据作为输入，故障类型及位置编码作为输出，训练深度神经网络构建的分类器。其中，深度神经

网络可采用深度信念网络，利用该神经网络较强的特征提取能力，对高维时空故障样本矩阵进行特征挖掘及模式识别，神经网络训练流程也由图 5－10 给出。

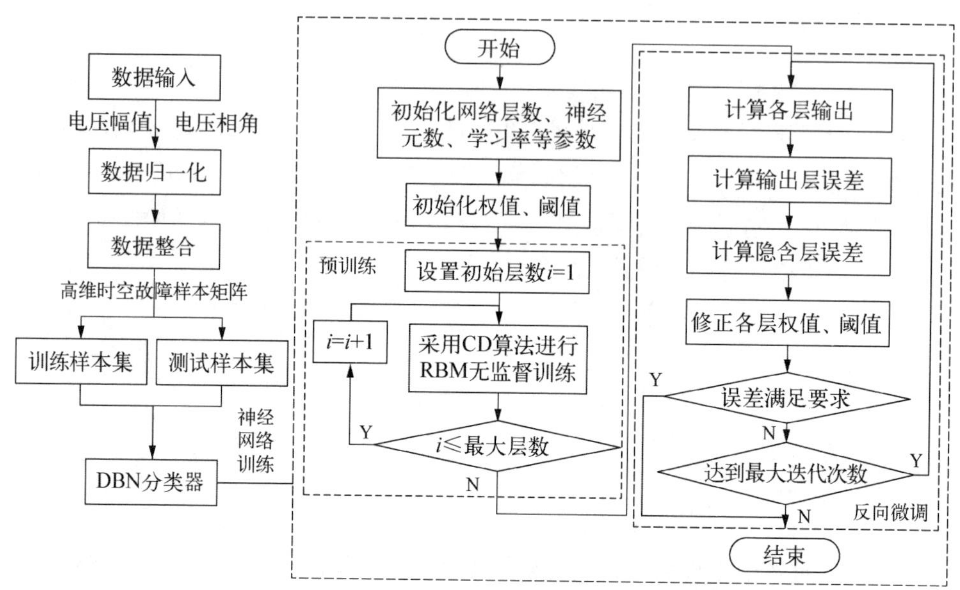

图 5－10　基于深度学习的故障辨识方法流程图

5.5.3　计及不确定性因素的运行态势预测技术

本部分内容充分考虑新能源出力、互动用电等各种不确定性因素的影响，基于深度学习及概率预测的方法预测并模拟未来网络运行态势的发展，从而反映网络变化及故障的概率分布特征，以灵活应对未来能源组织运行状态的变化。具体预测内容包括可再生能源发电功率预测、负荷预测及其余状态参量预测等。

在此以可再生能源发电功率为例构建多目标优化的深度学习区间预测模型。类似地，仅需对优化目标及网络输入、输出进行适当修改即可将该模型应用于负荷预测及其余状态参量预测。

首先，采用双输出神经网络直接输出发电功率预测区间的上下界，其简易模型如图 5－11 所示。对上述发电功率区间预测模型合理选取网络权值与阈值，可得到发电功率预测的最优区间。

其次，为保证计及不确定性因素的区间预测结果的全局最优性，预测区间评价指标考虑可靠性和准确性两个指标。为衡量预测区间的可靠性程度，引入预测区间置信度(prediction interval coverage probability, PICP)，其公式为

$$P = \frac{1}{N_P} \sum_{i=1}^{N_P} \rho_i \tag{5-64}$$

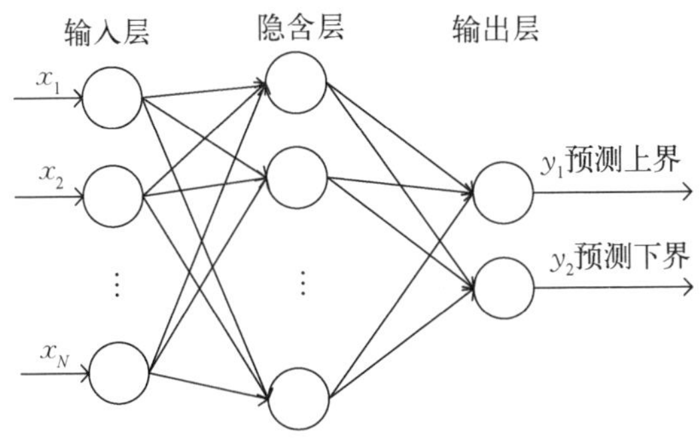

图 5-11 区间预测简易模型

式中，N_P 为样本总数；$\rho_i = 1$ 或 0，如预测目标值落在预测区间内，$\rho_i = 1$，否则 $\rho_i = 0$。由上式可知，可靠性指标 P 的范围为 0～1，当所有目标值点都落在预测区间内时，$P = 1$，此时可靠性最好。但如果仅追求高可靠性，预测带宽将被放大到预测边界值，此时预测值无实际意义。因此，需引入预测区间平均带宽指标 (prediction interval normalized average width, PINAW) 衡量预测区间的准确度，计算公式为

$$W = \frac{1}{N_P R} \sum_{i=1}^{N_P} (U_i - L_i) \tag{5-65}$$

式中，U_i、L_i 分别为预测区间的上下界；R 为检测样本的目标值范围，其值为样本最大值与最小值之差。

实际预测中，希望预测结果的可靠性和准确性越高越好，因该问题为一个多目标优化问题，故其可化为多目标最小化问题，即

$$\begin{cases} \min \alpha = 1 - P \\ \min W \end{cases} \tag{5-66}$$

考虑一定物理意义、规定条件等可建立一定的约束条件。这里考虑可再生发电功率的物理意义，如风电功率需满足国家能源局发布的相关规定、日点预测最大误差不超过 25%、全天预测结果均方根误差小于 20%等，故此处可令区间预测指标 P 不小于 80%，W 不超过 25%，建立约束条件

$$\begin{cases} 80\% \leqslant P \leqslant 100\% \\ 0 \leqslant W \leqslant 25\% \end{cases} \tag{5-67}$$

考虑到再生能源发电功率时间序列的强随机性和不确定性，可采用适当多目标优化算法如 NSGA-Ⅱ进行优化求解，以期提高预测结果的精度和可靠性。当采用 NSGA-Ⅱ多目标优化算法进行求解时，求解过程的流程如图 5-12 所示。

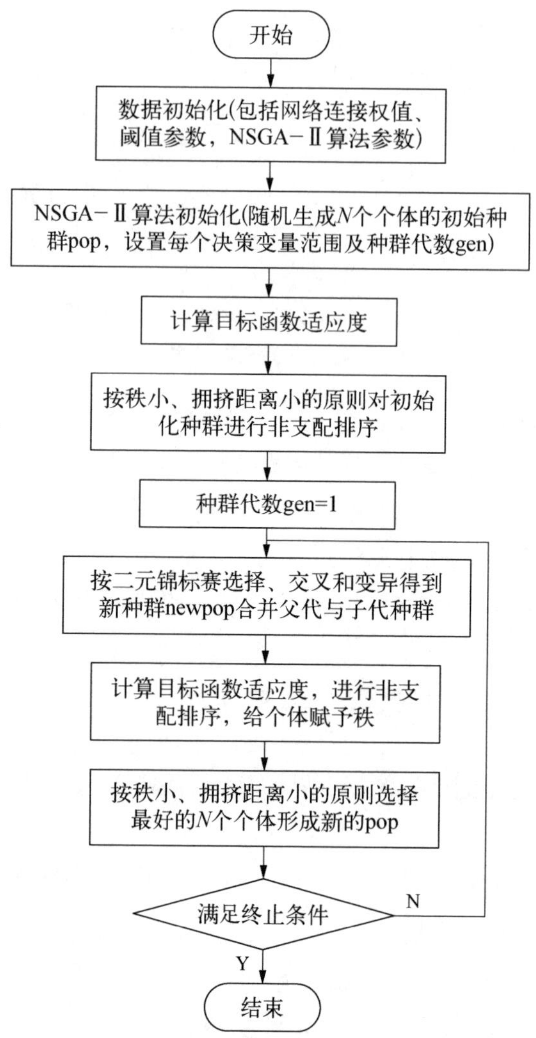

图 5－12　基于 NSGA－Ⅱ的神经网络参数多目标优化求解

参 考 文 献

[1] IBM. The four V's of big data.[M/OL].[2016－04－05] http://www.ibmbigdatahub.com/infographic/four-vs-big-data.

[2] Qiu R, Wicks M. Cognitive networked sensing and big data[M]. New York: Springer, 2014.

[3] Alahakoon D, Yu X. Smart electricity meter data intelligence for future energy systems: A survey[J]. IEEE Transactions on Industrial Informatics, 2016, 12(1): 425－436.

[4] Huang Z, Luo H, Skoda D, et al. E-Sketch: Gathering large-scale energy consumption

data based on consumption patterns[J]. 2014 IEEE International Conference on Big Data (Big Data), 2014, 10: 656 - 665.

[5] Qiu R, Antonik P. Smart grid and big data[M]. New Jersey: John Wiley and Sons, 2015.

[6] Van Handel R. Probability in high dimension[R/OL].[2014 - 06 - 05] https://web.math.princeton.edu/~rvan/APC550.pdf.

[7] Zhang C, Qiu R C. Data modeling with large random matrices in a cognitive radio network testbed: initial experimental demonstrations with 70 Node[J/OL]. [2014 - 04 - 15] http://arxiv.org/pdf/1404.3788.pdf.

[8] Qiu R C, Hu Z, Li H, et al. Cognitive radio communication and networking: Principles and practice[M]. New Jersey: John Wiley & Sons, 2012.

[9] Wigner E P. On the distribution of the roots of certain symmetric matrices[J]. Annals of Mathematics, 1958(03): 325 - 327.

[10] Marčenko V A, Pastur L A. Distribution of eigenvalues for some sets of random matrices [J]. Sbornik: Mathematics, 1967, 1(4): 457 - 483.

[11] Lim J M, DeMarco C L. SVD-based voltage stability assessment from phasor measurement unit data[J]. IEEE Transactions on Power Systems, 2015(99): 1 - 9.

[12] Bennasar M, Hicks Y, Setchi R. Feature selection using Joint Mutual Information Maximisation[J]. Expert Systems with Applications, 2015, 42(22): 8520 - 8532.

[13] Hochreiter S, Schmidhuber, Jürgen. Long short-term memory[J]. Neural Computation, 1997, 9(8): 1735 - 1780.

[14] Gers F A, Schmidhuber J, Cummins F. Learning to forget: Continual prediction with LSTM[J]. Neural Computation, 2000, 12(10): 2451 - 2471.

[15] 张春霞，姬楠楠，王冠伟. 受限玻尔兹曼机[J]. 工程数学学报，2015(2): 159 - 173.

[16] Royal Statistical Society. Karl Pearson sesquicentenary conference[M/OL].[2007 - 3 - 3] http://www.economics.soton.ac.uk/staff/aldrich/KP150.htm.

[17] Rao C R. Fisher R. A.. The founder of modern statistics[J]. Statist. Sci. 1992, 02: 34 - 48.

[18] Efron B. Bayes' theorem in the 21st century[J]. Science, 2013, 340(6137): 1177 - 1178.

[19] Kolmogorov A N. Foundations of the theory of probability[M]. Oxford, England: Chelsea Publishing Co., 1950.

[20] 严英杰，盛戈皞，王辉，等.基于高维随机矩阵大数据分析模型的输变电设备关键性能评估方法[J].中国电机工程学报，2016，(02): 435 - 445.

[21] Kitchin R. Big data and human geography opportunities, challenges and risks[J]. Dialogues in human geography, 2013, 3(3): 262 - 267.

[22] 姜丹.信息论与编码[M].合肥：中国科学技术大学出版社，2009.

[23] Takeda K, Kabashima Y. Multi-label feature selection algorithm based on information entropy[J]. Journal of Computer Research & Development, 2013, 50(6): 1177 - 1184.

[24] Wegmann R. The asymptotic eigenvalue-distribution for a certain class of random matrices [J]. Journal of Mathematical Analysis and Applications, 1976, 56(1): 113 - 132.

[25] Voiculescu D. Limit laws for random matrices and free products[J]. Inventiones mathematicae, 1991, 104(1): 201 - 220.

[26] Pastur L, Vasilchuk V. On the law of addition of random matrices[J]. Communications in Mathematical Physics, 2000, 214(2): 249 - 286.

[27] Tao T, Vu V, Krishnapur M, et al. Random matrices: universality of ESDs and the circular law[J]. The Annals of Probability, 2010, 38(5): 2023 - 2065.

[28] Ipsen J R, Kieburg M. Weak commutation relations and eigenvalue statistics for products of rectangular random matrices[J]. Physical Review E, 2014, 89(3): 032106.

[29] Erdös L, Yau H T, Yin J. Rigidity of eigenvalues of generalized Wigner matrices[J]. Advances in Mathematics, 2012, 229(3): 1435 - 1515.

[30] Pastur L A. On the spectrum of random matrices[J]. Theoretical and Mathematical Physics, 1972, 10(1): 67 - 74.

[31] Shcherbina M. Central limit theorem for linear eigenvalue statistics of the Wigner and sample covariance random matrices[J/OL].[2011 - 01 - 18] http://arxiv.org/pdf/1101.3249.pdf.

[32] Johansson K. On fluctuations of eigenvalues of random hermitian matrices[J]. Duke mathematical journal, 1998, 91(1): 151 - 204.

[33] Guionnet A. Large deviations upper bounds and central limit theorems for noncommutative functionals of Gaussian large random matrices[J]. Annales de l'IHP Probabilités et statistiques, 2002: 341 - 384.

[34] Bai Z D, Silverstein J W. CLT for linear spectral statistics of large-dimensional sample covariance matrices[J]. Annals of Probability, 2004, 32(1): 553.

[35] Anderson G W, Zeitouni O. A CLT for a band matrix model[J]. Probability Theory and Related Fields, 2006, 134(2): 283 - 338.

[36] Lytova A, Pastur L. Central limit theorem for linear eigenvalue statistics of random matrices with independent entries[J]. The Annals of Probability, 2009, 37(5): 1778 - 1840.

[37] Pan G, Shao Q, Zhou W. Universality of sample covariance matrices: CLT of the smoothed empirical spectral distribution[J/OL].[2011 - 11 - 13] http://arxiv.org/pdf/1111.5420.pdf.

[38] Benaych-Georges F, Rochet J. Outliers in the single ring theorem[J]. Probability Theory and Related Fields, 2015, 05: 1 - 51.

[39] Tao T. Outliers in the spectrum of iid matrices with bounded rank perturbations[J]. Probability Theory and Related Fields, 2013, 155(1 - 2): 231 - 263.

[40] Zhang C, Qiu R. Massive MIMO as a big data system: random matrix model and testbed [J]. IEEE Access, 2015, 3: 837 - 851.

[41] Xu X, He X, Ai Q, et al. A Correlation Analysis Method for Power Systems Based on Random Matrix Theory [J/OL].[2015 - 06 - 14] http://arxiv.org/pdf/1506.04854.pdf.

6 电力系统智能化

6.1 静态系统特性的数据模型

6.1.1 电力系统潮流——电力系统雅可比矩阵

电力系统本质上为非线性动力学系统，其动态行为可以归结于非线性微分-差分-代数方程组。而潮流方程是系统运行的基本规律，也是系统分析的起点。

设系统中有 n 个节点，每个节点涉及 4 个运行变量：P，Q，V，θ。一般情况下，其中两个变量为给定变量，另外两个为待求变量。

(1) PV 节点：发电机或可调无功功率的变电站，设其数量为 m 个；

(2) PQ 节点：负荷或固定无功功率的发电机，设其数量为 $n-m-1$ 个；

(3) 平衡节点 ($V\theta$ 节点)：调频机组等，一般只有 1 个。

正常运行时，每个节点的功率保持平衡，即节点的网络注入功率和节点的负荷消耗功率相等：

$$\begin{cases}\Delta P_i = P_{is} - P_i(V,\ \theta)\\ \Delta Q_i = Q_{is} - Q_i(V,\ \theta)\end{cases} \tag{6-1}$$

进一步，可得电力系统潮流的残差方程为

$$\begin{aligned}\Delta P_i &= (P_{Gi} - P_{Di}) - \sum_{j\in i} V_i V_j (G_{ij}\cos\theta_{ij} + B_{ij}\sin\theta_{ij}) = 0\\ \Delta Q_i &= (Q_{Gi} - Q_{Di}) - \sum_{j\in i} V_i V_j (G_{ij}\sin\theta_{ij} - B_{ij}\cos\theta_{ij}) = 0\end{aligned} \tag{6-2}$$

则系统的极坐标牛顿法潮流修正方程为

$$\begin{bmatrix}\Delta \boldsymbol{P}\\ \Delta \boldsymbol{Q}\end{bmatrix} = -\begin{bmatrix}\dfrac{\partial \Delta \boldsymbol{P}}{\partial \theta} & \dfrac{\partial \Delta \boldsymbol{P}}{\partial \boldsymbol{V}}\boldsymbol{V}\\ \dfrac{\partial \Delta \boldsymbol{Q}}{\partial \theta} & \dfrac{\partial \Delta \boldsymbol{Q}}{\partial \boldsymbol{V}}\boldsymbol{V}\end{bmatrix}\begin{bmatrix}\Delta \boldsymbol{\theta}\\ \dfrac{\Delta \boldsymbol{V}}{\boldsymbol{V}}\end{bmatrix} = -\begin{bmatrix}\boldsymbol{H} & \boldsymbol{N}\\ \boldsymbol{K} & \boldsymbol{L}\end{bmatrix}\begin{bmatrix}\Delta \boldsymbol{\theta}\\ \dfrac{\Delta \boldsymbol{V}}{\boldsymbol{V}}\end{bmatrix} = -\boldsymbol{J}\begin{bmatrix}\Delta \boldsymbol{\theta}\\ \dfrac{\Delta \boldsymbol{V}}{\boldsymbol{V}}\end{bmatrix} \tag{6-3}$$

极坐标牛顿法潮流的雅可比矩阵 $\boldsymbol{J}$ 中：

(1) $\boldsymbol{H}$ 是 $(n-1)\times(n-1)$ 阶方阵：

$$\begin{aligned}
H_{ij} &= \frac{\partial \Delta P_i}{\partial \theta_j} = -V_i V_j (G_{ij}\sin\theta_{ij} - B_{ij}\cos\theta_{ij}) \quad j \neq i \\
H_{ii} &= \frac{\partial \Delta P_i}{\partial \theta_i} = V_i \sum_{\substack{j\in i \\ j\neq i}} V_j (G_{ij}\sin\theta_{ij} - B_{ij}\cos\theta_{ij}) = V_i^2 B_{ii} + Q_i
\end{aligned} \tag{6-4}$$

(2) $\boldsymbol{N}$ 是 $(n-1)\times(n-m-1)$ 矩阵：

$$\begin{aligned}
N_{ij} &= \frac{\partial \Delta P_i}{\partial V_j} V_j = -V_i V_j (G_{ij}\cos\theta_{ij} + B_{ij}\sin\theta_{ij}) \quad j \neq i \\
N_{ii} &= \frac{\partial \Delta P_i}{\partial V_i} V_i = -V_i \sum_{\substack{j\in i \\ j\neq i}} V_j (G_{ij}\cos\theta_{ij} + B_{ij}\sin\theta_{ij}) - 2V_i^2 G_{ii} = -V_i^2 G_{ii} - P_i
\end{aligned} \tag{6-5}$$

(3) $\boldsymbol{K}$ 是 $(n-m-1)\times(n-1)$ 阶矩阵：

$$\begin{aligned}
K_{ij} &= \frac{\partial \Delta Q_i}{\partial \theta_j} = V_i V_j (G_{ij}\cos\theta_{ij} + B_{ij}\sin\theta_{ij}) \quad j \neq i \\
K_{ii} &= \frac{\partial \Delta Q_i}{\partial \theta_i} = -V_i \sum_{\substack{j\in i \\ j\neq i}} V_j (G_{ij}\cos\theta_{ij} + B_{ij}\sin\theta_{ij}) = V_i^2 G_{ii} - P_i
\end{aligned} \tag{6-6}$$

(4) $\boldsymbol{L}$ 是 $(n-m-1)\times(n-m-1)$ 阶方阵：

$$\begin{aligned}
N_{ij} &= \frac{\partial \Delta P_i}{\partial V_j} V_j = -V_i V_j (G_{ij}\cos\theta_{ij} + B_{ij}\sin\theta_{ij}) \quad j \neq i \\
N_{ii} &= \frac{\partial \Delta P_i}{\partial V_i} V_i = -V_i \sum_{\substack{j\in i \\ j\neq i}} V_j (G_{ij}\cos\theta_{ij} + B_{ij}\sin\theta_{ij}) - 2V_i^2 G_{ii} = -V_i^2 G_{ii} - P_i
\end{aligned} \tag{6-7}$$

雅可比矩阵 $\boldsymbol{J}$ 是由潮流方程灵敏度分析得到的稀疏矩阵。它是潮流分析的关键部分，是电力系统规划和运行的基础。另外，雅可比矩阵的特征值被作为系统的电压稳定性指标[1]。但雅可比矩阵的稀疏性结构固有地包含了最新的网络拓扑结构和相应的参数，而拓扑错误被认为是导致状态估计结果不准确的主要原因之一[2]。此外，在实际应用中，雅可比矩阵可能由于错误记录、远程监控断路器的错误遥测、设备故障导致的意外操作等情况而失真。

6.1.2　潮流的数据模型

采用牛顿-拉夫逊法对电力系统潮流方程进行求解(求解过程见图 6-1),将其化为以下格式:

$$\begin{cases} f_1(x_1 \quad x_2 \quad \cdots \quad x_n)=0 \\ f_2(x_1 \quad x_2 \quad \cdots \quad x_n)=0 \\ \vdots \\ f_n(x_1 \quad x_2 \quad \cdots \quad x_n)=0 \end{cases} \tag{6-8}$$

将式(6-8)在 $\boldsymbol{x}_0=(x_1^{(0)}\cdots x_n^{(0)})$ 点展开,忽略高次项,即得

$$\begin{bmatrix} f_1(x_1^{(0)}\cdots x_n^{(0)}) \\ f_2(x_1^{(0)}\cdots x_n^{(0)}) \\ \vdots \\ f_n(x_1^{(0)}\cdots x_n^{(0)}) \end{bmatrix} \approx \begin{bmatrix} \left.\dfrac{\partial f_1}{\partial x_1}\right|_{x0} & \cdots & \left.\dfrac{\partial f_1}{\partial x_n}\right|_{x0} \\ \left.\dfrac{\partial f_2}{\partial x_1}\right|_{x0} & \cdots & \left.\dfrac{\partial f_2}{\partial x_n}\right|_{x0} \\ \vdots & \vdots & \vdots \\ \left.\dfrac{\partial f_n}{\partial x_1}\right|_{x0} & \cdots & \left.\dfrac{\partial f_n}{\partial x_n}\right|_{x0} \end{bmatrix} \begin{bmatrix} \Delta x_1 \\ \Delta x_2 \\ \vdots \\ \Delta x_n \end{bmatrix} \tag{6-9}$$

$$\boldsymbol{x}_1=\boldsymbol{x}_0+\Delta\boldsymbol{x} \tag{6-10}$$

重复式(6-8)、式(6-9)即是经典牛顿-拉夫逊法的迭代过程。

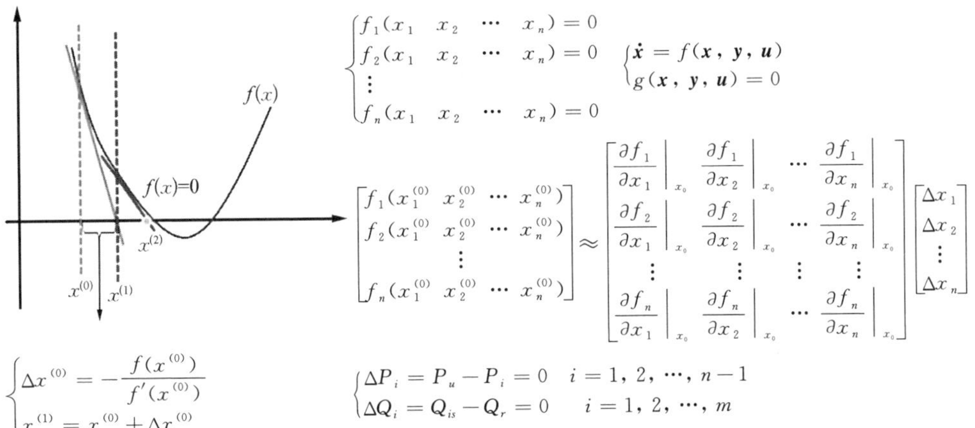

图 6-1　潮流方程的牛顿-拉夫逊法求解过程

6.1.2.1　扰动源分析

电力系统稳态运行时,若电网拓扑结构不变($\Delta Y=0$),则电力系统节点消耗功

率、产生功率ΔP_i、ΔQ_i，即W，决定着系统运行状态V_i、θ_i，即ΔX。假设网络节点负荷注入无功功率基本不变（$\Delta Q \approx 0$），则负荷有功需求变化（ΔP）为系统的主要扰动量。ΔP常规可分为以下两种：

(1) 常规波动，变化缓慢(10 min 到数小时)，具备很强的规律性和周期性。

(2) 随机波动，波动量小，变化较快，具备很强的随机性。

针对网络拓扑结构复杂、节点众多的智能电网，通过提高采样频率很容易在一个较短的时段内得到一个样本量（N）比较大、采样数量（T）比较多的源数据块；该数据块是真实系统的高维时空断面表征，也是数据驱动认知的分析基础和主要依据。

在较短时间内(毫秒/秒级)，当系统中没有事件发生时，即系统的注入扰动，其主要成分是随机的，则可用随机过程来描述系统。随机性一方面源于系统中分布式节点下成千上万用户的随机用电行为[3,4]，而另一方面则基于量测采样本身是对真实系统的一种蒙特卡罗模拟。这种相对平缓的系统演变过程在早期采用高斯白噪声信号建模，近期则采用奥恩斯坦-乌伦贝克过程建模[3]；本节主要讨论采用高斯白噪声建模方式。

6.1.2.2 采样点的向量模型

在电力系统所处的某一时刻，电力系统潮流方程可具体化为

$$\begin{bmatrix}\Delta\boldsymbol{\theta}\\ \Delta\boldsymbol{V}\end{bmatrix}=\boldsymbol{S}\begin{bmatrix}\Delta\boldsymbol{P}\\ \Delta\boldsymbol{Q}\end{bmatrix}=\boldsymbol{J}^{-1}\begin{bmatrix}\Delta\boldsymbol{P}\\ \Delta\boldsymbol{Q}\end{bmatrix}=\begin{bmatrix}\boldsymbol{M} & -\boldsymbol{MNL}^{-1}\\ -\boldsymbol{L}^{-1}\boldsymbol{KM} & \boldsymbol{L}^{-1}+\boldsymbol{L}^{-1}\boldsymbol{KMNL}^{-1}\end{bmatrix}\begin{bmatrix}\Delta\boldsymbol{P}\\ \Delta\boldsymbol{Q}\end{bmatrix} \tag{6-11}$$

雅可比矩阵为

$$\boldsymbol{J}=\begin{bmatrix}\dfrac{\partial\Delta\boldsymbol{P}}{\partial\boldsymbol{\theta}} & \dfrac{\partial\Delta\boldsymbol{P}}{\partial\boldsymbol{V}}\\ \dfrac{\partial\Delta\boldsymbol{Q}}{\partial\boldsymbol{\theta}} & \dfrac{\partial\Delta\boldsymbol{Q}}{\partial\boldsymbol{V}}\end{bmatrix}=\begin{bmatrix}\boldsymbol{H} & \boldsymbol{N}\\ \boldsymbol{K} & \boldsymbol{L}\end{bmatrix} \tag{6-12}$$

$$\boldsymbol{J}^{-1}=\begin{bmatrix}\boldsymbol{M} & -\boldsymbol{MNL}^{-1}\\ -\boldsymbol{L}^{-1}\boldsymbol{KM} & \boldsymbol{L}^{-1}+\boldsymbol{L}^{-1}\boldsymbol{KMNL}^{-1}\end{bmatrix} \tag{6-13}$$

其中，$\boldsymbol{M}=(\boldsymbol{H}-\boldsymbol{NL}^{-1}\boldsymbol{K})^{-1}$

系统运行中，往往更关注V和P及两者的关系。V、P相比于Q、θ更易采集，数据资源更加丰富，且V、P更关乎实际工程，与电网静态稳定性紧密关联，根据之前的情景假设，可导出V和P的关系表达式：

$$\Delta\boldsymbol{V}=\Xi\Delta\boldsymbol{P}\ \text{其中}\ \Xi=-\boldsymbol{L}^{-1}\boldsymbol{KM} \tag{6-14}$$

6.1.2.3 采样时段的矩阵模型

$\Delta \boldsymbol{P}$ 和 $\Delta \boldsymbol{V}$ 是 N 维可观测的伴随系统实时运行的随机向量，假设在一段时间内对其进行 T 次观测，即可将式(6-14)矩阵化：

$$[\Delta V_1, \cdots, \Delta V_T] = [\Xi_1 \Delta P_1, \cdots, \Xi_T \Delta P_T] \tag{6-15}$$

当系统稳定运行时，V 一般保持在 0.94～1.06 V，θ 保持在 10°～30°。如电网拓扑结构不变，则该段时间内雅可比矩阵基本恒定，尽管 Ξ 未知，但它将是一个 $N \times N$ 的常数矩阵。

式(6-15)可进一步简写为

$$\mathbf{V} = \Xi \boldsymbol{P} \tag{6-16}$$

其中，$\boldsymbol{P}$ 和 $\mathbf{V}$ 是 $N \times T$ 可观测矩阵。对式(6-16)进行归一化处理，得

$$\mathbf{V}^T = \Xi^T \boldsymbol{R} \tag{6-17}$$

其中，$\boldsymbol{R}$ 是标准高斯随机矩阵。

这样，系统运行的随机矩阵模型便建立起来，为电网数据驱动认知奠定基础。

6.1.3 雅可比矩阵的数据模型

本节提出雅可比矩阵的数据驱动估计方法。在数据驱动模式下，传统的系统潮流计算物理模型和导纳参数 Y 不再是必要信息。数据驱动方法可以应对系统拓扑和参数信息完全不可用的情况。另外，对雅可比矩阵 $\boldsymbol{J}$ 的计算固有地包含了最新的网络拓扑信息和相应的参数，从而间接地避免了 $\boldsymbol{J}$ 失真造成的错误结论。

f 是一个映射函数，f：$x \in \mathbb{R}^{2n-m-2} \rightarrow y \in \mathbb{R}^{2n-m-2}$

$$\boldsymbol{y} \triangleq \begin{bmatrix} P_1 \\ \vdots \\ P_{n-1} \\ Q_{m+1} \\ \vdots \\ Q_{n-1} \end{bmatrix} = f \begin{bmatrix} \theta_1 \\ \vdots \\ \theta_{n-1} \\ V_{m+1} \\ \vdots \\ V_{n-1} \end{bmatrix} \triangleq f(\boldsymbol{x}) \tag{6-18}$$

雅可比矩阵：

$$\boldsymbol{J} = \begin{bmatrix} \dfrac{\partial y_1}{\partial x_1} & \cdots & \dfrac{\partial y_i}{\partial x_i} \\ \vdots & \ddots & \vdots \\ \dfrac{\partial y_t}{\partial x_1} & \cdots & \dfrac{\partial y_t}{\partial x_i} \end{bmatrix} \tag{6-19}$$

一般情况下，由于电力系统具有稳定性，变量 V, θ, Y 保持稳定，即雅可比矩阵 $\boldsymbol{J}$ 在短时间内几乎不发生改变。在一段时间 $\boldsymbol{\Delta}t$ 内，在时刻 t_i，($i=1, 2, \cdots, T$；$t_T-t_1=\Delta t$)，定义 $\Delta \boldsymbol{x}(k) \triangleq \boldsymbol{x}^{(k+1)}-\boldsymbol{x}^{(k)}$，$\Delta \boldsymbol{y}^{(k)} \triangleq \boldsymbol{y}^{(k+1)}-\boldsymbol{y}^{(k)}$，可以推导出 $\Delta \boldsymbol{y}^{(k)} \approx \boldsymbol{J}\Delta \boldsymbol{x}^{(k)}$。由于雅可比矩阵 $\boldsymbol{J}$ 几乎保持不变，矩阵形式可以被写成：

$$\boldsymbol{B}=\boldsymbol{J}\boldsymbol{A} \tag{6-20}$$

其中，$\boldsymbol{J}\in\mathbb{R}^{N\times N}(N=2n-m-2)$，$\boldsymbol{B}=[\Delta y^{(1)}, \cdots, \Delta y^{(T)}]\in\mathbb{R}^{N\times T}$，$\boldsymbol{A}=[\Delta x^{(1)}, \cdots, \Delta x^{(T)}]\in\mathbb{R}^{N\times T}$，PMU 的快速采样使得我们有理由假设 $T>N$。另外，有时还需要对数据进行标准化处理，即假设 $\boldsymbol{B}^{\mathrm{T}}=\boldsymbol{\Lambda}_B\boldsymbol{B}$，$\boldsymbol{A}^{\mathrm{T}}=\boldsymbol{\Lambda}_A\boldsymbol{A}$，$\boldsymbol{B}^{\mathrm{T}}\approx\boldsymbol{J}^{\mathrm{T}}\boldsymbol{A}^{\mathrm{T}}$，可以推出 $\boldsymbol{J}=\boldsymbol{\Lambda}_B^{-1}\boldsymbol{J}^{\mathrm{T}}\boldsymbol{\Lambda}_A$。

利用最小二乘法可对雅可比矩阵进行估计。由式(6-20)中我们可以推导出 $\boldsymbol{B}^{\mathrm{T}}\approx\boldsymbol{A}^{\mathrm{T}}\boldsymbol{J}^{\mathrm{T}}$，由此，可以推导出

$$\boldsymbol{\beta}_i\approx\boldsymbol{\Lambda}\boldsymbol{\vartheta} \tag{6-21}$$

其中，$\boldsymbol{\beta}_i\in\mathbb{R}^{T}$ 是矩阵 $\boldsymbol{B}^{\mathrm{T}}$ 的第 i 列向量，$\boldsymbol{\vartheta}$ 是矩阵 $\boldsymbol{J}^{\mathrm{T}}$ 的第 i 列向量，矩阵 $\boldsymbol{\Lambda}\triangleq\boldsymbol{A}^{\mathrm{T}}\in\mathbb{R}^{T\times N}$ 是一个 $T>N$ 条件下的超定矩阵。

6.1.3.1 普通最小二乘法估计

在普通最小二乘法误差估计中，回归矩阵 $\boldsymbol{\Lambda}$ 被假定为无误差，其基本原理是在欧几里得范数度量下尽可能少地修正观测值 $\boldsymbol{\beta}_i$，这可看成一个优化问题：

$$\underset{\hat{\boldsymbol{\theta}}_i\in\mathbb{R}^N}{\operatorname{argmin}}\ \|\boldsymbol{\beta}_i-\boldsymbol{\Lambda}\hat{\boldsymbol{\vartheta}}_i\|_2 \tag{6-22}$$

假定 $\boldsymbol{\Lambda}$ 的列满秩(秩为 N)，在此条件下，封闭形式的唯一解：

$$\hat{\boldsymbol{\vartheta}}_i=(\boldsymbol{\Lambda}^{\mathrm{T}}\boldsymbol{\Lambda})^{-1}\boldsymbol{\Lambda}^{\mathrm{T}}\boldsymbol{\beta}_i \tag{6-23}$$

进一步地，雅可比矩阵 $\boldsymbol{J}$：

$$\hat{\boldsymbol{J}}^{\mathrm{T}}=(\boldsymbol{A}\boldsymbol{A}^{\mathrm{T}})^{-1}\boldsymbol{A}\boldsymbol{B}^{\mathrm{T}} \tag{6-24}$$

6.1.3.2 完全最小二乘法

在实践中，回归矩阵和观测向量都包含测量和建模误差。将 $\boldsymbol{\Lambda}$ 的误差考虑在内，需要采用完全最小二乘法分析问题，即

$$\boldsymbol{\Theta}\approx\boldsymbol{\Lambda}\boldsymbol{J}^{\mathrm{T}} \tag{6-25}$$

其中 $\boldsymbol{\Theta}\triangleq\boldsymbol{B}^{\mathrm{T}}\in\mathbb{R}^{T\times N}$。

根据文献[5]，以上问题可以通过奇异值分解(singular value decompositio, SVD)解决，假设$\boldsymbol{\Lambda}$和$\boldsymbol{\Theta}$的误差矩阵分别是$\boldsymbol{E}$和$\boldsymbol{F}$，我们寻求使得$\boldsymbol{E}$和$\boldsymbol{F}$最小化的矩阵$\boldsymbol{J}$，即

$$\underset{\boldsymbol{J}}{\operatorname{argmin}} \| [\boldsymbol{E}\boldsymbol{F}] \|_F,\ (\boldsymbol{\Lambda}+\boldsymbol{E})\boldsymbol{J}^{\mathrm{T}}=\boldsymbol{\Theta}+\boldsymbol{F} \tag{6-26}$$

其中$[\boldsymbol{E}\quad \boldsymbol{F}]$是$\boldsymbol{E}$、$\boldsymbol{F}$并排形成的增广矩阵，$\|\cdot\|_F$是弗罗贝尼乌斯范数。

式(6-26)可以被写为

$$[(\boldsymbol{\Lambda}+\boldsymbol{E})(\boldsymbol{\Theta}+\boldsymbol{F})]\begin{bmatrix}\boldsymbol{J}^{\mathrm{T}}\\ -\boldsymbol{I}_k\end{bmatrix}=\boldsymbol{0} \tag{6-27}$$

式中，$\boldsymbol{I}_k$是$k\times k$的单位矩阵，对$[\boldsymbol{\Lambda}\quad \boldsymbol{\Theta}]$和$[(\boldsymbol{\Lambda}+\boldsymbol{E})(\boldsymbol{\Theta}+\boldsymbol{F})]$进行奇异值分解：

$$[\boldsymbol{\Lambda}\quad \boldsymbol{\Theta}]=\boldsymbol{U}^{(1)}\boldsymbol{\Sigma}^{(1)}\boldsymbol{V}^{(1)\mathrm{T}} \tag{6-28}$$

$$[(\boldsymbol{\Lambda}+\boldsymbol{E})\quad (\boldsymbol{\Theta}+\boldsymbol{F})]=\boldsymbol{U}^{(2)}\boldsymbol{\Sigma}^{(2)}\boldsymbol{V}^{(2)\mathrm{T}} \tag{6-29}$$

其中$\boldsymbol{U}$, $\boldsymbol{V}$是酉矩阵，$\boldsymbol{\Sigma}$是对角矩阵，进一步地

$$\boldsymbol{U}^{(i)}\boldsymbol{\Sigma}^{(i)}\boldsymbol{V}^{(i)\mathrm{T}} \triangleq [\boldsymbol{U}_1^{(i)}\quad \boldsymbol{U}_2^{(i)}]\begin{bmatrix}\boldsymbol{\Sigma}_1^{(i)} & \boldsymbol{0}\\ \boldsymbol{0} & \boldsymbol{\Sigma}_2^{(i)}\end{bmatrix}\begin{bmatrix}\boldsymbol{V}_{11}^{(i)} & \boldsymbol{V}_{12}^{(i)}\\ \boldsymbol{V}_{21}^{(i)} & \boldsymbol{V}_{22}^{(i)}\end{bmatrix}^{\mathrm{T}} \tag{6-30}$$

式中，$i=1, 2$; $\boldsymbol{U}$, $\boldsymbol{\Sigma}$, $\boldsymbol{V}$被分割成对应于$\boldsymbol{\Lambda}$和$\boldsymbol{\Theta}$形状的分块矩阵。值得一提的是$\boldsymbol{\Lambda}=\boldsymbol{U}_{\Lambda}\boldsymbol{\Sigma}_{\Lambda}\boldsymbol{V}_{\Lambda}^{\mathrm{T}}$, $\boldsymbol{\Theta}=\boldsymbol{U}_{\Theta}\boldsymbol{\Sigma}_{\Theta}\boldsymbol{V}_{\Theta}^{\mathrm{T}}$。

利用低维矩阵近似理论，使得误差矩阵最小的近似变换是将前k个最小的特征值替换为0，$\boldsymbol{U}$和$\boldsymbol{V}$保持不变。根据增广矩阵奇异值分解的性质，我们可以得到：$\boldsymbol{U}_1^{(1)}=\boldsymbol{U}_1^{(2)}=\boldsymbol{U}_{\Lambda}$, $\boldsymbol{U}_2^{(1)}=\boldsymbol{U}_2^{(2)}=\boldsymbol{U}_{\Theta}$, $\boldsymbol{\Sigma}_1^{(1)}=\boldsymbol{\Sigma}_1^{(2)}=\boldsymbol{\Sigma}_{\Lambda}$, $\boldsymbol{\Sigma}_2^{(1)}=\boldsymbol{\Sigma}_{\Theta}$, $\boldsymbol{\Sigma}_2^{(2)}=0$,

$\boldsymbol{V}^{(1)}=\boldsymbol{V}^{(2)}=\begin{bmatrix}\boldsymbol{V}_{11} & \boldsymbol{V}_{12}\\ \boldsymbol{V}_{21} & \boldsymbol{V}_{22}\end{bmatrix}\triangleq[\boldsymbol{V}_{:1}\quad \boldsymbol{V}_{:2}]$是确定的矩阵，尽管未知。

由式(6-28)至式(6-29)可得

$$[\boldsymbol{E}\quad \boldsymbol{F}]=-[\boldsymbol{U}_{\Lambda}\quad \boldsymbol{U}_{\Theta}]\begin{bmatrix}\boldsymbol{0} & \boldsymbol{0}\\ \boldsymbol{0} & \boldsymbol{\Sigma}_{\Theta}\end{bmatrix}[\boldsymbol{V}_{:1}\quad \boldsymbol{V}_{:2}]^{\mathrm{T}} \tag{6-31}$$

其中

$$\begin{bmatrix}\boldsymbol{0} & \boldsymbol{0}\\ \boldsymbol{0} & \boldsymbol{\Sigma}_{\Theta}\end{bmatrix}=\begin{bmatrix}\boldsymbol{\Sigma}_{\Lambda} & \boldsymbol{0}\\ \boldsymbol{0} & \boldsymbol{\Sigma}_{\Theta}\end{bmatrix}[\boldsymbol{V}_{:1}\quad \boldsymbol{V}_{:2}]\mathrm{T}[\boldsymbol{0}\quad \boldsymbol{V}_{:2}] \tag{6-32}$$

式(6-31)可以转为

$$[\boldsymbol{E} \quad \boldsymbol{F}] = -[\boldsymbol{\Lambda} \quad \boldsymbol{\Theta}][\boldsymbol{0} \quad \boldsymbol{V}_{:2}][\boldsymbol{V}_{:1} \quad \boldsymbol{V}_{:2}]^{\mathrm{T}} = -[\boldsymbol{\Lambda} \quad \boldsymbol{\Theta}]\boldsymbol{V}_{:2}\boldsymbol{V}_{:2}^{\mathrm{T}}$$

$$\Rightarrow [\boldsymbol{E} \quad \boldsymbol{F}]\boldsymbol{V}_{:2} = -[\boldsymbol{\Lambda} \quad \boldsymbol{\Theta}]\boldsymbol{V}_{:2}\boldsymbol{I} \Rightarrow [\boldsymbol{\Lambda}+\boldsymbol{E} \quad \boldsymbol{\Theta}+\boldsymbol{F}]\begin{bmatrix}\boldsymbol{V}_{12}\\ \boldsymbol{V}_{22}\end{bmatrix} = \boldsymbol{0} \tag{6-33}$$

如果 $\boldsymbol{V}_{22}$ 是非奇异的，在上式两边分别右乘 $-\boldsymbol{V}_{22}^{-1}$，使得右矩阵的底端分块矩阵转换为负的单位矩阵，即

$$[\boldsymbol{\Lambda}+\boldsymbol{E} \quad \boldsymbol{\Theta}+\boldsymbol{F}]\begin{bmatrix}-\boldsymbol{V}_{12}\boldsymbol{V}_{22}^{-1}\\ -\boldsymbol{I}\end{bmatrix} = \boldsymbol{0} \tag{6-34}$$

因此有

$$\boldsymbol{J}^{\mathrm{T}} = -\boldsymbol{V}_{12}\boldsymbol{V}_{22}^{-1} \tag{6-35}$$

6.2 动态系统特性的数据模型

6.2.1 Simulink 仿真系统的搭建

Simulink 是基于 MATLAB 提供的可对系统进行建模、图形化仿真设计、动态分析的软件包[6]，利用 Simulink 强大的仿真和建模功能，可对电力系统进行潮流计算、故障分析、暂态稳定性以及静态稳定性分析。

本节使用单机无穷大经典电力系统辨识模型，如图 6－2 所示，在正常运行的情况下，在输电线路中段加入单相接地短路故障、相间故障和三相接地短路故障，

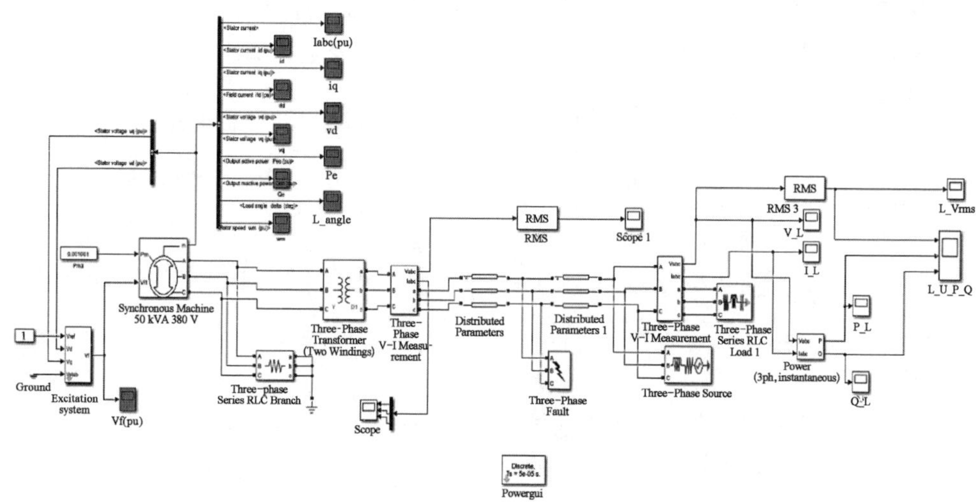

图 6－2　单机无穷大经典电力系统辨识模型(截图)

故障持续 0.1 s 后恢复正常运行。

6.2.2 数据模型的搭建

6.2.2.1 负荷模型

1）输入输出设置

输入：电压有效值 $v_{rms}(t-1)$，功率有效值 $P_{rms}(t-1)$；

输出：功率有效值 $P_{rms}(t)$。

2）模型结构描述

使用 LSTM 网络，其结构示意图如图 6－3 所示，此处设置神经元个数为 2－10－10－10－1，时间步长为 1，学习率为 0.002，“dropout rate”为 0，初始迭代次数 100 000 次，“batch_size”为 1，优化器为 Adam。

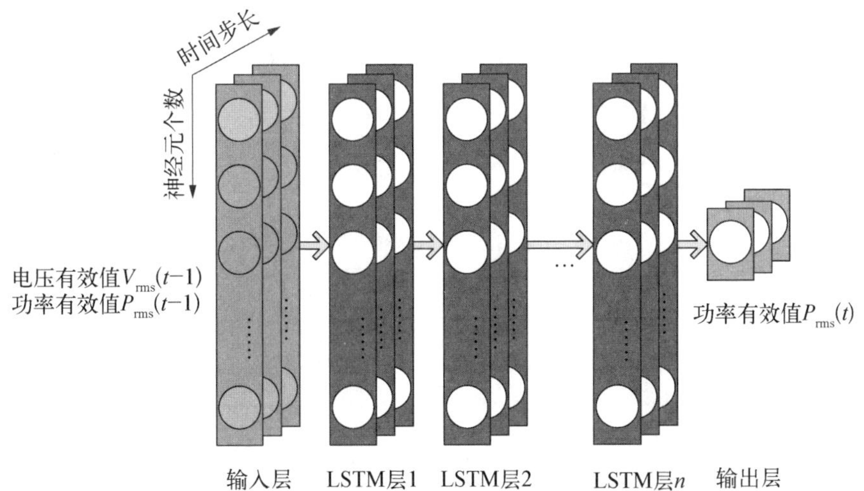

图 6－3 负荷模型 LSTM 网络结构示意图

采用激励函数为 tanh，数据预处理将输入数据归一化至[－0.9，0.9]区间内。

采用图 6－2 中的仿真模型，设置不同故障类型，将得到的数据作为数据集对 LSTM 网络模型进行训练。数据集中包括 336 000 个采样点的数据，48 个故障，以 90％的数据作为训练集，10％的数据作为测试集。

3）实验结果

(1) A 相接地短路功率预测。将 A 相接地短路情境下的 0.9～1.3 s 部分的负荷侧有功功率波形提取出来，通过分析故障前 0.1 s、故障时 0.1 s 和故障后 0.2 s 的数据后，得到测试结果如图 6－4 所示，可见真实值和预测值基本吻合。

(2) 三相接地短路功率预测。将 ABC 三相接地短路情境下的故障及前后时

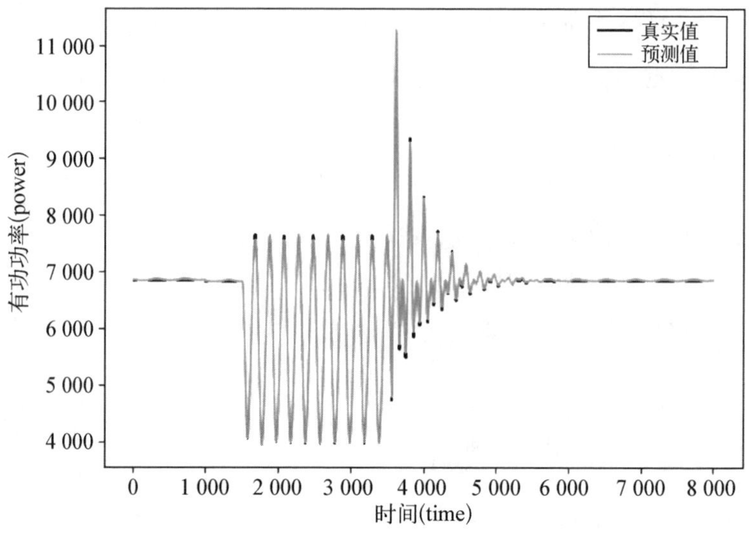

图 6-4　A 相接地短路情景下负荷侧有功值

间部分的负荷侧有功功率波形提取出来，通过分析数据后，得到测试结果如图 6-5 所示；为了展示故障前后的预测结果，图中使用周期性重复以展示，可见真实值和预测值基本吻合。

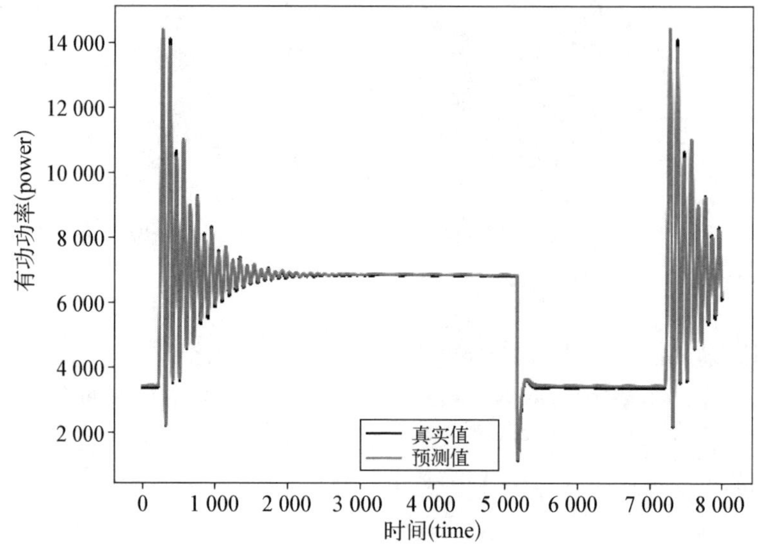

图 6-5　三相短路故障有功值

6.2.2.2　同步发电机模型

1）输入输出设置

由同步发电机输出电磁功率公式设置输入输出：

$$P_{em} \approx mU \frac{E_0 \sin\theta}{x_d} + U\left(\frac{1}{x_q} - \frac{1}{x_d}\right)\sin 2\theta \qquad (6-36)$$

其中，励磁电动势 $E_0 = f(I_f)$。

输入：d 轴电压 $V_d(t-1)$，q 轴电压 $V_q(t-1)$，励磁电流 $I_f(t-1)$，功角 $\theta(t-1)$，功率有效值 $P_{rms}(t-1)$；

输出：功率有效值 $P_{rms}(t)$。

2）模型结构描述

使用 LSTM 网络，其结构示意图如图 6－6 所示，神经元个数为 5－10－10－10－1，其余参数设置同 6.2.2.1。数据量为 30 000×48＝1 440 000。

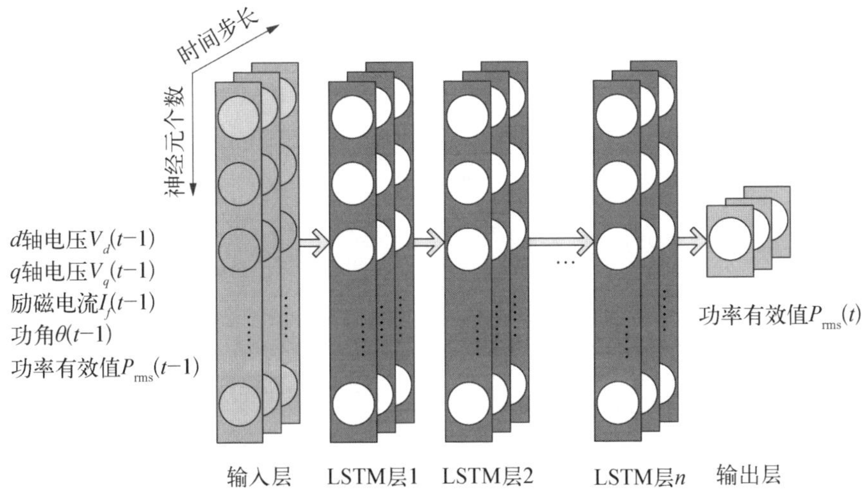

图 6－6　同步发电机模型网络结构

3）实验结果

仍使用图 6－2 所示模型，在 AB 相间短路情境下做如下实验：

（1）测量同步发电机侧有功功率输出波形；

（2）测量同步发电机侧励磁电流波形；

（3）测量同步发电机侧 d 轴电压波形；

（4）测量同步发电机侧 q 轴电压波形；

（5）预测同步发电机侧有功功率输出波形。

将原始数据作为 LSTM 模型的输入，部分数据的实验结果如图 6－7 所示。

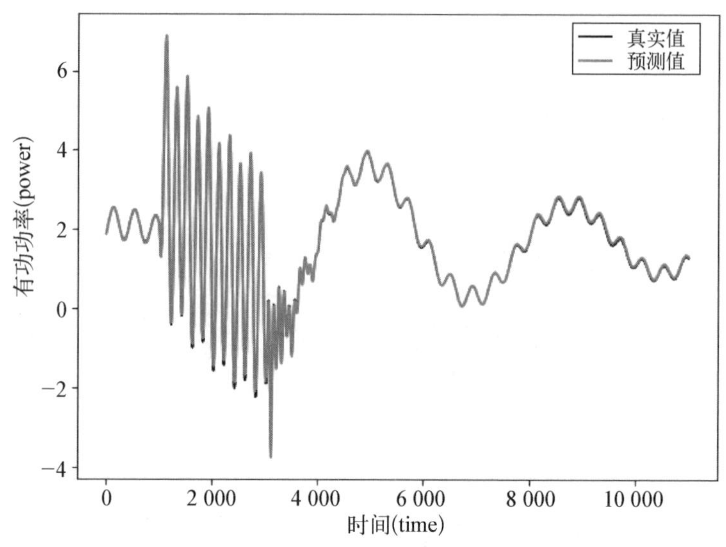

图 6-7　A 相接地短路情景下发电机有功输出值

6.3　负荷预测与异常检测

6.3.1　负荷与用户行为预测和评估

6.3.1.1　负荷预测与用户行为分析[7]

通过研究用户用能行为特性可以为能源网络运行规划和能量管理提供理论依据。与此同时,能源网络中的环境因素也会反过来影响用户用能行为模式。用户的能源禀赋与需求决定了其用能行为偏好,用户用能行为受气象、政策、经济、电价等多种环境因素影响。另外,由于人是非完全理性的,因此用能个体对环境的响应呈现出复杂的波动性、不确定性与多样性,难以将这种用能行为的环境感知特性描述为明确的因果准则,故需要建立用能行为特性分析的研究框架,研究环境对用户行为的影响,探求用户用能行为的响应机理。

从用户侧视角出发,分析用户的用能行为特性,可以帮助管理侧科学认识用能行为模式、把握用能需求变化,从而推动能源消费智能化革命发展[8],为用户提供个性化服务,进一步提升电网侧服务质量。另外,分析用户用能行为特性为能价结构、负荷控制计划的制定,以及需求侧管理等方面提供数据支持,有利于引导用户绿色用能。电力负荷是能源消费中的重要组成部分,数据驱动的用电行为特性分析方法为用能行为分析提供了研究思路与理论框架。

随着泛在物联网与信息化建设与智能计量技术迅速发展,智能电表数量不断增长，带来了海量用户侧数据。这些数据往往蕴含着丰富的用电行为及其内在规律和衍生信息。用电行为分析尝试对用户属性数据、用户用电数据、电力交易数据等电力大数据以及天气数据、社会经济数据等环境数据进行数据采集，采用一定的云数据技术处理和存储方法，提取其中的有效信息。通过分析不同用户的电力诉求和行为特点，建立用户分类模型，实现电力用户精细化分类；再对各类用户分别分析其用电行为的影响因素及关联程度，进而对用户用电行为进行差异化预测，把握用户用电行为的内在规律。上述用电行为特性分析的研究框架如图 6-8 所示。

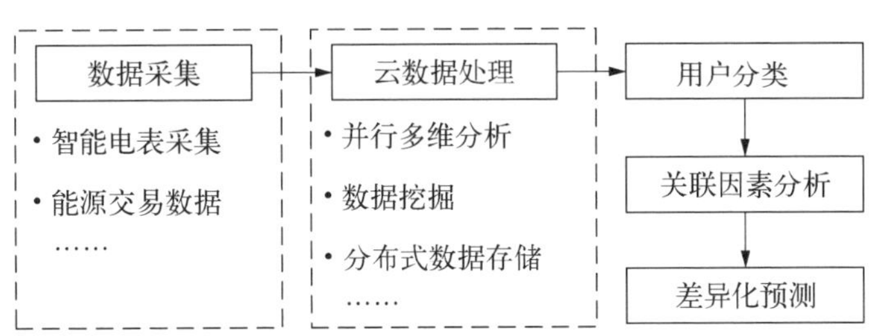

图 6-8 用电行为特性分析研究框架

在用户分类方面，根据属性的分类方法通常按照经验规则进行，即利用电压等级及用电模式、能耗强度、行业、家庭人口等属性对用户分类，建立“用户-属性”对应关系，根据对应关系的权重判断用户类别。这种传统分类方法简便快速，但受经验规则影响较大，分类结果不够精确。因此，近年来越来越多的研究利用数据挖掘技术实现更精细的电力用户分类。常见的方式是根据负荷曲线或负荷特性指标，采用回归方法、聚类算法、模糊算法等方法进行分类，例如 K-means 聚类、模糊 C-means 聚类、K-medoids 聚类、朴素贝叶斯算法、自组织神经网络、分层聚类算法、支持向量机、决策树等。

在用电关联因素辨识方面，其研究主要基于因果分析和数据驱动两种模式。基于因果分析的方法通常是根据某些明确的物理概念进行机理分析，例如实验验证法、专家经验法等。而面对数量庞大的统计关系型数据集，难以利用因果分析法严格推导和精确分析其内在机理，故常采用数据驱动的感知方法，如关联规则挖掘、主成分分析法、互信息法、灰色关联分析、神经网络、支持向量机、混沌理论法等。

在负荷预测方面，负荷预测是电力系统运行管理中的重要研究领域。现代电力系统生产消费的市场化对用电量预测的精确性、可靠性等方面提出了更高要求。人工智能技术的发展使得越来越多智能算法被应用至负荷预测领域，例如随机森林算法、长短期记忆神经网络、深度递归神经网络等。

数据驱动的用电行为特性分析架构，包括用户群体分类、用电关联因素分析、用电行为预测建模三个部分，其技术路线如图 6-9 所示。首先选取多维度用电行为特性评价指标，并基于该指标对用户进行 K-means 聚类，合并多维聚类子空间得到精细化分类结果；进而分析用电行为的潜在关联环境因素，计算关联因素的互信息值，并通过最大联合互信息算法(JMMC)[9]辨识得到高相关、低冗余的强关联因素作为预测建模的输入向量；最后，对各群体分别建立负荷预测模型。

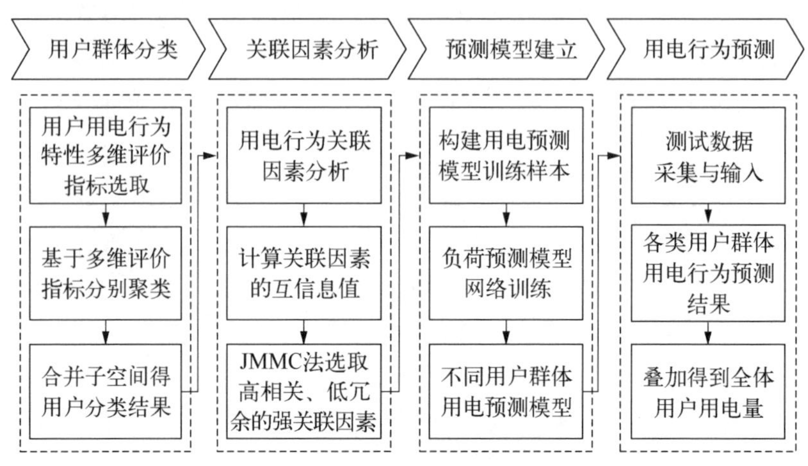

图 6-9　用电行为特性分析技术路线

6.3.1.2　负荷预测建模流程

1）数据预处理

原始数据中可能存在某些缺失、偏离的异常值，需要对异常数据除错补缺。对于负荷数据中出现的不超过数据量 20%的空缺值和“NAN”异常值，采用相邻负荷数据的均值进行填充，若出现连续异常数据，则继续向两端查找直至非空值。

在用户分类时，由于不同特征具有不同量纲，直接使用原始数据将导致聚类效果差、收敛速度慢等后果。为避免出现这些问题，应对原始特征数据进行标准处理。对负荷数据进行标准化处理，可有效躲避偏离数据的影响，处理方法为

$$x_1(i)=\frac{x_0(i)-\mu}{\sigma} \tag{6-37}$$

式中，$x_1(i)$ 为原始数据 $x_0(i)$ 经标准化处理后的数据值，μ、σ 分别为均值和标准差。

对于负荷特性参数，使用标准化负荷数据计算后再对其进行归一化处理，使其限制在[0, 1]范围内，即

$$x_1(i)=\frac{x_0(i)-x_{\min}}{x_{\max}-x_{\min}} \tag{6-38}$$

式中，$x_1(i)$ 为原始数据 $x_0(i)$ 经归一化处理后的数据值。

在进行负荷预测时，对温度因素、时刻值标准化处理，如式(6-37)所示，对负荷数据标准化后归一化处理，如式(6-38)所示，从而提升预测精度与收敛速度。

2) 用户多维聚类

首先，计算月用电量时序向量 $\boldsymbol{V}_\alpha$、日内用电量时序向量 $\boldsymbol{V}_\beta$ 和负荷特性指标 $\boldsymbol{V}\gamma$（包括年最大负荷利用小时数 γ_1、典型日平均负荷率 γ_2），分别作为多维聚类的特征向量。并通过预处理进行标准化，基于 K-means 聚类算法进行聚类分析。

3) 用电关联因素识别

用电影响因素之间可能存在无关性与冗余性，利用互信息法对特征进行排序后，还需要考虑特征之间的相关性和冗余性，进一步修正选取的最佳特征子集。计算用户负荷数据与社会经济指标、天气因素两方面因素的互信息值，采用 JMMC 算法对因素排序，分析相关因素去冗余后的关联性强弱。探究环境因素对用户用电行为模式的影响。

4) 构建 LSTM 负荷预测模型

(1) 输入输出设置。考虑多维因素的影响，该负荷预测程序的输入特征向量由负荷值、日期类型、时间戳、最高气温和最低气温构成，共 5 维数据，即

$$\text{input}(t)=[\text{Load}(t),\ \text{DayType}(t),\ t,\ T_{\max},\ T_{\min}] \tag{6-39}$$

式中，Load 为该点负荷值；DayType 为日期类型，周日取 1，周六取 0.5，工作日取 0；t 为时刻值，取值范围为 1～96；$T_{\max}$、$T_{\min}$ 分别为该日最高温度和最低温度。

模型输出向量为预测时刻负荷值，即 $\text{output}(t)=\text{Load}(t+1)$，确立输入输出特征向量后，建立单层 LSTM 模型，经测试后确定网络隐含层神经元个数为 12 个。

为提高网络的预测效果及处理效率，需选择合理的阶数。本节通过计算负荷曲线时间序列的自相关系数来确定模型阶数，各阶自相关系数能够反映各滞时状态间的相关关系，即可以反映序列的周期规律，时间序列 x_i 的 k 阶自相关系数 c_k 的计算公式为

$$c_k=\sum_{i=1}^{n-k}\frac{(x_i-\bar{x})(x_{i+h}-\bar{x})}{\sum_{i=1}^{n}(x_i-\bar{x})^2} \tag{6-40}$$

式中，$\bar{x}$ 为时间序列 x_i 的均值，n 为时间序列的长度。

以日前负荷预测为例，计算历史负荷数据集的自相关系数，计算结果如图 6-10 所示，由图可知，负荷曲线具有显著的周期性，其周期长度与一天 96 个采样点重合，且与预测日前一天的相关系数最高。选取自相关系数的峰值点作为滚动预测的阶数，故取 96 作为日前负荷预测的阶数。

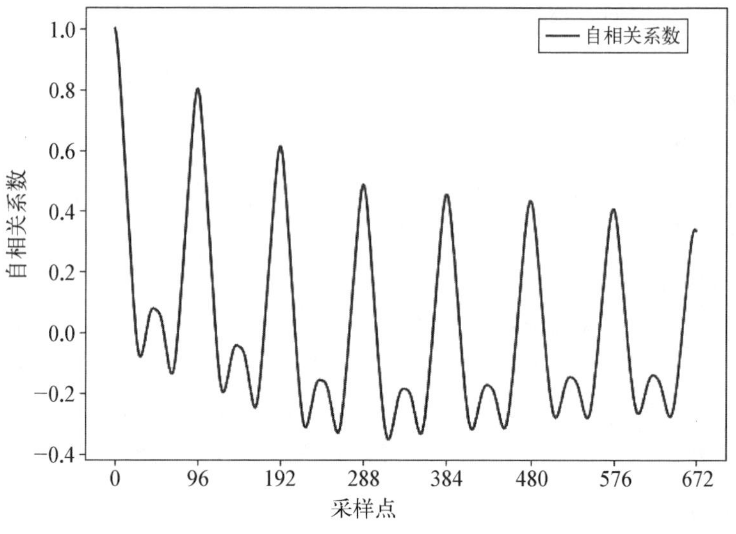

图 6-10　自相关系数计算结果

(2) 算法流程图。构建完毕 LSTM 负荷预测模型的各层基本结构并设置适当超参数后，读取输入数据并构造训练集，根据如图 6-11 所示训练流程图编写程序，采用 Tensorflow 包下自带的 Adam 优化器作为迭代优化方式。Adam 方法作为一种自适应学习率算法，与其他自适应学习率算法相比，其收敛速度更快，学习效果更为有效，而且可以纠正其他优化技术中存在的问题，如学习率消失、收敛过慢或是高方差的参数更新导致损失函数波动较大等问题。

(3) 预测效果评价。预测效果评价指标采用平均绝对百分比误差(mean absolute percentage error, MAPE)和均方根误差(root mean square error, RMSE)，即

$$\delta_{\mathrm{MAPE}}=\frac{1}{n}\sum_{i=1}^{n}\frac{|y_i-d_i|}{y_i}\times 100\% \tag{6-41}$$

$$\delta_{\mathrm{RMSE}}=\sqrt{\frac{1}{n}\sum_{i=1}^{n}(y_i-d_i)^2} \tag{6-42}$$

式中，n 为预测点数量，y_i、d_i 分别为 i 点的负荷真实值和预测值。

6.3.2　电力系统稳定性扰动早期发现

电力系统稳定性是指电力系统在给定的初始运行条件下受到扰动后回到平衡状态，同时大部分系统变量保持有界并使得全系统保持完整的能力。而随着电网的发展特别是智能电网的出现，电力系统的发、输、配、用各个环节均呈开放状态，且负荷以及分布式能源的接入使得电力系统的运行机制更为自由，这极大地增加

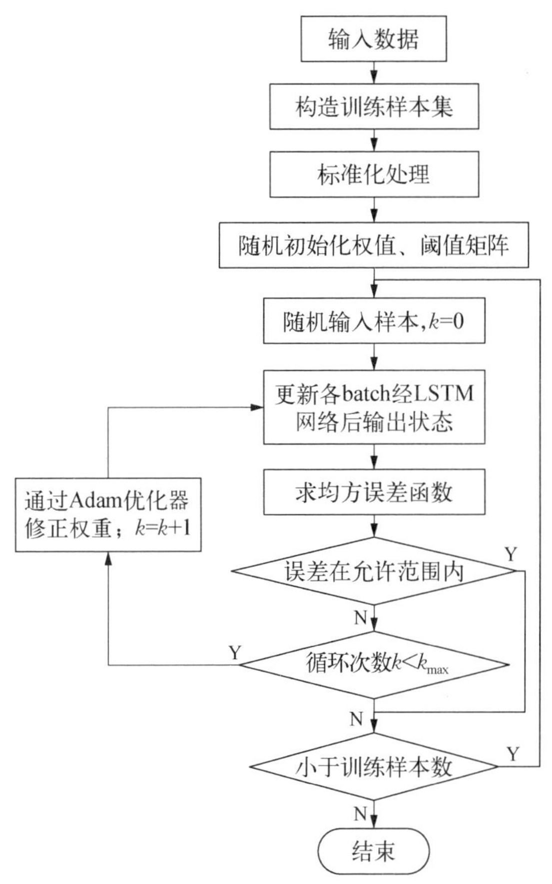

图 6-11 LSTM 训练流程图

了系统分析的复杂性。

6.3.2.1 基于随机矩阵模型的系统认知

将随机矩阵模型与数据预处理、统计理论和检测方法体系相结合可设计开发出多种电力系统认知功能。基于假设检验的异常分析和基于矩阵操作的相关性分析两种认知功能,可用以实现系统扰动事件发现、扰动事件分析和系统综合评价等认知职能。电力系统的 RMM 表征如图 6-12 所示。

经典数据驱动的故障检测方案主要根据训练出的数据模型对采样数据进行批处理分类: ① 正常/异常,② 不同异常类型;前者为故障/异常检测,后者为故障隔离/分类/诊断。然而,故障数据模型难以由先验地推导或仿真得到,特别对新元素和随机行为渗透率高的系统。RMM 的建立是一个非监督式过程,可通过选取或设置异常检测场景、构建待检测矩阵、应用随机矩阵理论进行指标构建、状态研判、结果分析等过程实现故障检测职能。

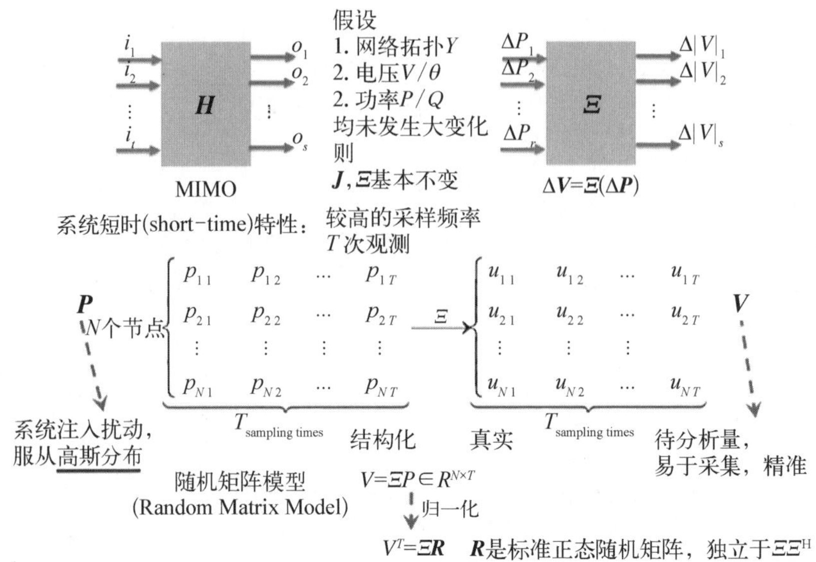

图 6-12　电力系统的 RMM 表征

6.3.2.2　电网典型场景的扰动分析

1）扰动描述

借鉴对通信系统的描述，可将电力系统划分为以下 3 种场景。

（1）系统中不含信号只含白噪声，即系统不存在异常事件，只存在用户负荷和小分布式电源的电能随机波动和随机测量误差等。此时，可将系统建模成 R。

（2）系统中含有待检测信号，即系统存在扰动，如负荷突变或出现短路、断路故障等。此时，可将系统建模成 R+S。其中，模型中的 S 即为扰动。

（3）系统存在一定特征的已知信号，同时含有未知待检测信号。此时，可将系统建模成 R+A+S。

采用 IEEE 118 节点输电网系统，并按照文献[10]，将电网分为 6 个区，如图 6-13 所示。仿真方法为 MATLAB 下的工具包 Matpower。

现假设电网中发生如下事件。

事件 1：在某时刻某节点的负荷突变；

事件 2：在某时刻某节点的负荷持续增长，致使电网崩溃。

基于事件 1 的分析，也适用于检测稳态电网中的短路、断路等异常事件。而事件 2 负荷持续增长致使电网失稳则和鼻形曲线、极限负荷等有关，是系统静态电压稳定性分析的重要课题。具体事件设置如表 6-1 所示。

其余各节点的负荷系统稳态初始值为工具包 Matpower 中默认的 IEEE 118 节点负荷值。在较短时间内系统的扰动注入主要是随机波动，而针对一些小的而

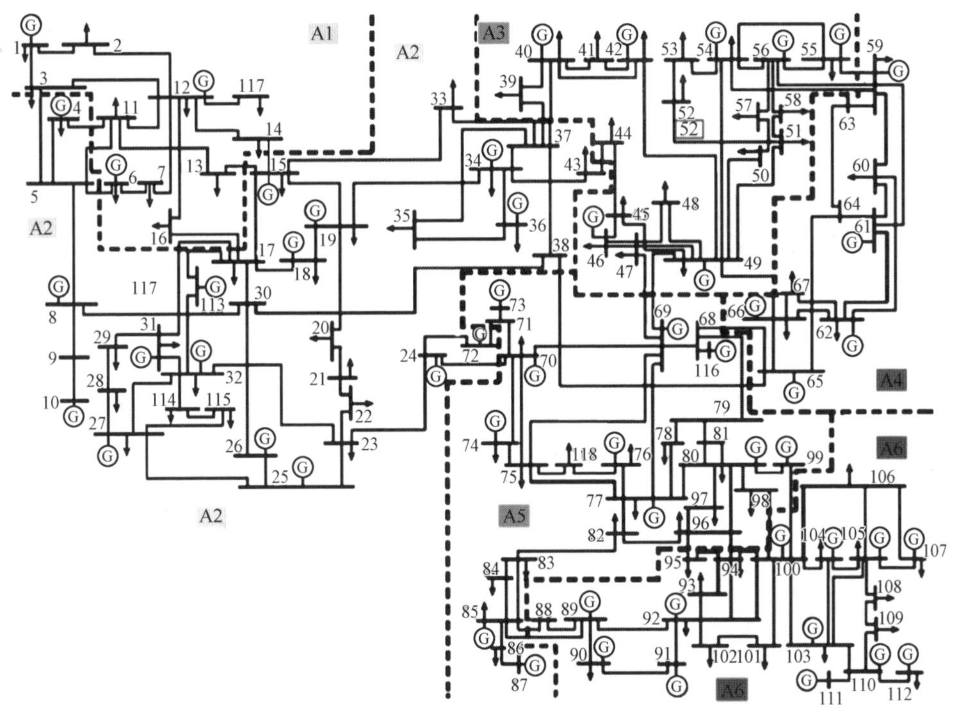

图 6-13 IEEE 118 节点系统的六分区输电网示意图

表 6-1 事 件 设 置

状 况	E1	E2	E3	E4
时间/s	1～500	501～900	901～1 300	1 301～2 500
$P_{\text{BUS-52}}$	0	30	120	$t/4-205$

注：$P_{\text{BUS-52}}$为节点 52 的负荷需求。

并非高斯波动的扰动，可附加一个工程可控的人工随机高斯信号将其覆盖。因此可将其余各节点的运行假设如下：

$$\tilde{y}_{\text{load}_n t}=y_{\text{load}_n t}\times(1+\gamma_{\text{Mul}}\times r_1)+\gamma_{\text{Acc}}\times r_2 \tag{6-43}$$

式中，r_1 和 r_2 为标准高斯随机矩阵，$\gamma_{\text{Acc}}=0.1$，$\gamma_{\text{Mul}}=0.001$。

这样，就将待分析的系统模型用 R+S 建模。可进一步对模型 R+S 构造如下检测函数来实现异常发现：① 正常情况 H0，即不存在信号 S；② 异常情况 H1，即存在信号 S。最终，设立系统的事件演变过程如图 6-14 所示，其事件是待认知的，其量化数据和态势未知。该场景下，系统将得到采样数据源 Ω_V：$\hat{v}_{i,j}\in\mathbb{R}^{118\times 2\,500}$，其采样节点数 $n=118$，样本数量 $t=2\,500$，如图 6-14 所示。

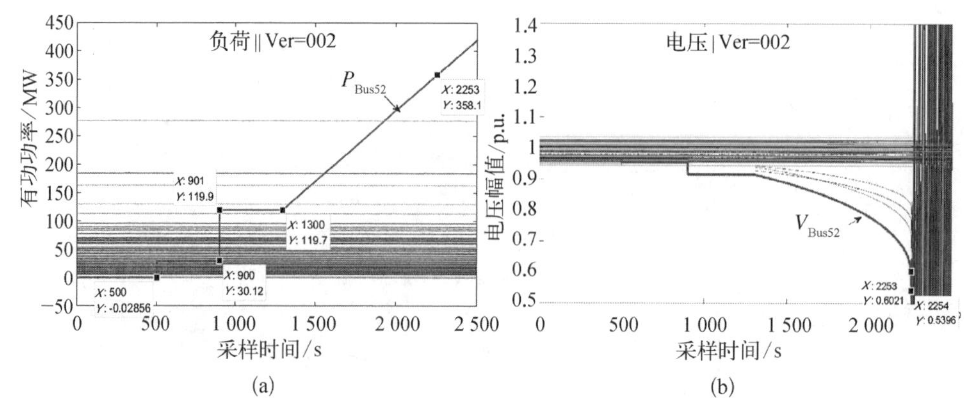

图 6-14　异常事件及采样数据(扫描二维码可查阅彩图)

(a) 事件示意图(未知,待认知);(b) 采样电压数据(可直接观测,分析源)

2) 基于M-P律(M-P Law)和圆环律(Ring Law)的早期异常发现

采用移动窗口法对系统进行动态分析,当把窗口右边设置为当前时刻,即成为实时分析。在数据源 Ω 中选择 $N=118$, $T=240$ 的时空数据块作为输入断面,即在空间层面选择所有的118个节点作为空间跨度;在时间层面以当前时刻为数据断面的时间末点,再取前239个时间点共计240个时间点作为时间跨度。结合假设事件,选取两个典型断面作为对比,如图6-15所示。

断面 X_0: 时段为 $t=[61, 300]$,系统无异常事件;

断面 X_6: 时段为 $t=[662, 901]$,系统节点52发生负荷突增事件的第一时刻。

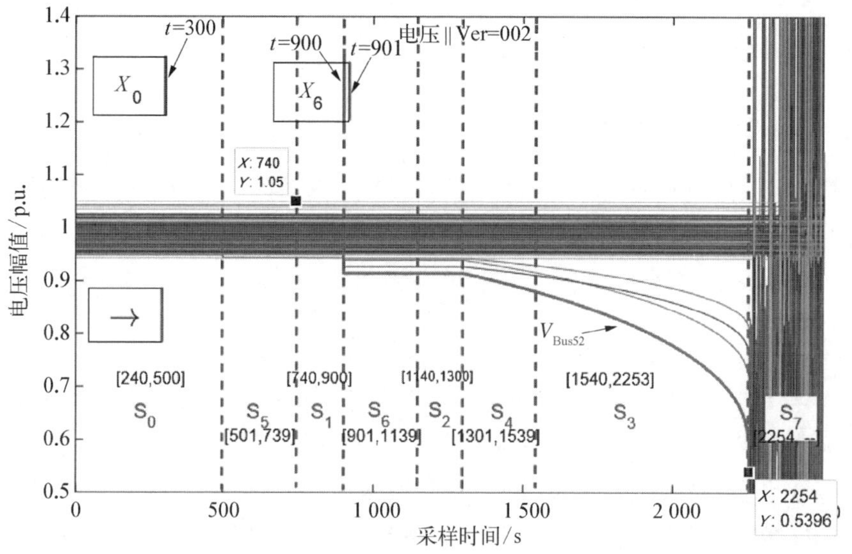

图 6-15　系统状态和数据断面分类(扫描二维码可查阅彩图)

进一步,依据随机矩阵模型中的数据处理步骤,可得到 X_0 和 X_6 的基于 M-P 定律和圆环定律的分析结果,如图 6-16 所示。

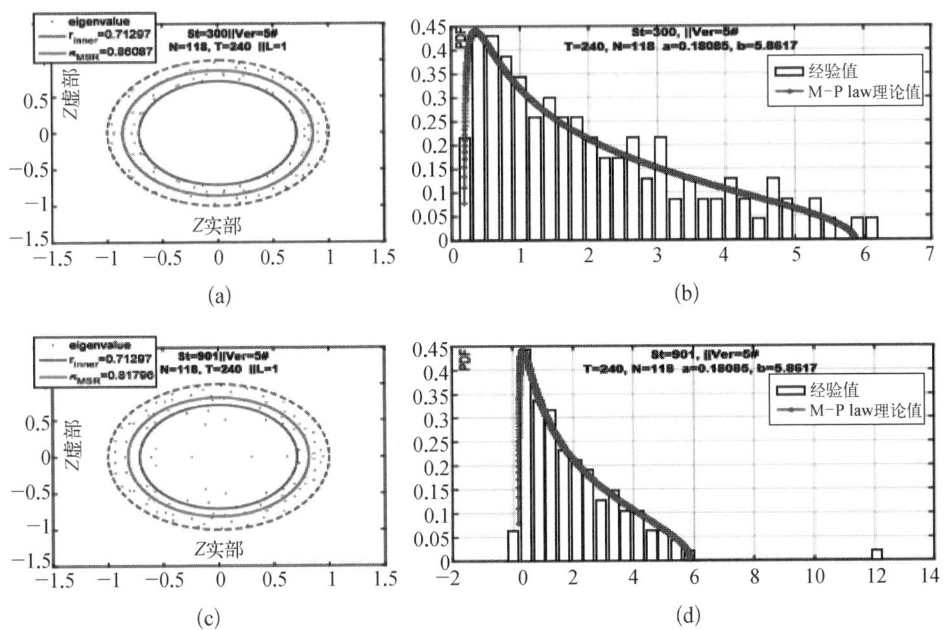

图 6-16 X_0 和 X_6 的基于 M-P 定律和圆环定律的分析结果

(a) 断面 X_0 的圆环定律;(b) 断面 X_0 的 M-P 定律;(c) 断面 X_6 的圆环定律;(d) 断面 X_0 的 M-P 定律

3) LES 指标的表征力分析

计算出任意指定断面的高维指标值 τ_{MSR},结合移动窗口法,可绘制事件的全过程高维指标图,即 $\tau_{\mathrm{MSR}}—t$ 曲线,如图 6-17 所示。指标 τ_{MSR} 对事件是敏感的,在异常出现的第一时刻即可发现。

可以构造不同的 LES 指标,从多个角度观测系统的演变(见图 6-18)。将纵坐标值标准化为 LES 的理论相对值。图 6-18 的结果表明,不同指标的表现形式和力度均不同;在简单事件下,各指标均对事件敏感,可用来做系统异常检测。这些不同 LES 即构成系统指标体系。在实际工程,系统事件的复杂度往往较高,不同指标的各自效用将会被突出。

4) 基于矩阵拼接操作的扰动源锁定

系统状态取决于多个影响因素。假设某电网的状态是一个 N 维参数的变量,且有 M 个潜在的影响因素,通过在某一时间段 $t_i(i=1, 2, \cdots, T)$ 内的测量,电网状态的 N 维向量可自然地组成基本状态矩阵 $\boldsymbol{B} \in \boldsymbol{C}^{N\times T}$,而各个影响因素亦可得到该时段的值,构成因素向量 $\boldsymbol{c}_j \in \boldsymbol{C}^{1\times T}(j=1, 2, \cdots, M)$。

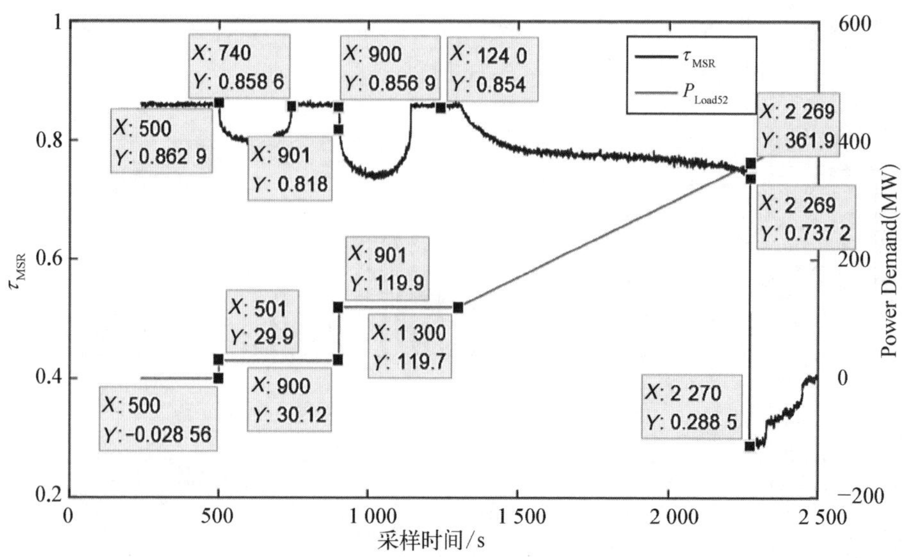

图 6-17　事件全过程的 $\tau_{MSR}-t$ 曲线

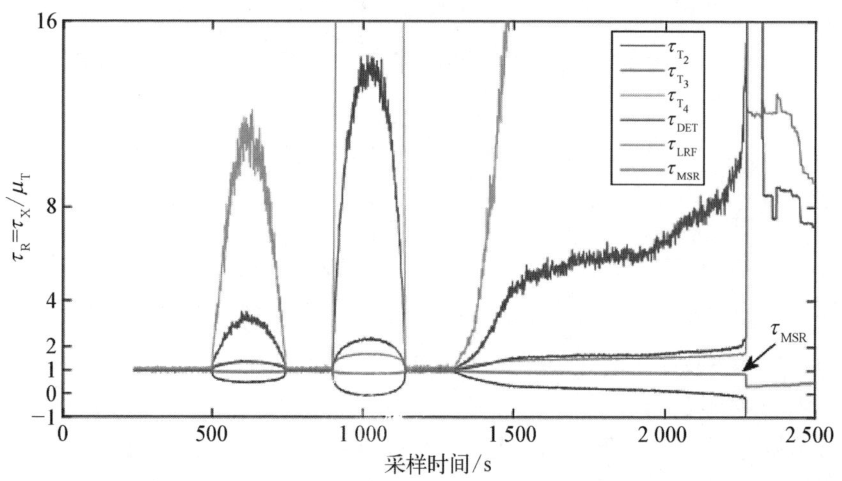

图 6-18　系统在不同 LES 视角下的视图(扫描二维码可查阅彩图)

具有相同长度的两个矩阵(向量)可通过拼接操作形成一个新的矩阵。基于这个常识,将基本状态矩阵 $\boldsymbol{B}$ 和因素向量 $\boldsymbol{c}_j$ 拼接成合成矩阵 $\boldsymbol{A}_j$。

为了便于分析其影响因子对基本状态的影响力,需要放大影响因子的影响力。选定因素向量 $\boldsymbol{c}_j$,通过一定的方式复制该因素向量 K 次(K 可取 $0.4\times N$)形成一个与状态矩阵规模匹配的矩阵 $\boldsymbol{D}_j$,如下所示:

$$\boldsymbol{D}_j=\left[\boldsymbol{c}_j^{\mathrm{H}} \quad \boldsymbol{c}_j^{\mathrm{H}} \quad \cdots \quad \boldsymbol{c}_j^{\mathrm{H}}\right]^{\mathrm{H}} \in \boldsymbol{C}^{K\times T} \tag{6-44}$$

下一步,在 $\boldsymbol{D}_j$ 中引入白噪声以消除内部相关性,如下所示:

$$C_j = D_j + \eta_j R \ (j=1,\ 2,\ \cdots,\ m) \tag{6-45}$$

式中，$\boldsymbol{R}$ 为标准高斯随机矩阵，η_j 与信噪比 ρ 相关：

$$\rho_j = \frac{\mathrm{Tr}(\boldsymbol{D}_j \boldsymbol{D}_j^{\mathrm{H}})}{\mathrm{Tr}(\boldsymbol{R}\boldsymbol{R}^{\mathrm{H}}) \times \eta_j^2} \ (j=1,\ 2,\ \cdots,\ m) \tag{6-46}$$

这样，就可以并行地对每个因素向量 $\boldsymbol{c}_j$ 通过矩阵拼接形成合成矩阵 $\boldsymbol{A}_j$ ：

$$\boldsymbol{A}_j = \begin{bmatrix} \boldsymbol{B} \\ \boldsymbol{C}_j \end{bmatrix} \ (j=1,\ 2,\ \cdots,\ m) \tag{6-47}$$

对比各 $\boldsymbol{A}_j$ 的 LES 指标即可找出影响状态的敏感因素。

在实际电力系统中，有各种类型的数据，如频率、电压/电流的幅值/相角、潮流等。往往选择电压幅值作为基本矩阵，主要理由如下：

(1) 电压幅值是最基本的量测量，可直接测量，且测量结果独立于拓扑结构；

(2) 各节点电压相对稳定、独立；

(3) 电压幅值有很好的准确性和冗余性；

(4) 电压与节点对应，易于工程解释；

(5) 电压量往往也蕴含了其余参量的信息[11]。

而对于影响因素，列举如下：

(1) 电气因素，节点负荷、节点发电机等；

(2) 气候因素，温度、风速、光强等；

(3) 其他因素，电价、国内生产总值(GDP)等。

注意：合成矩阵 $\boldsymbol{A}$ 由多种因素构成，在拼接过程中要求各因素的数据长度一样，而在实际中多数因素的数据频率并不一致。此时，可利用一些数学方法如插值法等，强行让各行保持同样的长度以支撑拼接操作。

选取构造函数 $\varphi(z)$ 为切比雪夫多项式 $T_2 = 2x^2 - 1$，LES 指标 τ_{T_2} 影响下系统的视图如图 6-19 所示。蓝色虚线为基本状态矩阵 $\boldsymbol{B}$ 的指标，可以观测到事件一负荷突变和事件二全网崩溃。进一步，将 118 节点系统中的各个节点数据 $\boldsymbol{c}_j$ 和基本状态矩阵 $\boldsymbol{B}$ 做拼接，构建各节点合成矩阵 $\boldsymbol{A}_j$。可以推导出如下结论：节点 52 (A52)的指标变化程度最大，很可能是系统扰动的诱因或主要影响对象，后面依次是节点 51、53、58，而其余节点几乎无关或不受影响。由参考事件假设和网络拓扑结构图可知，此推论和工程经验一致。

5) 基于矩阵分块操作的扰动影响分析

对于实际电网运行系统，矩阵分块操作可分为以下两种情况：

(1) 数据本身就分布在各子系统中，分块操作则成为分布式计算的一种实现

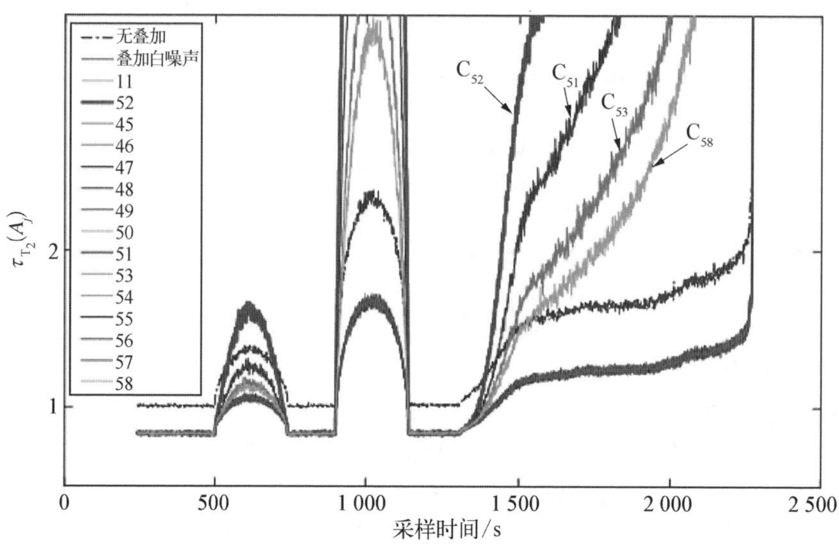

图 6-19　基于拼接矩阵的敏感性分析(扫描二维码可查阅彩图)

方式,既利用了本地的存储、计算资源,也节约了通信资源;

(2) 将汇集在一起的数据人为地拆分为多个数据子块,对数据进行降维。

两种方法从数学层面上看并无不同,均可写成 $\boldsymbol{A}=[\boldsymbol{A}_1^{\mathrm{H}}\quad \boldsymbol{A}_2^{\mathrm{H}}\quad \cdots\quad \boldsymbol{A}_m^{\mathrm{H}}]^{\mathrm{H}}$ 的形式。

将 118 节点系统分为六个子区: A1～A6。计算各子区的 τ_{MSR},结果如图 6-20 所示。

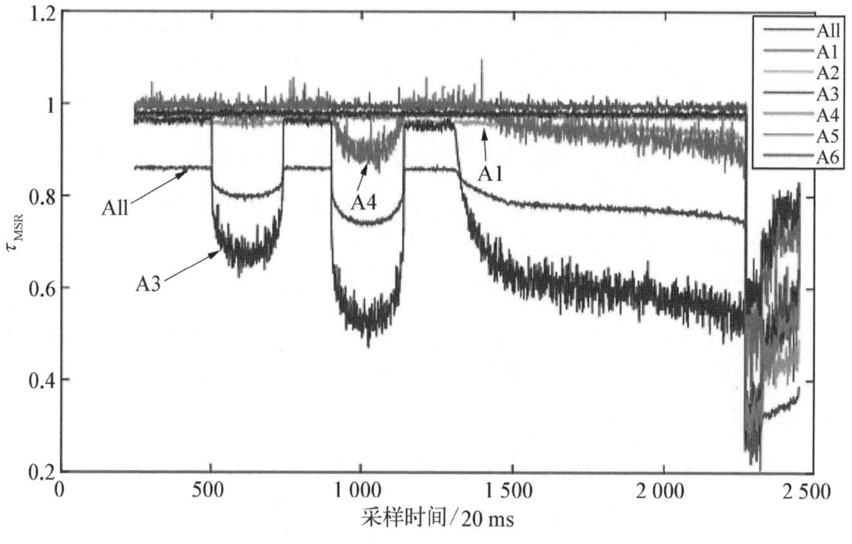

图 6-20　系统的分区指标值(扫描二维码可查阅彩图)

各子区的节点数相对较少(远小于 118),故各子区指标值波动较大且存在毛刺,表现不如全网指标曲线(标注为 All)平滑。但依旧可以进行故障检测,进一步,可以断定出系统存在两起局部异常事件和一起整体电网故障。第一个局部事件影响范围局限于 A3 子区,而第二个局部故障则间接对 A4、A2 子区有一定冲击。这与所假设的事件:$t=500$ 时刻 52 节点负荷小突变、$t=900$ 时刻 52 节点负荷较大突变以及 $t=1\,300$ 时刻 52 节点负荷持续增长直至拖垮系统电压是一致的。

分块矩阵操作从数据层面对互联电网解耦,为未来分析复杂的巨型能源互联网提供了一种有效途径。该方法可以和分布式计算相结合,契合了电网分布式的特点,可充分利用电网中本地的数据存储、通信和计算资源。

6.4 基于时空数据的设备全生命周期管理

设备全生命周期管理可以描述成:在设备从采购、施工、运维到资产性能损耗至报废的整个周期内,设备所有者综合考虑设备的可靠性和经济性,对各个环节进行有序管理以达到优化资产使用效率、降低维护检修成本、延长使用寿命的目的[12]。

设备全生命周期管理优是站在系统的角度上管理设备资产的规划、设计、采购、建设、运营、检修、报废处理的全过程,在保障企业运行安全、高效生产的前提下达到设备生命周期费用最经济、设备综合产能最高的理想目标[13]。

6.4.1 电力设备全生命周期的阶段

6.4.1.1 设备建设期

电网设备的采购通常采用公开招标模式。参与投标的供应商数量众多、涵盖范围广,通过市场化竞争,设备采购者应综合考虑设备质量、型号、寿命等因素,同时还需考虑供应商的资质、服务水平、响应能力等因素,在保障设备质量以及售后服务的同时追求较低的报价,从而降低采购成本,提高经济利益。在设备安装过程中,应在保障施工安全和工程质量的前提下控制工程进度,不能为了追求设备安装的速度和便利而使电网的安全稳定运行存在风险和隐患。

6.4.1.2 设备运行维护期

电力系统的设备分为一次设备和二次设备。一次设备是直接生产、输送、分配电能的设备,如发电机、变压器、断路器、隔离开关、输电线路等;二次设备是对一次设备进行控制、调节、保护、监测的设备,如继电保护装置、测量仪表等。二次设备通过电压互感器、电流互感器和一次设备建立联系。

电力设备的检修分为三个阶段：事后检修、计划检修和状态检修。

(1) 事后检修：第一阶段，适用于电网发展初期，设备损坏后才检修；

(2) 计划检修：第二阶段，是一种定期维修方式。其特点是不管设备是否存在缺陷，到规定的时间都要进行检修。计划检修对保障设备的安全经济运行发挥了重要作用，但是存在一定缺点，如检修不足或检修过剩；对不必要的设备进行检修会造成人力、物力浪费和停电损失。此外，定期检修容易出现在两次检修间隔的时间段内设备发生故障的现象，从而造成事故及停电损失；

(3) 状态检修：第三阶段，利用状态检测和诊断技术特别是在线诊断技术，提供电气设备状态信息，可准确判断电气设备健康状况，从而安排检修计划。

6.4.1.3 设备改造报废期

电网设备有其生命周期的限制，在设备服役后期对其进行技术改造，可延长其使用年限，但应综合考虑改造费用、改造后设备运行的可靠性和寿命延长时间等诸多因素，并与购买新设备的成本进行对比，确定是否进行技术改造。若设备改造成本过高或改造后设备性能无法达到使用要求，应当及时履行报废流程，避免不必要的隐患故障。可将报废设备折价变卖以降低电网企业成本[14]。

设备全生命周期过程中，设备性能、剩余寿命等都会随着时间的推移和运行环境的改变而产生较大的变化，研究设备质量变化规律和其影响因素是设备全生命周期管理的核心研究内容。构建设备全生命周期质量评价体系模型时，既要反映评价对象的主要性质指标，又要明确决策的要求和目标。在分析影响设备全生命周期各阶段的质量因素时，将错综复杂的质量因素分解成比较简单、容易被理解的基本单元，从复杂的关系中找出各因素之间的本质联系，抓住主要矛盾。因此，要建立一套完整、客观的设备质量评价体系模型。

6.4.2 状态检修中电气设备状态的综合判别

与计划检修相比，状态检修减少了检修不足或者检修过剩状况的发生概率，具有如下优点[15]：

(1) 避免了过多的检修拆装，减少了设备的磨损，有利于延长电气设备的使用寿命；

(2) 减少了不必要的检修造成的人力、物力浪费和停电损失，同时提升了供电可靠性；

(3) 根据状态监测参数可提前发现隐患，把事故消灭在萌芽阶段，减少了恶性事故的发生；

(4) 通过大量的状态监测参数可分析设备性能指标下降的原因，及时调整和优化设备的运行方式[16]。

状态检修的核心是建立一套电力设备当前状况和发展趋势的诊断/评估系统。目前,国内主要从两个方面开展状态检修的相关研究:一是对设备进行不间断实时动态的在线监测;二是以离线检测为主,通过各种离线数据分析来实现设备状态评估。

在线监测是在运行电压下监测,不受周期性限制。测量和分析实现自动化,既能避免盲目的停电试验,又能提高监测的可靠性和效率。但由于在线监测采用灵敏度较高的传感器进行实时监测,测量数据可能由于外界干扰而失真。

离线检测方便快捷,但需停电运行,而重要的电力设备不能轻易停止运行。离线检测只能周期性进行而不能连续实施;且停电后的设备状态(例如作用电场和温升等)和运行中不相符合,可能会影响诊断的正确性。

因此,为保证电气设备维护的合理化与电力系统的安全经济运行,需要对电气设备进行在线监测和离线检测相结合的综合判别[16]。

(1) 在线监测:设置预警值,进行数据分析。

(2) 离线补充测试:在线监测判断电气设备需进行检修后,应对设备进行离线补充测试。如对变压器、断路器进行的油样试验就是带电离线测试,即抽出油样进行色谱分析,以监测其潜伏型故障。

(3) 停电试验:如果在线监测和离线测试分析出设备存在潜伏型故障,则需将设备退出运行,做停电试验综合分析其性能。

目前,状态检修已经获得了较为广泛的应用,但在实际应用中仍然存在以下问题:一是缺乏对设备状态检修效果的评估策略,仅以在线监测装置的应用数量来衡量状态检修应用的深度;二是缺乏科学把握设备当前健康状况和未来发展趋势的评估方法,对设备的健康评估仍局限在原有预防性试验标准框架下;三是缺乏对状态监测中各类数据的综合统计分析算法[17]。

6.4.3 基于随机矩阵理论的配电网变压器健康状态在线评估

传统的电力设备状态评估和故障诊断大都基于少量设备状态检测参数和预防性试验参数进行分析。分析模型的建立、模型参数和阈值的设定依赖于理论计算、试验结果分析以及专家经验,同时利用少量的数据样本结合人工智能和统计分析的方法来解决知识和测量数据的不精确性、参数权重的不合理性等问题。应用的分析方法主要包括累积扣分、几何平均、统计分析等简单数学方法以及模糊理论、贝叶斯网络、证据推理、物元理论、故障树、灰色层次分析等智能分析方法。关于故障诊断的研究大多利用油中溶解的气体的组分、局部放电特征参数、电气试验参数等数据进行判断,除了单一阈值判断法外,不少研究基于故障样本数据进行有监督的机器学习,从而实现故障模式的判别和严重程度的界定。这些设备状态评估、诊断方法的结合对设备缺陷、运行工况的分析，以及对设备的检修决策的制定起到了很好的支撑作用，但离全面支持智能电网运行、检修、调度和控制，实现高压设备的状态检修和资产全寿命管理，并达到智能电网的要求还有相当的发展空间，主要差距表现在以下两方面。

（1）目前设备评估、诊断中大都采用因果关系和机理分析模型以及统一标准的参数和阈值，参数和阈值的确定主要基于对大量实验数据的统计分析，然而高压输变电设备的时效老化和突发故障是在高压电场、热、机械力以及运行工况、气象环境等多种因素的共同作用下发生的，设备故障原因、故障现象和故障机理具有多样性、随机性，且影响输变电设备运行状态的因素众多，难以建立完善的、准确的设备状态评估及诊断机理模型，而且统一标准的模型参数和判断阈值难以保证对特定设备的适用性。

（2）设备状态评价和诊断模型无法充分利用设备大量状态信息之间、状态变化与电网运行环境之间蕴含的内在规律和关联关系进行综合分析，状态评价结果较片面，同时也无法全面反映故障演变与表现特征之间的客观规律，难以实现潜伏性故障的发现和预测。

随着智能电网的建设与发展，输变电设备的状态监测、生产管理、运行调度、环境气象等信息逐步在统一的信息平台上集成共享，推动输变电设备状态评价、诊断和预测向基于全景状态的信息集成和综合分析方向发展。然而，影响输变电设备运行状态的因素众多，爆发式增长的状态监测数据加之与设备状态密切相关的电网运行、气象环境等信息数据量巨大，难以建立完善的、准确的设备状态评估及诊断机理模型对这些数据进行分析，在这种背景下，大数据分析技术提供了一种全新的解决思路和技术手段。

6.4.3.1 配电网变压器状态评估背景

配电网变压器健康状态评估的基础是状态监测和综合分析：状态监测即获取数据，综合分析即分析数据。状态监测的常用方法有巡视检查、预防性试验、带电测试、在线监测。因此，在线监测不等同于状态监测，更不等同于状态评估，它只是数据的重要来源之一。设备状态评估除了要参考监测参数，还需考虑设备历次检修试验情况，同厂家、同种设备性能及故障率等诸多因素，并通过对上述因素的综合分析方可得到。

配电网变压器健康状态在线评估已在国家电网推行数十年但成效并不显著，其核心难点在于难以找到有效的健康状态评估指标。传统的设备评估往往基于自身的单个或数个量测量，处于一个较低的维度，难以利用设备多/高维数据的“福利”继而形成有效（即标准差/波动较小）的设备健康状态有力表征指标。针对难以找到有效的健康状态评估指标的核心难点，基于随机矩阵理论分析配电网变压器设备运行数据中的时空相关性进而萃取出设备健康状态表征量，可兼顾敏感性和可靠性。该技术已应用于主变压器状态检修、配电网薄弱环节分析等项目，并部署于实际系统中。

配电网变压器具有复杂的内部结构，在变压器的运行过程中极易出现绝缘老化、管路损坏以及维护不当等问题，这些问题会造成变压器的故障，从而对配电网系统的安全运行造成影响。通常，变压器的运行涉及以下电气/非电气参数，如图 6-21 所示。

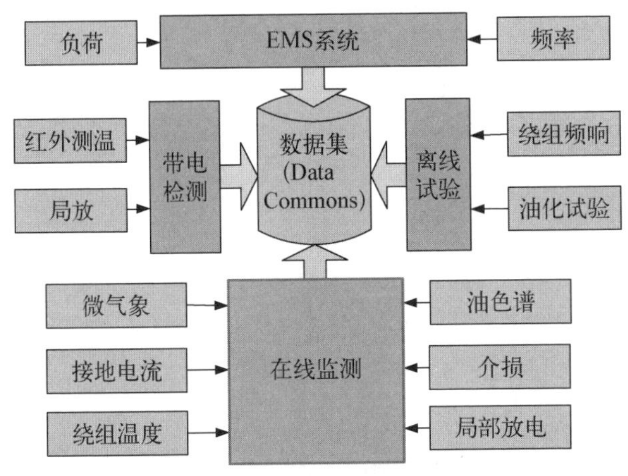

图 6-21　变压器运行涉及数据

静态/属性参数：生产厂家、设备型号、出厂时间、投运时间、维修记录、设备ID、CT 变比、PT 变比等。

运行数据：三相电流、三相电压、视在功率、瞬时功率等。

状态监测数据：绕组温度（顶层、底层油温）、接地电流、套管介损（全电流、电容值、介损值）、局部放电、环境温度、环境湿度、油色谱（H_2，C_2H_2，CH_4，C_2H_4，CO 等气体的浓度百分数）等。

以基于油色谱数据监测设备的绝缘老化问题为例，如图 6-22(a)所示，我们将对油色谱各项数据（可获取数据 x）进行[−1，1]映射归一化后，同时依据检修报告将故障时刻（待预测量 y）标记上后发现难以建立直接的输入 x 和输出 y 的关系，其主要原因在于对于单一的监测量（x_i）其标准差较大，对 y 不具有较强的表征力。这类问题也同样出现在配电网线路故障中，类似的，我们可以取得线路上各变压器的运行数据和线路检修的时间，如图 6-22(b)所示，同样也难以直接建立其相关性。反之，其相关性模型如能建立，即可用此来对配电网线路及其变压器做健康状态评估和故障预测。因此，可基于在线监测数据（包括运行数据和状态监测数据）设计配电网变压器健康状态评估指标，进而建立设备评估模型。

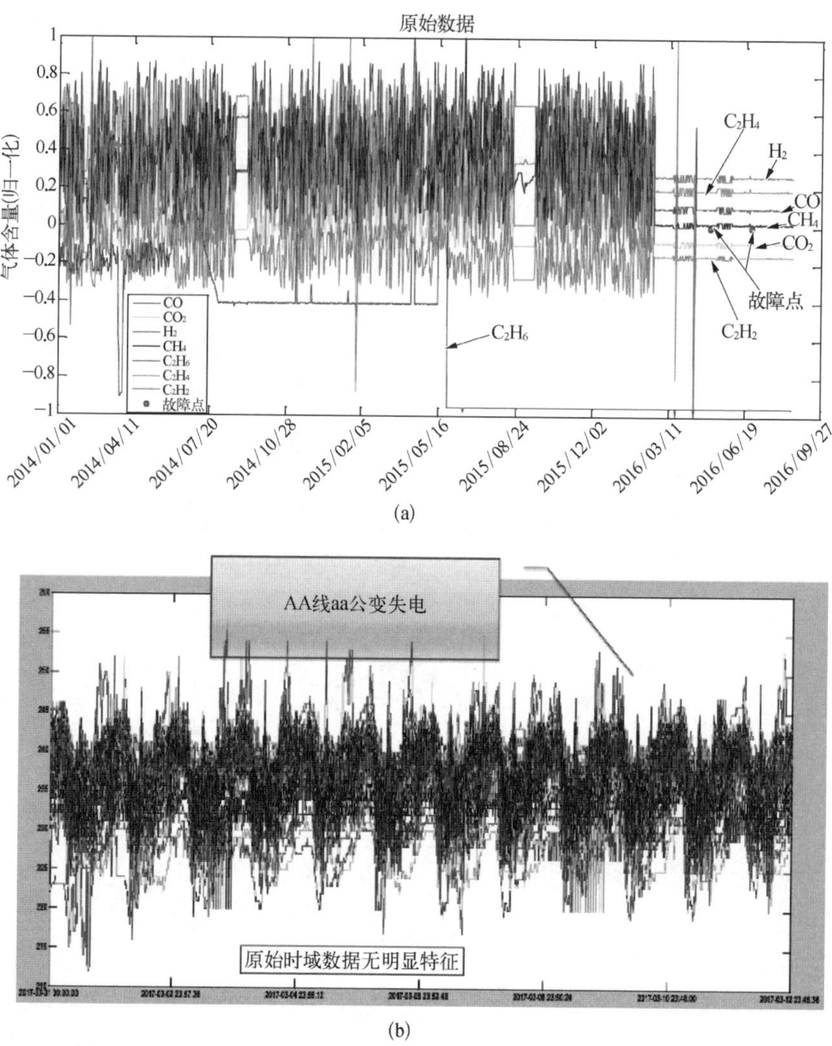

(a)

(b)

图 6-22　状态评估指标难点——单个指标不具有较强的表征力(扫描二维码可查阅彩图)

(a) 以油色谱监测设备的绝缘老化问题为例;(b) 以配电网变压器运行数据和配电网线路失电为例

上述在线监测数据满足时空大数据的定义[19],其指标设计即可转化为寻找测试函数 f 的问题。数据驱动是大数据的核心思想,即主要行为决策的制定取决于数据模型及其分析而非物理建模分析或直觉经验。数据驱动技术体系和架构通过对多个种类和不同来源的复杂数据进行高速地捕捉和分析,进而提取数据价值,契合了电网数据高维度的发展趋势。高维分析算法可视为利用高维数理统计的理论和算法设计高维指标以关联对象属性。

6.4.3.2　配电网变压器状态评估

配电网高压器状态评估流程如图 6-23 所示。

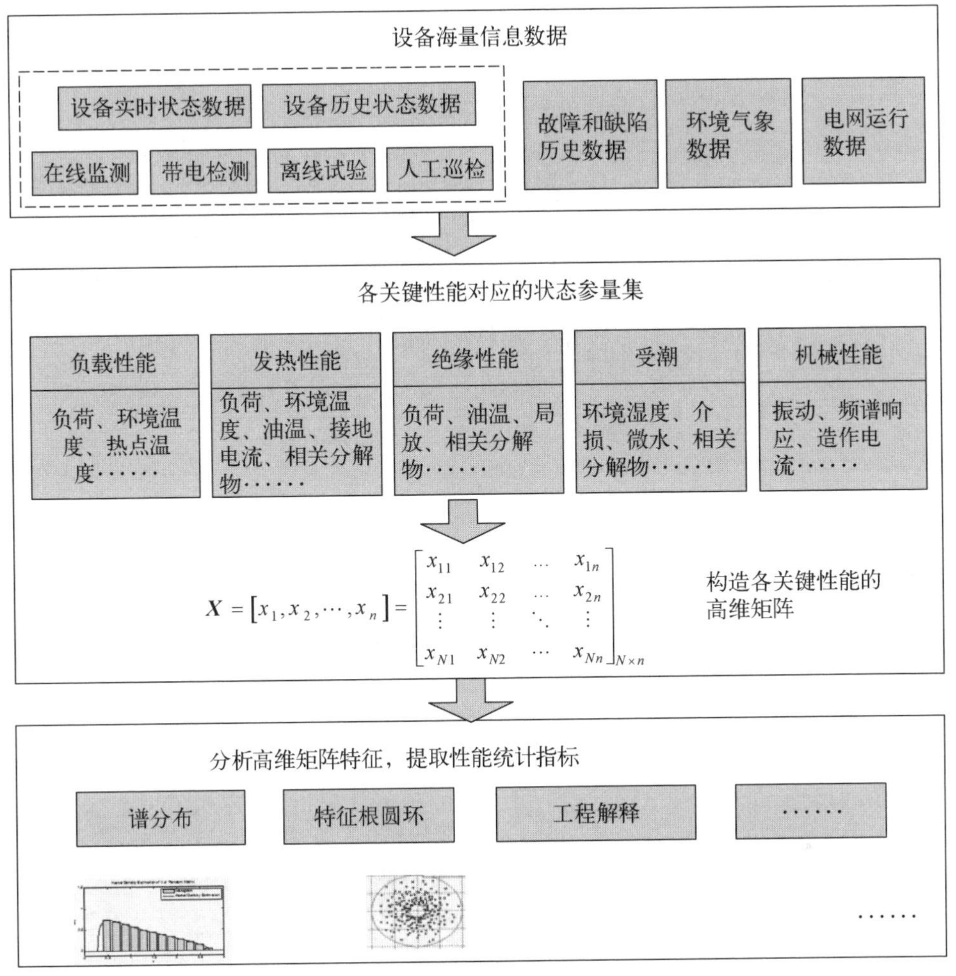

图 6－23　配电网变压器状态评估流程图

(1) 将一段时间 n 内电力系统的 p 个监测电压量堆叠在一起,形成时空源数据集 $\boldsymbol{D}$。

(2) 采样时刻 t_i,从 $\boldsymbol{D}$ 中获取窗口数据形成数据矩阵 $\boldsymbol{X}(t_i)$。

(3) 对 $\boldsymbol{X}(t_i)$ 中的元素进行标准化处理,依次计算 LES 指标和拼接矩阵,得到高维统计量。

(4) 绘制曲线,实现配电网变压器状态评估。

如图 6－24 所示分别为某变压器油色谱原始数据经标幺值预处理后的可视化结果,—1,2,3…为油色谱采集量的种类编号,而绿点则表示报告显示在该天变压器出现绝缘老化故障。本案例通过 RMT 在油色谱时空数据和故障状态之间建立映射。

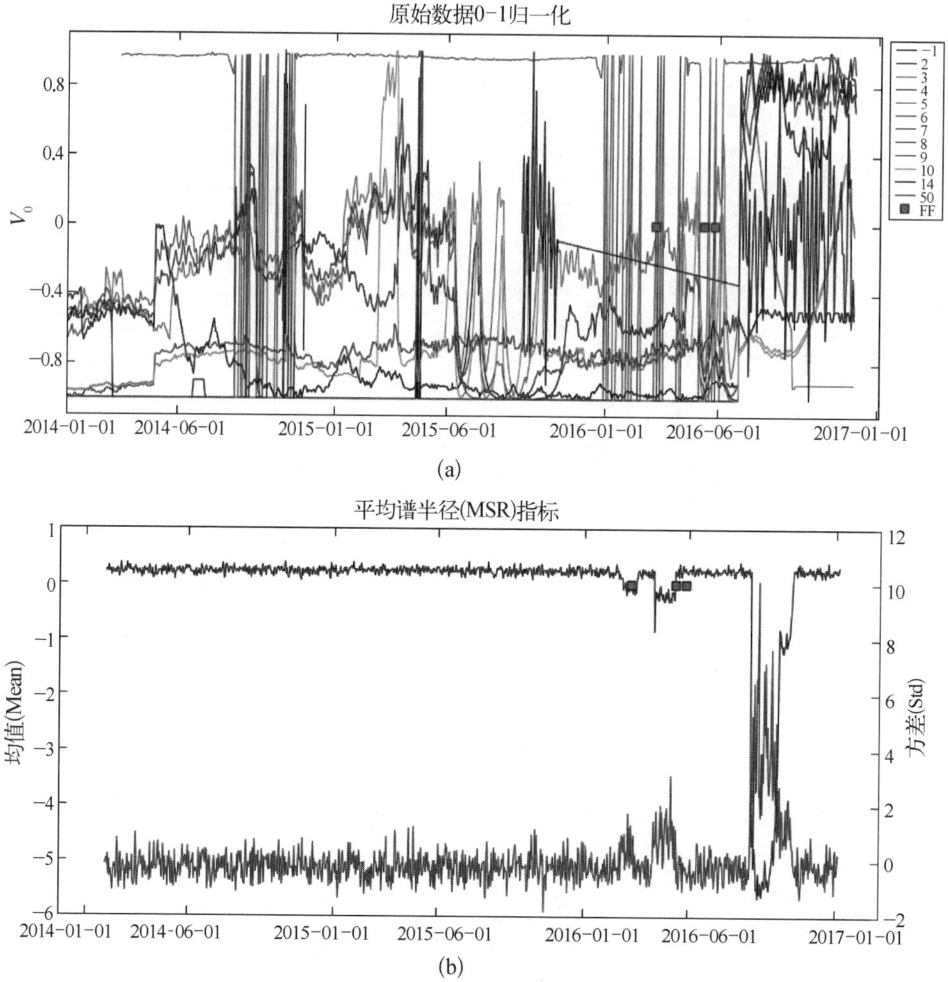

(a)

(b)

图 6-24　某主变压器的油色谱量测量和故障时间点及高维指标(扫描二维码可查阅彩图)

(a) 原始油色谱时空数据(单个维度波动较大,难以直接形成有效指标);
(b) 基于 LES 的健康状态标准指标(较为稳定,具备表征力)

由图 6-24(a)可知,直接从原始数据及其均值、方差均很难得到有价值的信息,且原始数据的完备度和质量均存在一定问题,如有些时段未测,有些量测量不准等。

如图 6-25 所示为基于 LES 的配电网健康状态评估示意图。图 6-25(a)给出了原始的配电网运行线路上各变压器的电气参量数据,以及发生失电故障的时刻,这同样难以建立两者的映射关系。通过引入 RMT 对原始时空数据进行处理,所得 LES 指标如图 6-25(b)所示,其曲线呈现 U 形,且 U 的开口为 5 天,即提前预设的超参数矩阵的时间跨度 T。该现象在多条线路上均可被观测到[见图 6-25(d)],而稳定运行的线路则无此现象[图 6-25(c)]。

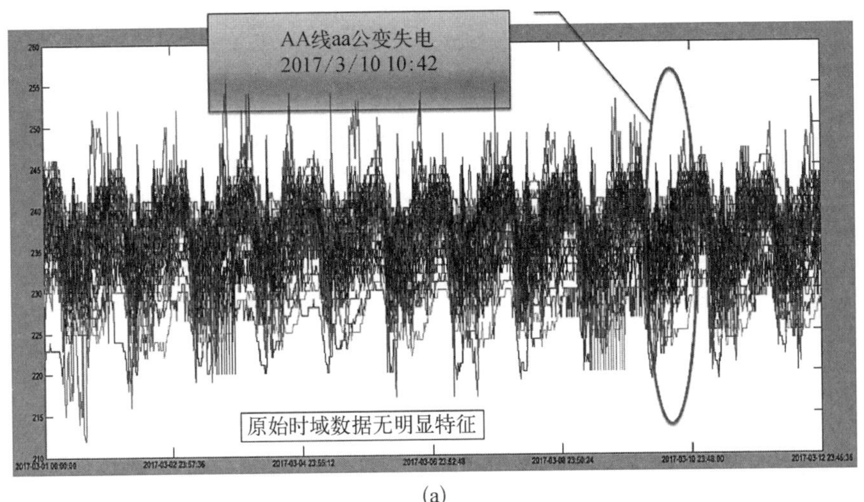
AA线aa公变失电
2017/3/10 10:42
原始时域数据无明显特征

(a)

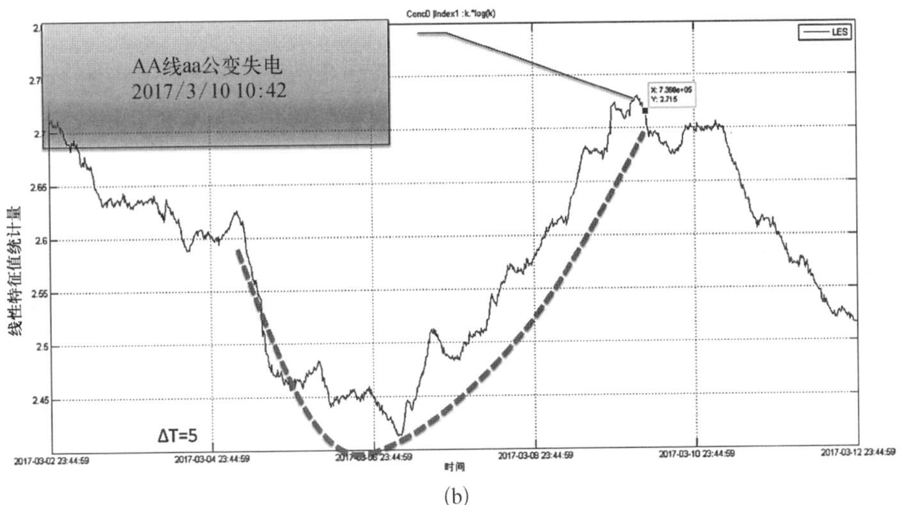
AA线aa公变失电
2017/3/10 10:42
线性特征值统计量
ΔT=5
时间
LES

(b)

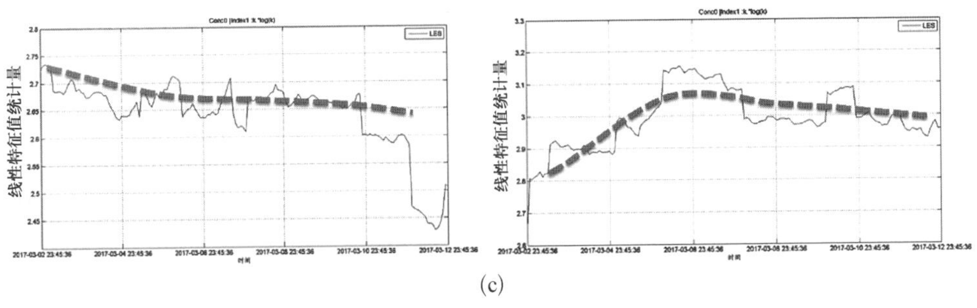
线性特征值统计量
线性特征值统计量

(c)

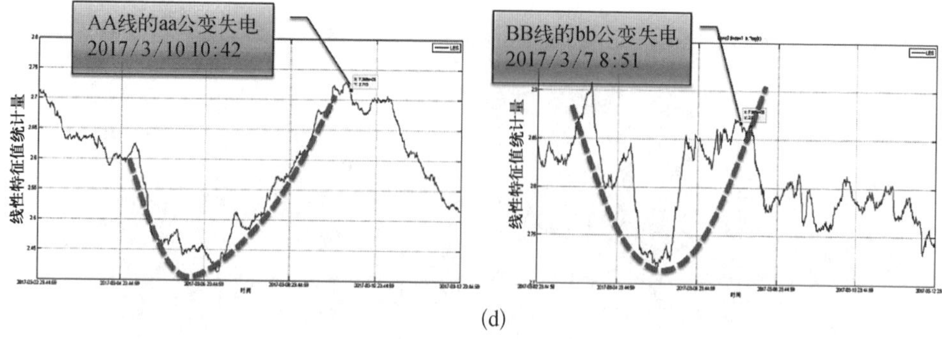

(d)

图 6-25　基于 LES 的配电网健康状态评估(扫描二维码可查阅彩图)

(a) 原始运行数据,难以直接形成有效表征指标;(b) 基于 LES 的配电网健康状态标准指标,呈现 U 形,具备表征力;(c) 稳定运行的配电网 LES 指标;(d) 失电时配电网 LES 指标

基于随机矩阵理论研究配电网变压器设备的健康状态评估,具体而言,即通过研究随机矩阵理论的数据建模和数据分析,从原始在线监测数据中提炼高维统计特征。通过贯穿对象—数据—统计特征—健康度指标通路,从而实现数据驱动的配电网变压器健康状态评估,为电力大数据挖掘的实现提供理论支撑和应用示范。

6.5　系统优化运行策略

6.5.1　"细胞-组织"组态

1) 基于能源"细胞-组织"的组态架构

在区域综合能源系统的建设中,按照能源互联网的理念,采用先进的互联网及信息技术,实现能源生产和使用的智能化匹配及协同运行,以新的形态、方式参与电力市场,可以形成高效清洁的能源利用新载体[18]。区域综合能源系统一般涵盖区域集成的供电、供气、供暖、供冷、供氢和电气化交通等能源系统,以及相关的通信和信息基础设施,可以通过能量存储和多能互补减弱分布式能源的波动性,在单一能源系统源、网、荷、储纵向优化的基础上,通过能源耦合关系对多种供能系统进行横向的协调优化,其目的是实现能源的梯级利用和协同调度,因而得到了广泛的研究和应用。

目前,多种能源系统向着分布式和互补式的方向发展,区域能源系统呈现出范围广、集群分布和个体自治的特点。每个在一定区域内具有一定自治特性的能源系统均可与相邻的能源系统交互,组成大的能源互联网。同时,一些区域能源系统在利益驱动下自主聚合为集生产、传输、交易为一体的综合能源系统,可更深层次地实现多能互补,平抑新能源波动,并由此获得合作收益。因此,可基于"细胞-组织”的概念来描述区域能源网的组态(configuration),既体现能源分布式、模块化的固有发展,也为后续对能源网的研究奠定理论基础。

从生物学角度来看,细胞是一个相对独立的个体,在外部环境适宜的情况下,每个细胞都几乎能够依靠线粒体和与外界联络的通道自主完成成长、代谢等正常活动;在能源互联网中,可以将拥有一定自给自足能力和自我管理能力的单元称为一个“能源细胞”[19]。因此,可以将未来的分布式能源配置定义为一群在用户侧的“细胞”。多个拥有不同新能源输出特征和不同地理位置的“细胞”,在利益驱动下形成一个虚拟的“组织”[20]。“能源细胞”不仅可以作为能源消费者,还可以拥有分布式电源和储能设备,以参与电力市场交易和能源调度。在上述情况下,“能源细胞”仅需少量的外界信息便可以完成自己所负责的工作,从而进一步简化了能源互联网的管理。“能源细胞”一般由分布式发电机组、分布式储能设备和可控负载组成,且每个“能源细胞”都能够双向连接到信息网络中,能够完成多能互补、需求响应行为,使得能源互联网在结构上向信息互联网靠近。“能源组织”可以作为一个整体运行,能够协调内部“细胞”的资源,从而追求全局优化,与外部环境进行能量交互,实现功能与结构的统一。综上,“细胞-组织”结构将成为区域能源网络的主导形式,且在“细胞-组织”视角下认知、设计和规划能源互联网具有明显的优势,例如利用“血管”(即能源网络)为区域提供多元化经济体能源服务,利用“神经系统”(信息网络)和“消化系统”(物流网络和交通网络等)进行信息和物质的双向互动等。

在“细胞-组织”视角下,可将微网视为具有自治能力的“细胞”,其拥有相对独立的功能,例如能改善电能质量,提高供电可靠性,实现负荷的主动调控等。多微网集群能够形成具有完整功能的主动配电网,可作为区域综合能源系统的有机“组织”。图 6-26 展示了区域综合能源系统的信息、能量交互示意模型,从图中可以看到,该区域能源网采用了双环“组织”嵌套结构,内环由“内组织”和“内细胞”组成,分别对应着一个主动配电网和小型微网;外环由“外组织”和“外细胞”组成,分别对应区域能源网和主动配电网。其中,内环的“内组织”可以看作外环的“外细胞”,而多个“内组织”和其对应的“外组织”便组成了 SoS(system of systems)系统。同一区域配电网的多微网之间通过 PCC 存在直接的电气连接,能够互相提供电压和功率支持,并能够在存在故障时及时转入孤岛运行模式;配电网内部的 DISCO(Distribution Company)对“内组织”中的微网进行统一管理,例如规定市场价格、记录区域负载特性和分布式电源成本特性曲线等。此外,不同地区的主动配电网可以通过 ISO(independent system operator)和 RSO(regional system operator)所管理的输电网络相连;配电网和外部电网有直接的电气联系,而 DISCO 可以通过信息网络和 ISO 进行信息交互(例如 ISO 和配电网的电力需求及其限制、迭代计算中的边界变量或伪变量等),从而更好地实现控制和管理。

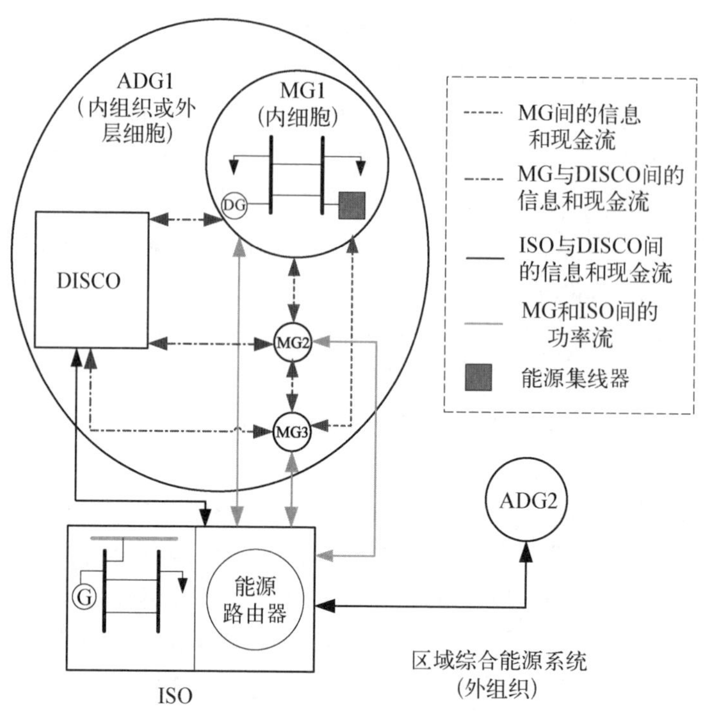

图 6-26 "细胞-组织"形态下的区域综合能源系统

2) 多能互补、集成优化的总体目标

从能源互联网的构建目的及系统设计层面来看,能源互联网主要是利用互联网技术实现广域内的分布式电源、储能设备与负荷的协调调度,实现由集中式化石能源利用向分布式可再生能源利用的转变。在能源互联网包含的复杂网络的物理实体层面,能源互联网是以电力系统为核心,以互联网及其他前沿信息技术为主要手段,以分布式可再生能源为主要一次能源,与天然气网络、交通网络等其他系统紧密耦合而形成的复杂多能流系统。在区域能源系统中,能量供应呈现多样性,不同能源形式之间相互耦合,为用户提供冷、热、电、气等多种形式的能源。利用不同能源的特性差异和相互转换可以促进可再生能源的消纳,如电制氢、风电供热等,同时,多能源的优化互补,还可以提高用户用能的可靠性,为电网运行提供更多柔性资源。

多能互补并非一个全新的概念,在能源领域中,长期存在着不同能源形式协同优化的情况,几乎每一种能源在其利用过程中,都需要借助多种能源的转换配合才能实现高效利用。在能源系统的规划、设计、建设和运行阶段,对不同供用能系统进行整体上的互补、协调和优化,可实现能源的梯级利用和协同优化。不同能源供应系统的运行特性各异,通过彼此间协调,可降低或消除能源供应环节的不确定性,从而更有利于可再生能源的安全消纳。

随着分布式发电供能技术,能源系统监视、控制和管理技术,以及新的能源交易方式的快速发展和广泛应用,能源耦合越来越紧密,实现互补互济。综合能源系统作为多能互补在区域供能系统中最广泛的实现形式,其多种能源的源、网、荷的深度融合、紧密互动对系统分析、设计、运行提出了新的要求。传统的能源系统相互独立的运行模式无法适应综合能源系统多能互补的能源生产和利用方式,在能量生产、传输、存储和管理的各个方面,都需要以考虑运用系统化、集成化和精细化的方法来分析整个能源系统,进而提高系统鲁棒性和用能效率,并显著降低用能价格。

为进一步提高用能效率,促进多种新能源的规模化利用,多种能源的源、网、荷的深度融合、紧密互动是未来能量系统发展的必然趋势。近年来,多能互补、集成优化能源系统成为理论和实践中研究的焦点,其中的关键问题如图 6 - 27 所示[18]。

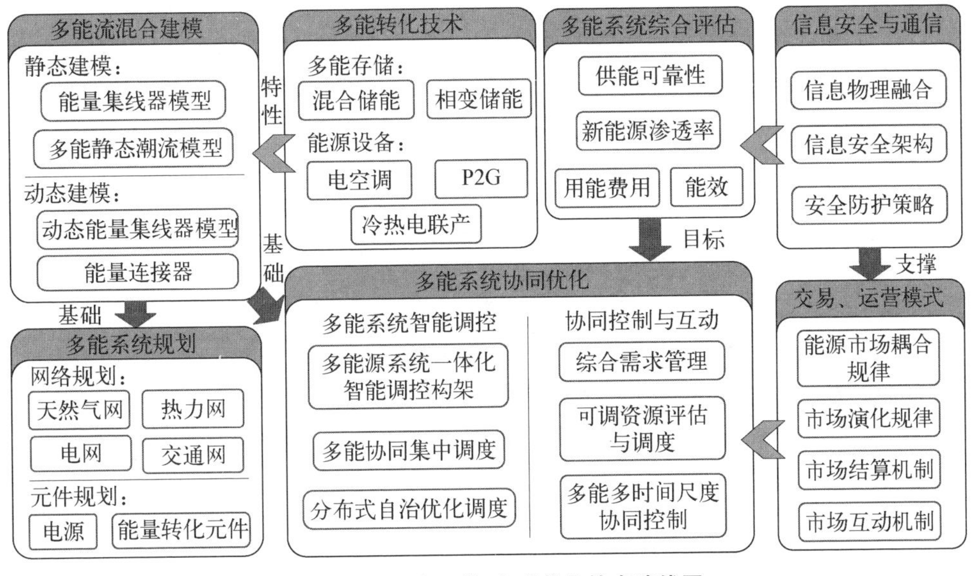

图 6 - 27 多能互补、集成优化技术路线图

其中,能源转化元件是多能互补的物理基础,其本质上也是一种局部的综合能源系统。传统多能互补系统中电力与天然气系统仅通过燃气机组(natural gas fired plant, NGFP)将天然气转化为电能。随着电转气(power to gas, P2G)设备实用性的增强,P2G 可将电能实体化为天然气进而实现电力和天然气系统的双向互动,获得多能源市场的新的均衡点,从而改善能源的总体利用效率进而缓解电力市场阻塞。基于能源转化元件特性,进一步建立多能流系统的静、动态模型,从而支撑多能系统规划与协同调控。研究区域综合能源系统规划及运行策略,应采用合适的综合评估方法作为指导,构建综合考虑供能可靠性、新能源渗透率、用能费用和系统能效等的多目标优化模型。多能系统综合评估体系需满足以下几个条件：① 适应高渗透性新能源规模化利用的趋势，对新能源随机性建立概率模型并定量分析。② 准确描述高低能源品质的差异。③ 评估算法须与其运行模式有良好的适应性，做到准确模拟、快速评估。在进行综合能源管理时，系统的信息安全与通信问题不得忽视，同时还应考虑所处的能源市场环境，制定相应的市场结算与互动机制。

3）系统运行架构

区域综合能源系统是在能源互联网的大框架下运行的，故本部分从顶层设计的角度简要介绍目前能源互联网领域的几种常见系统架构。

首先，从能源互联网的构成来看，综合能源系统一般由四种分布式自治系统耦合而成，分别是电力系统、交通系统、天然气系统和信息互联网，如图 6－28 所示[19]。其中，电力系统承担着转换各种能源的任务而且和天然气网络及交通网络有硬软件上的耦合。比如在 CHP 系统中，实施“以热定电”策略还是“以电定热”策略受电力系统和天然气系统用户的需求影响；再比如，交通网络中电动汽车充电桩的布局会对电动汽车的行驶行为造成影响，反之亦然。

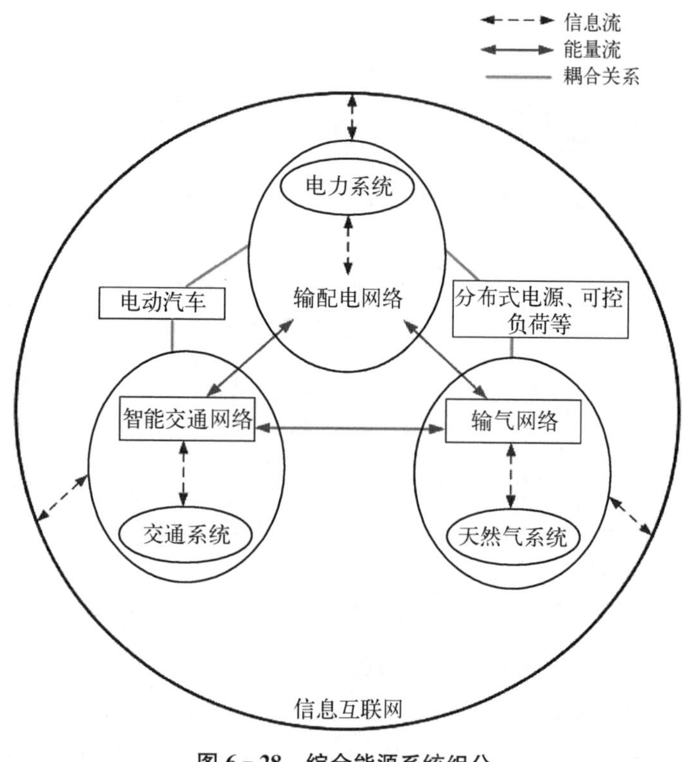

图 6－28　综合能源系统组分

能源路由器(energy router)作为能源互联网的核心设备之一,主要负责区域综合能源系统之间的交互过程管理。其本身除了可以看成为一个多级变换器系统外,还应和信息网络紧密耦合。能源路由器可以在输电网络内提供灵活的交直流端口,从而以此为基础,实现交直流电网互联,开发便于分布式电源、储能装置、电动汽车和汽车充电桩等设备"即插即用"的终端接口。同时,由于能源路由器和信息网络有紧密联系,所以其还可以实时监测、采集和控制各端口的电气量,为整个系统提供完善的运行依据,以满足多种网络的管理与调度需求。以能源理由器为支撑的能源局域网如图 6-29 所示。

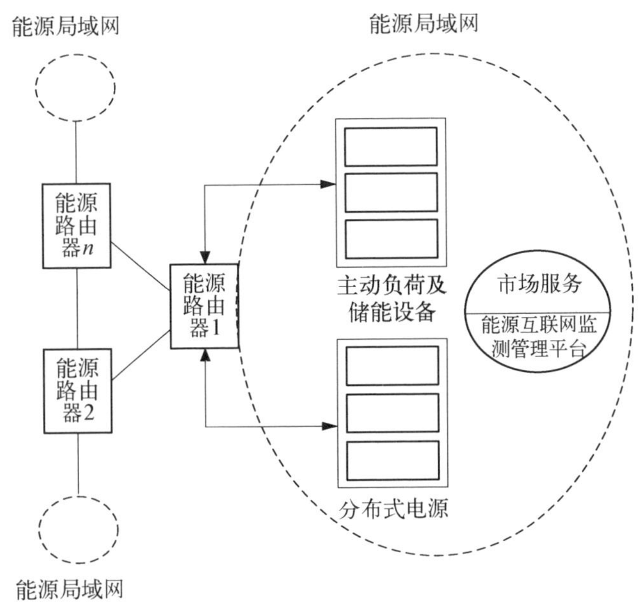

图 6-29　以能源路由器为支撑的能源局域网

图 6-29 所示结构重点体现了能源路由器的作用和能源局域网的宏观拓扑结构。在能源互联网中,能源路由器的功能具体分为以下几个方面[21]。

(1) 能源控制。在能源互联网中,骨干网络仍将承担能源远距离传输的功能,分布式能源单元不仅是能源负荷,也是重要的能源供应来源,实现不同特征能源流融合是能源路由器必须具备的功能。一方面,能源路由器必须要保证流入能源的质量满足要求;另一方面,能源路由器应能够保证能源的合理流动,实现恰当数量的能源流向恰当的负荷;第三方面,能源路由器应能够及时监控能源流的质量,实时调节保证能源流的安全流动。

(2) 信息保障。信息是决定能源路由器控制策略恰当与否的关键,其准确性和时效性尤为重要。一方面,要求所有策略的选择都能够受最广泛信息的支持,避免片面信息引起决策失误;另一方面,要求所有信息必须被及时传送,避免过时信息的影响。兼容(或具备)信息通信和信息处理功能是能源路由器有效运行的必然要求,要求各能源路由器不仅能够分享其管理范围内所搜集的实时信息,还能够对得到的信息进行处理和利用。

(3) 定制化需求管理。支持用户个性化定制能源使用策略是能源互联网的主要功能之一,其实现基础在于支持用户和能源互联网的交互。一方面,用户可以根据当前的能源供应形势调整自己的能源使用策略,能源互联网根据所有用户的能源策略制定相应的能源供应模式满足用户需求;另一方面,能源互联网会搜集不同用户的能源使用数据,从中计算出相应的能源使用规律,制定合理的能源使用策略,并将其反馈给用户,供用户选择。因此,能源路由器应具有接收和处理所管理区域内用户请求的能力,并且能够及时准确地将用能源价格等能反映当前能源供应形势的信息反馈给用户。

(4) 网络运行管理。网络运行管理对能源互联网来说同样重要,实时保持网络的可用性、可扩展性、可靠性、可生存性、安全性等是其追求的目标。能源路由器为实施网络管理提供了天然介质,设置管理功能模块、开发针对性的管理协议对于能源互联网的运营具有重要的意义。从功能角度看,管理功能应包括网络的接入识别、管理策略的远程部署、异常处理和修复、日志文件的设定与管理等。

不同于能源路由器,能源转换器(energy switch)和能源集线器(energy hub)属于区域综合能源系统的核心部件。能源转换器(或能源开关)是基于信息技术的电力电子器件,它不仅可以改变电网电压水平,而且可以转换电力存在形式,从而实现电力隔离、输电、电能质量控制等。在结构上,能源转换器和能源路由器类似,皆可以进行交直流转换。能源集线器(或能量枢纽)实际上是不同能源基础设施和(或)负荷之间的接口。在能源集线器内,能源可以通过热电联产设备、空气压缩机、变压器、电力电子设备等一系列设备进行转换,每个网络可利用其他能源网络来满足本能源系统的部分负荷。由此可知,能源集线器有利于解决网络拥塞问题,从而降低拥塞发生的概率,提高生产效率和能源利用率。能源集线器的另一大优点:配电网中 DISCOS(Distribution Companies)可以只管理能源集线器所在配电网络的输入量,而不需管理集线器的输出,配电网的需求侧管理可以由能源集线器代理来支持即可,因此,管理程序将更加简化。

围绕能源路由器、能源转换器(或能源集线器)和能源接口设计的能源互联网的广义与狭义架构如图 6-30 所示。网络结构的侧重点也在于能源路由器,层次较为清晰,并且强调了交通网络、传统电网和传统一次能源的作用。

信息与能源融合背景下能源互联网的运行架构如图 6-31 所示[22]。信息与能源融合的实现途径是形成具有广域感知、在线辨识、超实时仿真、滚动闭环控制功

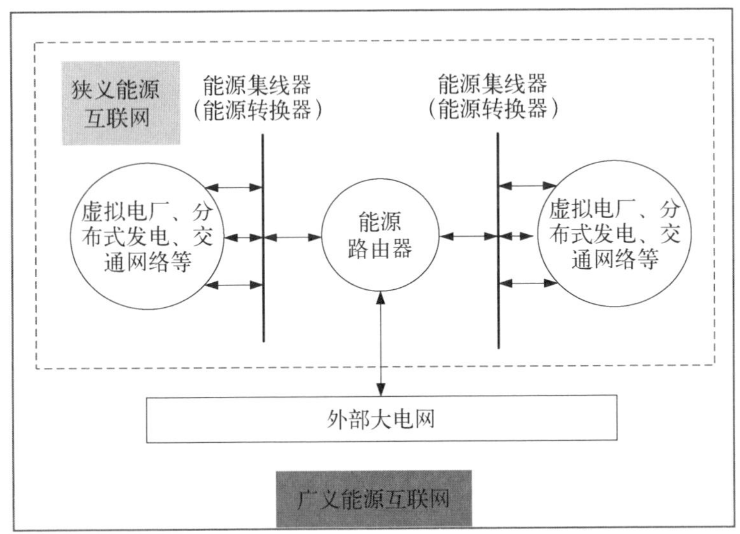

图 6－30　能源互联网的广义与狭义架构

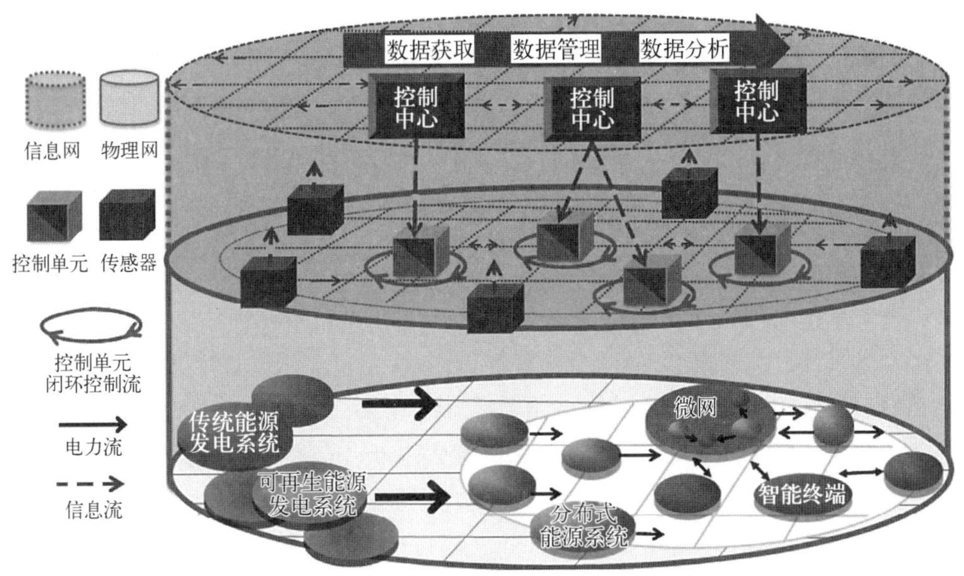

图 6－31　能源互联网运行架构

能的物理信息融合层，它并不以独立的物理形态存在，而是从功能上实现信息系统与物理系统的无缝衔接，控制单元之间的协同互动，主要包括如下 4 个关键环节。

（1）系统范围内装设海量信息采集和传感设备，采集基于同步时标的包括电压、电流、设备状态等在内的节点信息，具备全状态观测电网运行状态和设备运行工况的物理量信息，最大程度上降低系统状态和参数的不可观测性和随机性。

（2）经由电力专网、互联网和工业控制网络，按照信息的不同内容和属性将信息传输至分布在全网各处的控制单元和控制中心，通信信息系统具有高可靠性和安全性，并对传输延时和数据丢失具有量化预测和建模能力。

（3）控制单元，如能源路由器，是能源互联网中进行能量控制的智能装置，兼具局部智能决策和闭环控制功能，可通过大功率电力电子控制技术对功率的方向、容量、质量进行实时控制，通过软件密集型嵌入式系统对控制策略进行实时更新和智能决策，软件系统和控制策略的灵活性将使控制单元对不同运行工况和需求场景具有自适应性。

（4）控制中心与控制单元共同构成分层式智能决策体系，控制中心以海量数据存储、云计算为基础，通过扩展状态估计、多尺度负荷-发电预测、扰动识别、超实时仿真、在线参数辨识等功能实现物理系统在数字环境下的同步镜像运行和控制决策生成。控制中心从全系统最优运行的角度为控制单元提供模型、参数和辅助决策依据。

6.5.2 虚拟电厂

虚拟电厂主要有以下几类定义：① 虚拟电厂是一系列分布式能源的集合，以传统发电厂的角色参与电力系统的运行；② 虚拟电厂是对电网中各种能源进行综合管理的软件系统；③ 虚拟电厂也包括能效电厂，通过减少终端用电设备和装置的用电需求来产生“富余”的电能，即通过在用电需求方安装一些提高用电效能的设备，模拟建设实际电厂的效果；④ 在能源互联网的概念被提出之后，虚拟电厂可以看成能广域、动态聚合多种能源的能源互联网。以上定义的共同点是将大量的分布式能源聚合后接入电网。[23]

综上所述，虚拟电厂可定义为由可控机组、不可控机组（风、光等分布式能源）、储能设备、负荷、电动汽车、通信设备等聚合而成，并进一步考虑需求响应、不确定性等要素，通过与控制中心、云中心、电力交易中心等进行信息通信，实现与大电网的能量交互。总而言之，虚拟电厂可以认为是分布式能源聚合并参与电网运行的一种形式。虚拟电厂的框架如图 6－32 所示。

1）功能特征

虚拟电厂实现的功能主要从其商业性和技术性的角度考虑，具体可分为商业型虚拟电厂（commercial VPP，CVPP）和技术型虚拟电厂（technical VPP，TVPP）。[23]

（1）商业型虚拟电厂（CVPP）。

CVPP 从商业收益的角度出发，不考虑配电网的影响，对用户需求和发电潜力进行预测，将虚拟电厂中的分布式能源接入到电力市场中，以优化和调度用电量，它是分布式能源投资组合的一种灵活表述。CVPP 可以降低分布式能源在市场上单独运作所面临的失衡的风险，又可以使分布式能源通过聚合提供多样性的资源，

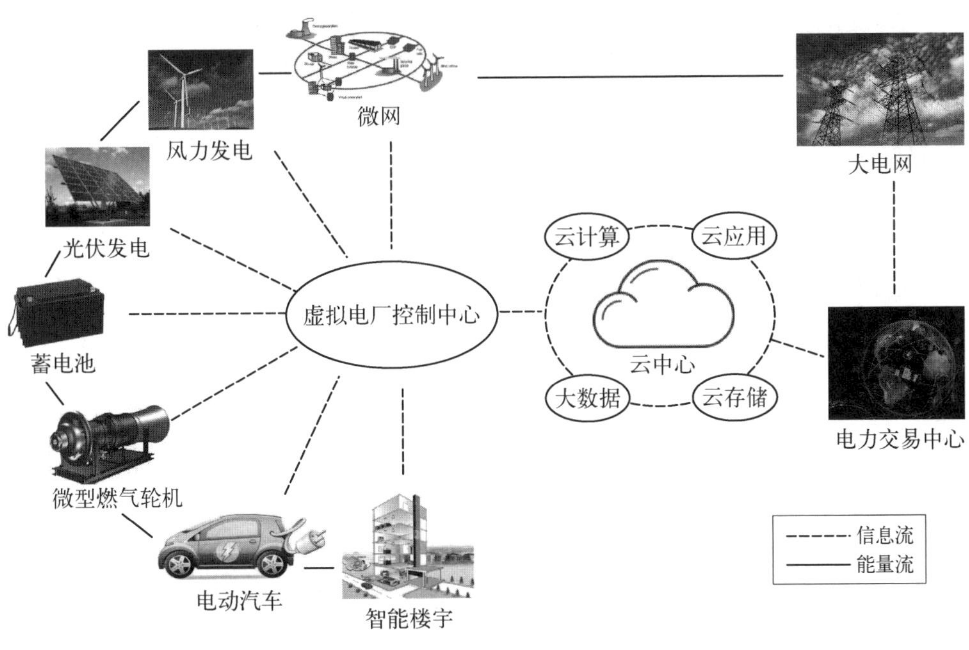

图 6-32 虚拟电厂框架

在市场中获得规模的经济效益,并获取电力市场的信息,从而最大限度地增加收益机会。CVPP 的输入与输出如图 6-33 所示。

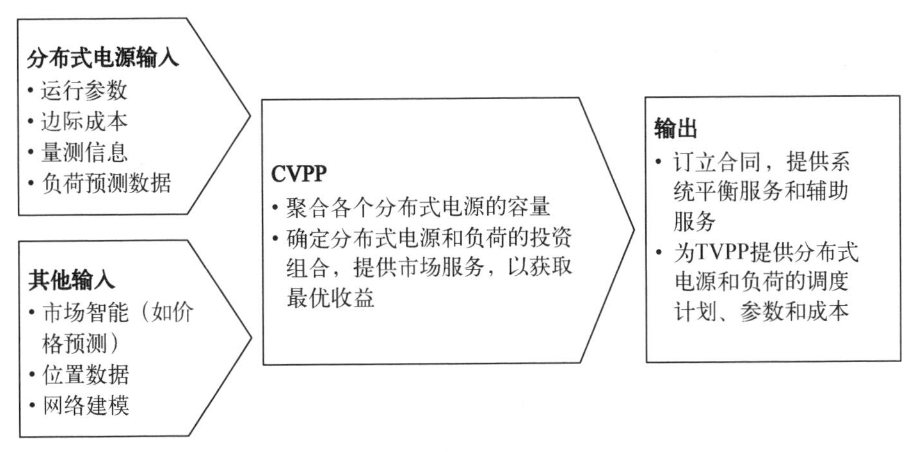

图 6-33 CVPP 的输入与输出

CVPP 主要实现的功能包括以下几方面。

① 规划所有相关能源及其传播流动的费用、收益和约束。根据设定的电力交易时段,如 15 min、30 min 或 1 h 的时间分辨率,考虑 1~7 天的情况,规划功能可以有选择地人工输入或自动开启进行循环操作(比如一天一次或者一天多次)。

② 提供多种类型的负荷预测计算。其中所需的基本数据是在规划功能中决定的时间分辨率范围内的连续的历史测量负荷值。负荷预测建立分段线性模型来模拟影响功能变化的行为，如日期、天气变化或者工业负荷的生产计划等。模型方程的系数每天在有新的测量值时循环计算。

③ 根据市场情报，优化潜在收入的有价证券，制定电力交换计划，规划远期市场，控制经营成本，并提交分布式能源(DER)进度、经营成本等信息至系统运营商。

④ 编制交易计划，确定市场价格，实现实时市场交易。

(2) 技术型虚拟电厂(TVPP)。

TVPP 从系统管理的角度出发，由分布式能源和可控负荷共同组成，考虑分布式能源聚合对本地网络的实时影响，可以将其看成一个带有传输系统的发电厂，具有和其他与电网相连的电厂相同的表征参数。TVPP 主要为系统管理者提供可视化的信息，优化分布式能源的运行，并根据当地电网的运行约束提供配套服务。TVPP 的输入与输出见如图 6-34 所示。

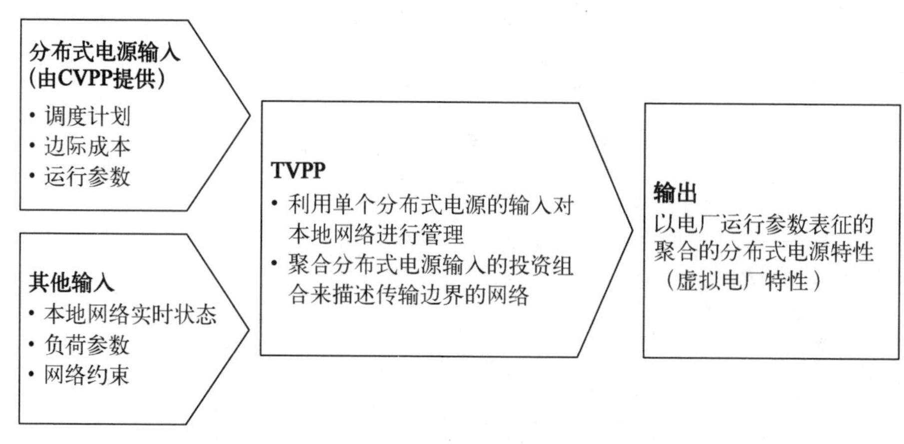

图 6-34　TVPP 的输入与输出

TVPP 主要实现的功能包括以下几个方面。

① 提供可视化操作界面，并允许对系统做出贡献的 DER 活动，同时增强 DER 的可控性，使系统以最低的成本运营。

② 整合所有 DER 的输入，为每个 DER 建模(内容包括可控负荷、电网区域网络，以及变电站操作等)。

③ 根据每个机组各自的控制方式(独立、人工、计划或控制)和机组参数(最小、最大能量输出，功率梯度，能量内容)提供发电管理，监督虚拟电厂所有的发电和存储机组。此功能通过命令界面来计算和传输机组的实际状态(启动、在线、遥控、扰动)、机组的实际能量输出、机组的启动/停止命令和机组能量设定点。如果

有机组扰动，发电管理功能会根据环境变化，同时考虑所有的限制条件，自行启动机组组合计算来强制重新规划剩余机组的运行状态。

④ 在线优化和协调 DER。在线优化和协调功能将整体的功率校正值分配给在控制方式中运行的所有的单独的发电机组、储存机组和柔性负荷。分配算法根据以下原则进行：首先，必须考虑机组的实际限制（如最小、最大功率，储存内容，功率调整限制等）。其次，整体功率校正值必须尽可能快地达到。再次，最便宜的机组应该首先用于控制操作中。这里的"最便宜"是以机组在其计划运行点附近所增加的电能控制费用作为参考依据。每个独立机组增加的功率控制费用根据各自的调度计划由机组组合功能计算。

⑤ 提供柔性负荷管理。一个柔性负荷的种类可以包括一个或多个有相同优先权的负荷组，这里的负荷组是指可以完全用同一个开关命令开启或关闭的负荷。该功能根据负荷种类的控制方式（独立、计划或控制）和实际的开关状态，通过命令界面来计算和传输实际控制状态、负荷组的实际能量消耗和允许的控制延迟时间以及所需的用于实现所有负荷种类设定点的开关控制（运用同一类负荷中负荷组的轮流减负荷）。由机组组合计算出的最优负荷计划作为操作方式"计划"和"控制"中的负荷控制基础。

⑥ 负责制定发电时间表，限定发电上限，控制经营成本等。

⑦ 控制和监督所有的发电机组、蓄能机组和柔性需求，同时也提供对保持电力交换的能量关系的控制能力。

⑧ 提供天气预测。如果虚拟电厂内部有当地天气情况测量设备，外部（如气象台）导入的数据和当地测量数据之间的差值可以使用移动平均校正算法来最小化。由此得到的最终值就作为其他规划功能的输入值。

⑨ 提供发电预测和机组组合。发电预测功能依据预测的天气情况计算可再生能源的预计输出。预测算法是根据所给出的变换矩阵，由两个天气变量到预计的能量输出的分段式线性转换。如风速和风向到风力发电机组，光的强度和周围温度到光电系统。转换矩阵可以根据机组技术特征和/或基于历史电能和天气测量值的评估，使用神经网络算法（在离线分析阶段）进行参数化。

（3）两类虚拟电厂间的配合。

商业型虚拟电厂通常与传统发电机组相互配合，参与电力市场竞争，共同实现最优发电计划。而技术型虚拟电厂则将聚合后的资源提供给系统运营商，实现以最低成本维持系统平衡。两类虚拟电厂在电力市场中发挥的作用以及相互之间的联系如图 6－35 所示。

商业型虚拟电厂通过聚合各类分布式能源资源及需求响应资源，并结合网络状态等条件与传统机组共同参与电力市场交易，同时商业型虚拟电厂也为技术型

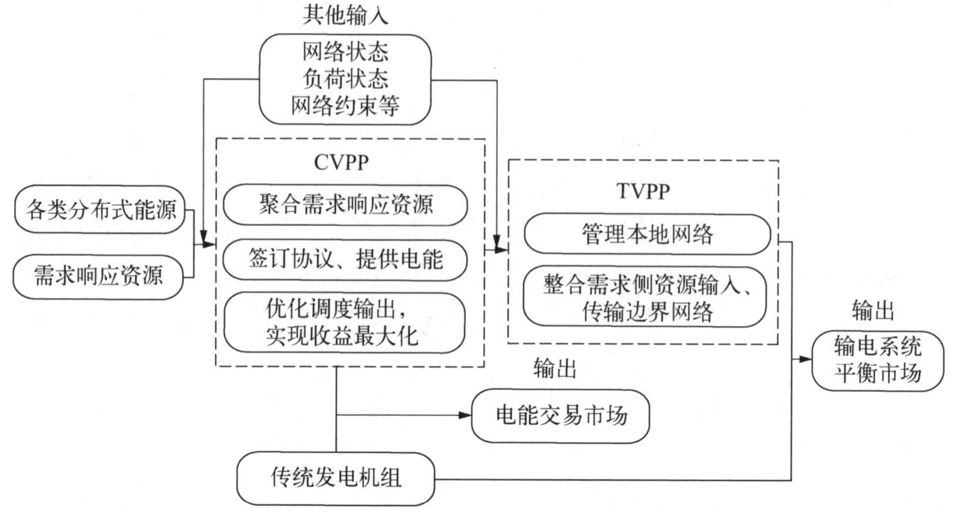

图 6 - 35　两类虚拟电厂的功能及联系

虚拟电厂提供资源信息、运行计划、运行参数等信息，技术型虚拟电厂接收到这些信息后利用其聚合的资源以及传统机组为输电系统提供服务。

(4) 虚拟电厂与外部电网间的配合。

由于虚拟电厂是各种分布式能源接入配电网参与电力市场运行的中间者，虚拟电厂的优化调度问题不仅要考虑内部的出力计划的制定，还要考虑虚拟电厂与外部电网之间的互动。虚拟电厂与外部电网的配合如图 6 - 36 所示。虚拟电厂与外部电网的配合机制可以分为三种。一是虚拟电厂扮演与传统发电厂同样的角色，由外部电网统一进行调度，从而制定虚拟电厂的调度计划。二是虚拟电厂在外部电网与虚拟电厂完成联合调度后，由外部电网确定虚拟电厂的出力，虚拟电厂根据外部电网优化的结果作为约束，再进行内部优化，制定虚拟电厂内部资源的出力计划。三是虚拟电厂先进行内部优化，制订内部优化计划后上报给外部电网，由外部电网根据虚拟电厂上报的调度计划进行优化，制订电网的运行计划。

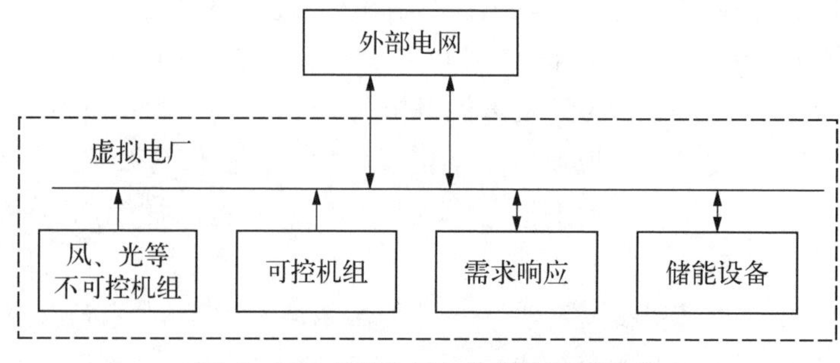

图 6 - 36　虚拟电厂与外部电网的配合

2) 基于主从博弈模型的 VPP 运行策略

虚拟电厂侧重于实现分布式电源并网的外部市场效益，以往研究通常忽略了内部主体的独立性。由于产消者个体的趋利性，当地域相邻的多个产消者组成虚拟电厂时，虚拟电厂运营商必须设计合理的经济机制来刺激子微电网的电量交互行为。从博弈的角度来看，该问题可归结为虚拟电厂运营商与内部成员之间的主从博弈问题。从运营模式来看，以产消者均为微电网为例，针对微电网群的虚拟电厂又可以分为两类：一类是由群微网运营商这一不同于单一微电网的经济实体作为虚拟电厂运营商，组建并管理内部微电网的协调运行（简记为Ⅰ类虚拟电厂）；另一类是直接由一个可控性较强的上级微电网发起并管理虚拟电厂，波动性较强的下级微电网（如家庭微电网）在利益驱动下以签订协议的方式加入（简记为Ⅱ类虚拟电厂）。下面将分别对这两类虚拟电厂的运行策略进行简要分析。

（1）Ⅰ类虚拟电厂的运行策略。

此类虚拟电厂多由组分相似、规模相近的子微电网组成，需要由第三方代理——群微网运营商对各个子微电网进行协调和管理，当微电网群并网运行并参与市场交易时，群微网运营商执行虚拟电厂运营商的职责。

假设虚拟电厂参与日前市场进行竞标。在虚拟电厂的运行过程中，微电网通过历史数据得到第二天风、光和负荷的预测值。虚拟电厂内部各子微电网上报期望交互电量（缺电子微电网上报购电电量，余电子微电网上报售电电量），由虚拟电厂运营商进行协调，保证各微电网可以在合理时间范围内获得收益。各子微电网根据内部电价调整结果，完成自身电量竞标，从而制定第二天的发电计划。

虚拟电厂运营商的竞标可分为电价竞标与电量竞标两个阶段。在第一阶段，在配电网交易电价的基础上，虚拟电厂运营商调整内部各缺电子微电网购电电价和余电子微电网的售电电价；在第二阶段，虚拟电厂内部电价确定之后，虚拟电厂内各个子微电网向虚拟电厂运营商上报每个时刻的竞标电量。虚拟电厂参与电网运行竞标模型框架如图 6－37 所示。

虚拟电厂根据与配电网的交易电价，首先制定内部子微电网的电价。电价竞标模型的一般数学表述为

$$\max_{\lambda} F(\boldsymbol{\lambda},\ \bar{\boldsymbol{p}}) \tag{6-48}$$

式中，$\lambda=[\lambda_1,\ \lambda_2,\ \cdots,\ \lambda_n]$，表示虚拟电厂内部各子微电网的电价，$\bar{\boldsymbol{p}}$ 表示电量竞标模型的均衡解。

在电价确定后，虚拟电厂内部的子微电网各自上报自身的余电量或缺电量。电量竞标模型的一般数学表述为

$$\max_{p} G(\bar{\lambda},\ \boldsymbol{p}) \tag{6-49}$$

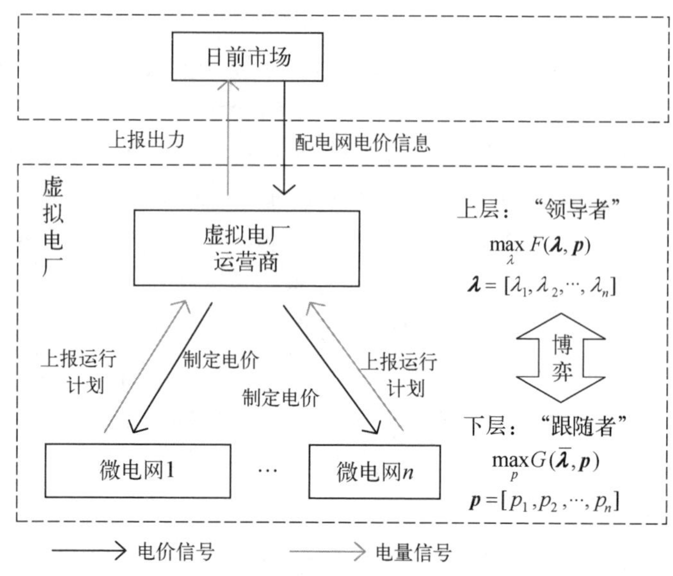

图 6-37　I 类虚拟电厂竞标模型框架

式中，$\boldsymbol{p}=[p_1, p_2, \cdots, p_n]$ 表示虚拟电厂内部各单元的竞标电量，$\bar{\boldsymbol{\lambda}}$ 表示电价竞标模型的均衡解。

由于上述两个阶段存在先后次序，即先完成电价竞标，再完成电量竞标，故而虚拟电厂竞标符合主从递阶结构的动态博弈情况。虚拟电厂的电价竞标和电量竞标可视为主从博弈过程[24]。其中，虚拟电厂运营商相当于主从博弈中的领导者，进行内部电价决策；虚拟电厂内部的子微电网相当于主从博弈中的跟随者，进行交互电量决策。

具体的博弈过程如下：

① 领导者发布策略：虚拟电厂运营商制定内部各个子微电网的购电或售电电价。

② 跟随者根据领导者的策略选择自己的最优策略：虚拟电厂内部各子微电网根据虚拟电厂运营商制定的电价，制定自己的竞标电量，以获得最优经济效益。

③ 领导者根据跟随者的策略更新自己的策略：根据虚拟电厂内各个子微电网的竞标电量，虚拟电厂运营商对内部电价进行更新，以获得最优经济效益。

④ 领导者和跟随者根据上述步骤不断更新策略直至达到均衡解：虚拟电厂内的子微电网不断更新自己的竞标电量，虚拟电厂运营商不断更新内部电价，以获得竞标电价和竞标电量的均衡解以及最优经济效益。

考虑到虚拟电厂内部电价给定后子微电网的最优竞标电量及调控策略可由各自的运行目标函数及约束条件唯一确定，另外，虚拟电厂运营商在已知的市场环境下根据各子微电网的交互电量响应情况可通过调整内部电价寻找最优的内部定价策略与市场交易策略，故上述博弈过程对应的虚拟电厂运营商与子微电网的主从博弈模型存在均衡解，具体证明过程可参考文献[25]，此处仅做简单介绍。

电量竞标阶段：虚拟电厂内的各个子微电网（跟随者）根据虚拟电厂运营商（领导者）制定的电价来调整自身的竞标电量以最大化自己的经济效益，即

$$\max_{P_{i,t}} F_i \tag{6-50}$$

其最优化一阶条件为：

$$\frac{\partial F_i}{\partial P_{i,t}}=0 \tag{6-51}$$

电价竞标阶段：虚拟电厂运营商（领导者）可以预测到虚拟电厂内各子微电网（跟随者）将根据领导者的决策进行选择，因此其在电价竞标阶段的问题可以化为

$$\max_{\lambda_{i,t}} F_i \tag{6-52}$$

结果修正阶段：由于电量竞标阶段的虚拟电厂内各子微电网的策略选取未考虑虚拟电厂整体功率平衡以及全网潮流功率平衡和电压约束，需加入修正机制，对电量竞标阶段的出力计划进行修正。若所求得均衡解不满足上述条件，则要对运行参数进行修正，重新计算主从博弈模型均衡解。若该均衡解不符合功率平衡约束条件，虚拟电厂将调整与配电网的交易功率；若该均衡解不符合系统网络潮流约束和电压约束条件，虚拟电厂将通知内部各子微电网更改自身运行约束参数，如弃风、弃光电量，约束比例等，对自身发电计划进行调整。

（2）Ⅱ类虚拟电厂的运行策略。

此类虚拟电厂主要针对小型微电网（如家庭微电网）因规模较小且缺乏可控灵活性资源无法直接参与电力市场交易的问题，该类小型微电网需要依附于规模较大并具有高占比可控资源的大型微电网以进一步提升自身效益，将多个不同类型的微电网聚合成虚拟电厂。相较于Ⅰ类虚拟电厂，此类虚拟电厂仅由微电网聚合而成，由一个可控性较强的上级微电网发起并管理，波动性较强的下级微电网在利益驱动下以签订协议的方式加入，从而实现上下级微电网共赢，并且避免了虚拟电厂运营商这一类第三方经济实体挤占微电网利益空间的情况[26]。

Ⅱ类虚拟电厂竞标模型框架与图 6-38 所示的Ⅰ类虚拟电厂竞标框架类似，只不过执行虚拟电厂整体协调并制定市场交易策略的“领导者”不再是虚拟电厂运营商，而是上级微电网，同时“跟随者”由其余小规模的下级微电网构成。上级微电网负责根据已知数据制定 VPP 内部交易机制并参与电力市场交易，提供日前优化调度策略。下级微电网负责向上级微电网提供可再生能源与负荷的历史数据和预

测信息，并响应上级微电网发布的价格信号。

虚拟电厂运行决策中面临的市场价格、间歇性可再生能源出力等不确定因素可通过鲁棒优化的方法来解决，进而构建鲁棒主从博弈模型。该问题的决策过程可分为两个阶段。

① 上级微电网承诺以相对日前市场出售电价预测值的折扣价格买入下级微电网全部的可再生能源发电量并租赁其拥有的微型发电机、储能等可控设备（这样，下级微电网决策无需再考虑不确定因素，并且只具有“消费者”一种属性）。同时基于日前市场价格与下级微电网可再生能源出力的不确定集合，上级微电网决定次日各时段在日前市场的交易电量、可控机组启停计划与虚拟电厂内下级微电网的购电价格。下级微电网根据内部购电价格以最小化运行成本为原则合理安排柔性负荷的工作计划。

② 上级微电网利用日前市场出清价格与下一时段可再生能源的精确出力信息优化决策可控单元的实际出力、可中断负荷响应量以及实时市场的竞标量。考虑到该阶段中可再生能源各时段的实际出力信息是随着时间推移依次获得的，上级产消者通过调整可控单元使其运行在自动发电控制（AGC）模式从而实现时间解耦控制，保证调度的灵活性。这里，AGC 机组作为共享资源用于平抑虚拟电厂整体的功率波动。

上级微电网与下级微电网通过提前签订合同的形式确定虚拟电厂内部交易价格范围，并在交易过程中实现信息透明化，从而可以限制上级微电网的市场操纵力，保障下级微电网的权益。

上述两阶段鲁棒主从博弈模型可通过线性化处理、KKT 最优性条件、对偶定理等方法进行转化，使其可以基于 CCG 算法利用现成求解器进行迭代求解。具体求解过程可参考文献[26]。

参考文献

[1] Gao B, Morison K G, Kundur P, et al. Voltage stability evaluation using modal analysis[J]. Power Systems IEEE Transactions on, 1992, 7(4) 1529-1542.

[2] Lugtu R L, Hackett D F, Liu K C, et al. Power system state estimation: Detection of topological errors[J]. IEEE Power Engineering Review, 1981, 1(1): 19.

[3] Lim J M, Demarco C L. SVD-based voltage stability assessment from phasor measurement unit data[J]. IEEE Transactions on Power Systems, 2016, 31(4): 2557-2565.

[4] Brice C W, Jones S K, Calloway T, et al. Physically based stochastic models of power system loads[R]. State of Texas: Texas A&M University, 1982.

[5] Wikipedia. Total least squares[EB/OL]. [2020-12-27]. https://en.wikipedia.org/wiki/

Total least squar.
[6] 刘国钧,陈绍业,王凤翥.图书馆目录[M].北京:高等教育出版社,1957:15-18.
[7] 朱天怡,艾芊,李昭昱,等.一种数据驱动的用电行为分析模型研究[J].电器与能效管理技术,2019(19):91-100.
[8] The European Parliament and the Council of the European Union. Directive 2011/83/EU [S]. Brussels: The European Parliament and the Council of the European Union, 2011.
[9] 张俐,王枞.基于最大相关最小冗余联合互信息的多标签特征选择算法[J].通信学报,2018,39(5):111-122.
[10] 倪向萍,阮前途,梅生伟,等.基于复杂网络理论的无功分区算法及其在上海电网中的应用[J].电网技术,2007,31(9):6-12.
[11] He X, Ai Q, Qiu R C, et al. A big data architecture design for smart grids based on random matrix theory[J]. IEEE Transactions on Smart Grid, 2017, 8(2): 674-686.
[12] 刘琳.浅论企业固定资产管理[J].企业家天地,2007,10:76-77.
[13] 庆格夫.电网主型设备全生命周期风险管理模型及信息系统研究[D].北京:华北电力大学,2015.
[14] 樊姝.基于全生命周期的电网固定资产管理研究[D].武汉:武汉纺织大学,2015.
[15] 李景禄,李青山.电力系统状态检修技术[M].北京:中国水利水电出版社,2011.
[16] 张弛.高压断路器在线监测与故障诊断系统研究[D].北京:北京交通大学,2007.
[17] 方隽.变压器状态检修的研究与应用[D].杭州:浙江大学,2008.
[18] 艾芊,郝然.多能互补、集成优化能源系统关键技术及挑战[J].电力系统自动化,2018,42(4):2-10,46.
[19] 程浩原,艾芊,高扬,等.关于细胞-组织视角的能源互联网分布式自治系统形态特征的讨论[J].全球能源互联网,2019,2(5):466-475.
[20] Gao Y, Ai Q, Wang X, et al. Distributed cooperative economic optimization strategy of a regional energy network based on energy cell-tissue architecture[J]. IEEE Transactions on Industrial Informatics, 2019, 15(9): 5182-5193.
[21] 赵峰,张承慧,孙波,等.冷热电联供系统的三级协同整体优化设计方法[J].中国电机工程学报,2015,35(15):3785-3793.
[22] 杨方,白翠粉,张义斌.能源互联网的价值与实现架构研究[J].中国电机工程学报,2015,35(14):3495-3502.
[23] 艾芊.虚拟电厂——能源互联网的终极组态[M].北京:科学出版社,2018.
[24] Yu M M, Hong S H. A real-time demand-response algorithm for smart grids: A stackelberg game approach[J]. IEEE Transactions on Smart Grid, 2016, 7(2): 879-888.
[25] 方燕琼,甘霖,艾芊,等.基于主从博弈的虚拟电厂双层竞标策略[J].电力系统自动化,2017,41(14):61-69.
[26] Yin S, Ai Q, Li Z, et al. Energy management for aggregate prosumers in a virtual power plant: A robust stackelberg game approach[J]. International Journal of Electrical Power and Energy Systems, 2020, 117: 105605.

7 PSDT 的应用现状及未来发展趋势

5G 通信技术、人工智能技术、大数据处理技术、区块链技术、智能电网及能源互联网技术的蓬勃发展加速了数字孪生技术(DT)在电力领域的工程应用。本章基于前述章节建立的理论体系对目前 DT 在工程中的实际应用进行调研,结合 DT 的发展现状对其在电力领域的发展趋势进行预测,与此同时结合我国能源转型的大背景及“十四五”发展规划提出相关建议。

7.1 工程现状

目前数字孪生技术的工程应用主要集中于工业、医疗和智慧城市建设等方面。在工业领域,通过使用数字孪生技术大幅推动产品在设计、生产、维护及维修等环节的变革。美国洛克希德·马丁空间系统公司曾视数字孪生技术为影响国防工业六大顶尖技术之首,美国通用电气公司已为其生产的每个引擎、每个涡轮、每台核磁共振仪创造了一个数字孪生体,通过这些拟真的数字化模型,在虚拟空间进行调试、实验,以使机器的运行效果达到最佳。通过数字孪生技术,不仅能够对工厂设备进行监测,实现故障预判和及时维修,还可以实现远程操控、远程维修,极大地降低了运营成本,提高了安全性。在医疗领域,利用数字孪生技术可以更清楚地了解我们身体的变化,对疾病做出及时预警,实现个人的健康检测和管理。利用各种新型医疗检测和扫描仪器以及可穿戴设备,我们可以完美地复制出一个数字化身体,并可以追踪这个数字化身体每一部分的运动与变化,从而更好地进行个体健康监测和管理。结合 5G 等传输技术,远程医疗也将更为普及,这对实现优质医疗资源下沉、实现自动诊疗有着重要意义。在智慧城市建设方面,无人机群将为城市提供基于图像扫描的城市数字模型,街道、社区、娱乐、商业等各功能模块都将拥有数字模型。随着城市数字模型的扩充与发展,数字孪生技术将覆盖城市的电力线、变电站、污水系统、供水和排水系统、城市应急系统、通信网络、高速公路、交通控制系统等所有看得见或看不见的角落。目前,我国的雄安新区定位于绿色、智能的数字孪生城市,其市民服务中心以实践“数字孪生”理念为指引,深度融合应用互联网、云计算、大数据技术，从基础设施智能化、物联网平台、块数据平台、多场景智能应用等各领域，实现物理空间与虚拟数字空间的交互映射、融合共生，正逐步建立起国际领先的具有中国特色的智慧生态示范园区。

当前，数字孪生技术在电力领域的应用尚不太多，因制约其发展的因素来自很多方面，还无法大规模普及和使用，但显而易见，数字孪生技术可以为能源互联带来无限可能。随着其他相关技术的协同发展，PSDT 终将带给电力系统和人们更多的便利。本章将以上海浦东新区的数字孪生变电站、智能电厂和智慧能源系统为例对 PSDT 的工程应用进行简单介绍。

7.1.1　国家电网上海浦东供电公司数字孪生建设实践

当前，全球进入数字经济时代。习近平总书记对“加快建设数字中国”“加快新型基础设施建设”等工作作出重大战略部署。2020 年 4 月，国家发展改革委和中央网信办联合印发《关于推进“上云用数赋智”行动 培育新经济发展实施方案》，将数字孪生等多项技术视作数字化转型的“共性技术”和“关键技术”，要求“引导各方参与提出数字孪生的解决方案”，这标志着数字孪生技术正式上升为国家科技战略。同月，上海市出台《上海市推进新型基础设施建设行动方案（2020—2022 年）》，形成了上海版“新基建 35 条”，明确提出了“数字孪生城市”的概念，指出要探索数字化模拟城市全要素生态资源。同年 6 月，中国（上海）自由贸易试验区临港新片区管委会发布了《中国（上海）自由贸易试验区临港新片区国土空间总体规划（2019—2035 年）》，提出了要在临港“打造智慧互联、协同共享的数字孪生城市”。

国家电网上海市电力公司浦东供电公司（以下简称浦东公司）把握能源革命与数字革命深度融合的历史机遇，主动跨前一步，选取张江-临港南北科创带建设以及进博会保电工作等重要领域试点建设数字孪生系统。2019 年，浦东公司结合张江科学城电力物联网示范区建设，以 35 千伏蔡伦站为试点搭建前端感知网络，涵盖主变压器、开关柜、小电阻、电容器、蓄电池、站内电缆 6 大类设备共计 25 类感知技术，对设备运行状态以及环境运维情况开展全面、准确、及时的状态感知，在此基础上建成了国内首个“会思考”的电网设备数字孪生系统，利用高密度实时感知数据和设备全息三维模型建立实体设备在虚拟空间内的数字映射，将实体变电站运行的动态信息融入三维变电站模型中，使得变电站内的设备的外部和内部结构都清晰可见，并能够实时掌握设备状态、关键状态量、遥信、遥测数据以及环境数据等重要信息，同时提供设备远程运维、设备异常趋势预警、检修策略精准决策、设备缺陷精确处置等智慧决策支撑。

利用数字孪生系统，浦东公司开展如下探索实践。

(1) 全时段、全维度、高密度采集数据,实现设备状态"个性化"定制检修。

大多数传统变电站需要工作人员定期开展巡检以获取设备状态数据,受限于数据采集密度,运检人员难以及时掌握设备健康变化趋势,执行状态检修时也只能在基准周期基础上进行较为保守的调整。而通过在蔡伦站内的设备上安装大大小小、形状各异的"神经元"传感器,能够全时段、全维度、高密度采集设备运行数据;同时利用环形验证、专家系统、人工智能分析等核心技术,结合实时感知数据,遥信、遥测数据,同型号设备停电试验数据等进行研判分析,可在线诊断设备健康状态与异常发展趋势。当感知到设备出现异常情况时,系统对巡检机器人发出复测指令,并缩短传感器的采样周期,实现双向互动、循环复诊。另外,系统能够综合考虑设备状态评价结果、状态检修相关规程、电网检修三同步原则等多种因素,"对症下药"输出差异化、精细化的检修策略,由"预防性检修"转向"预测性检修",促进设备全寿命周期的精益管理和技改大修投资的精准高效,同时有效前移设备安全预警防线,降低隐患在网运行时长,提高设备使用价值,延长设备使用寿命。

(2) "以机代人"监测设备状况,降低一线运维人力成本。

数字孪生系统利用智能传感器、图像识别、机器人等技术,形成了以机器为主、人工为辅的运检模式,"以机代人"开展巡视检测,可提升运维效率和质量,有效降低运维成本。在开发数字孪生系统的同时,浦东公司还自主研发了现场试验辅助决策终端——"掌上专家",作为数字孪生前端感知网络的延伸。以往每逢设备检修,工作人员需要携带大量检修、试验报告及缺陷记录等历史资料去现场。"掌上专家"结合"四合一"(绝缘电阻、介质损耗、直流电阻、有载开关特性)试验设备可以在线调阅规程和报告,一次接线完成所有试验,并自动生成试验报告,实现"数据一个源"。移动作业终端还可以从数字孪生系统中获得专家知识库的支撑,帮助现场人员做判断。有了这套装置,可实现现场作业时间减少一半,作业人员减少三分之一,解放了班组生产力,实现了班组减负。随着数字孪生技术的不断深化应用,下一阶段,浦东公司将实现移动作业终端与数字孪生系统的数据互通,通过具有思考和交互功能的数字智慧镜像,实时诊断、分析并上报设备的健康状态以及异常发展趋势。

(3) 深化数字孪生系统开发应用,推动构建数字孪生能源互联网。

浦东公司持续推广数字孪生系统的使用覆盖面,临港新片区 110 千伏博艺站率先实现数字孪生变电站与实体变电站同步交付;按照"世界会客厅"的保电标准,对进博会保电重要用户的上级变电站完成数字化改造;在迎峰度夏期间,利用数字孪生系统为重过载主变压器健康诊断决策提供重要参考,确保主变压器在高温期间的平稳运行。目前,浦东公司正在完善数字孪生技术标准,优化数据模型和算法,分层分区、有序推广数字孪生系统至全区域、全类型电网设备,并以张江-临港南北科创带为试点,打造数字孪生能源互联网,实现各类电力能源设施的全要素数字化再现，同时贯彻设备全生命周期管理理念，实行由规划设计、工程建设、运维管理到客户服务的全过程智能化管理，推动从设备预防性被动维护向预测性主动维护、数字孪生变电站向智慧变电站、瓦特网向比特网的提升转变，进而降低试错成本，提升创新效率。

(4) 构建数字孪生能源生态圈，助力数字孪生城市建设。

数字孪生是工业互联网的核心技术，与未来智能制造相关，能够助推城市智能化，是实现城市精细化管理的必由之路。浦东公司以数字孪生为抓手，联合设备制造商、科研机构、互联网企业、重要电力用户等产、学、研、用主体，共同签署数字孪生战略合作协议，积极构建共生、共享、共治、共赢的数字孪生能源生态圈，先试先行打造数字孪生能源生态，推动跨设备、跨系统、跨产业的互联互通，促进资源和服务在更大范围以更高效率更加精准地优化配置，为助力数字孪生城市建设按下“快进键”。针对上游设备制造企业，浦东公司基于数字孪生系统提供设备运行数据和技术咨询等服务，为设备改进提供依据，加速推动“中国制造 2025”目标的实现；针对重要用户高可靠性、高智能化用电的需求，提供数字孪生定制软件产品及配套方案，大幅提升用户对自身设备健康状况的把控能力及管理水平；针对城市运行管理，浦东公司主动对接浦东城运中心，打造基于“城市神经元”和“能源神经元”的感知系统，动态监测分析能源运行态势，为城市智慧化管理提供高效、智能的能源引擎。

7.1.2 智能电厂

智能电厂的概念在被提出的时候还没有具体的项目支撑，只是对未来发展前景的一种向往和要求。近年来，不少学者深入开展了有关研究，也有不少发电企业进行了具体实践探索，虽然目前还没有真正意义上的智能电厂具体落地，但也逐渐丰富和完善了智能电厂的内涵，行业共识的智能电厂建设目标已初步形成。

从目前关于智能电厂的研究以及实施推进情况来看，虽然研究者在智能电厂的定义描述上有所不同，体系架构方面也存在一些不同的理论、想法，在实现方式上更是各有区别，但对智能电厂的核心要求已经有了初步的共识，那就是通过智能化改造，以自动化、数字化、信息化为基础，综合应用互联网、大数据资源，充分发挥智能化系统强大的分析处理能力，规范生产管理流程，提升生产管理水平，把握生产管理趋势，形成一系列智能化的生产管理模式，提高能源利用效率，推动节能减排。智能电厂完全符合电厂自动化的发展趋势，从最近几十年电厂自动化技术的发展历史来看，电厂自动化经历了从常规仪表控制、分布式控制系统控制，再到厂级监视信息系统控制的过程，随着计算机技术的不断进步，又出现了就地控制电厂、自动化电厂、数字化电厂等，电厂的生产力水平逐步提升[1]。进入数字化时代，“互联网＋”、大数据以及人工智能等新的信息技术将进一步提升电厂的自动化水平，推进电厂向智能化迈进，以实现“本质安全、高效清洁、人机协同、智慧决策”的电厂价值目标。综上，智能电厂就是一个全面、整体、多维度的生产经营管理系统。结合管理学理论，可以将智能电厂按照智能设备层、智能控制层、智能监管层以及智能决策层这 4 个层次进行划分。智能设备层和智能控制层着重执行，具备全面感知和协同优化特性；智能监管层和智能决策层着重管理，具备预测预警和科学决策特性，智能电厂的具体层次架构与对应特性如图 7－1 所示。

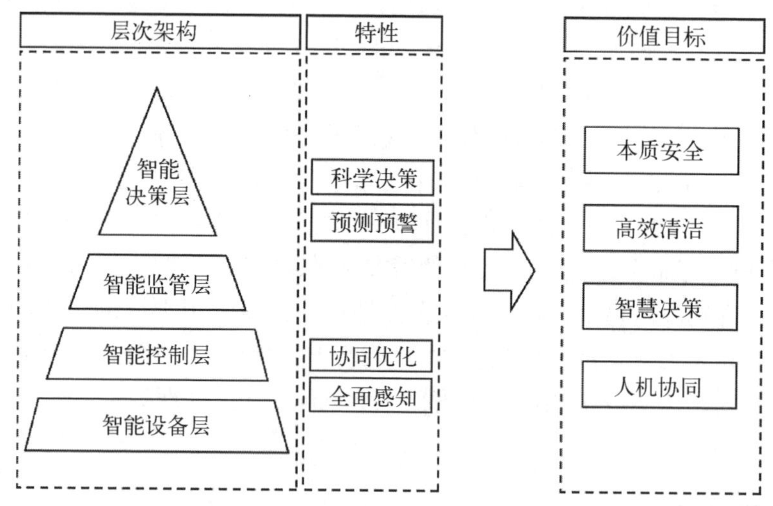

图 7－1　智能电厂的层次架构和特性

总体来说，智能电厂就是在数字化电厂的基础上，利用新一代信息技术、人工智能技术、检测和控制技术加深信息化和智能化的融合，建设能清楚掌握生产经营流程，科学制订生产经营计划，生产经营过程可控，人工干预减少的智能化新型电厂。

1）数字孪生技术的应用

企业可通过建立数字孪生体进行系统模拟仿真和预警，可以减少非故障停车时间，同时也能不断降低员工的工作强度[2]。智能电厂完全可以应用数字孪生技术提升电厂的智能化水平，从而达到减人增效、节能减排的目的。电厂作为技术密集型、高自动化的现代生产企业，在应用数字孪生技术方面有很好的基础，从数字孪生的内涵和分布式控制系统（distributed control system，DCS）的体系结构来看，局部生产过程通过 DCS 实现也算是一种低级别的数字孪生技术。DCS 通过 I/O 输入模块，采集来自物理现场的信号，并且在 DCS 中进行生产过程的建模，根据物理模型的控制要求，针对采集的信号得出相应的控制参数，最后通过 I/O 输出模块对现场进行执行控制。该生产过程如图 7－2 所示。

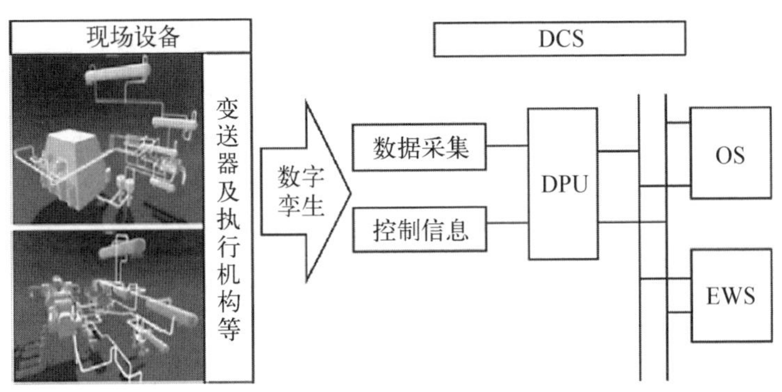

图 7-2 局部生产过程

对于整体的智能电厂而言,随着信息技术的发展,现场的模型也不再局限于生产过程的控制内容,还涉及更多的管理优化内容,因此该数字孪生系统将进一步扩大,通过数据桥梁连通虚拟电厂和物理电厂。物理电厂的内容不但包括设备、环境等资源,还包括人的行为和相应的业务标准等,因此在数据虚拟电厂环境中不但要实现设备的监测、预警、诊断、试验,优化其运行状态,更要结合虚拟环境的人、机、物、法、环进行整体多维度分析,对于设备、运行、安全等各种管理工作自动提出决策,并实现管理控制,全面提升电厂的智能化水平。智能电厂数字孪生系统如图 7-3 所示。

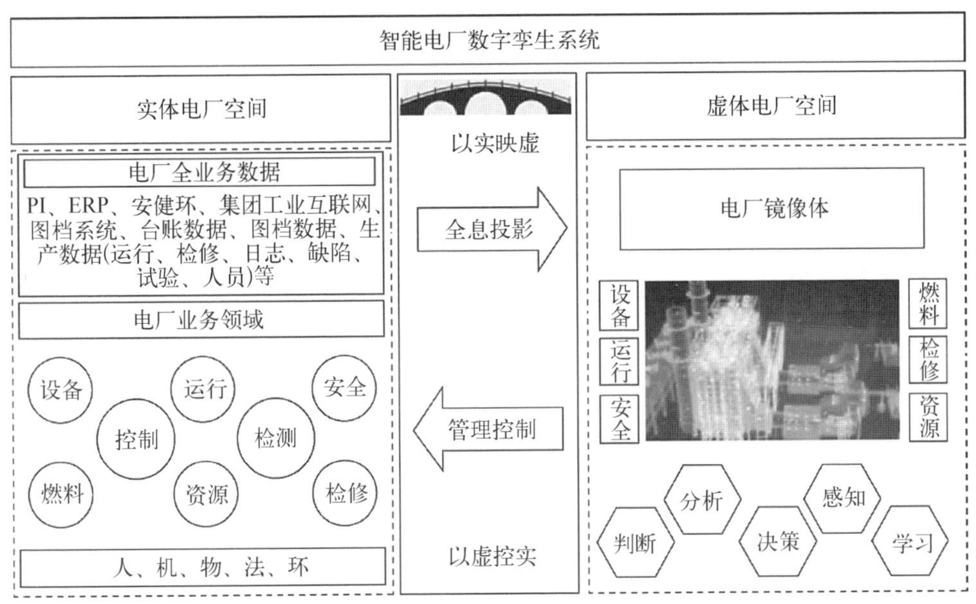

图 7-3 智能电厂数字孪生系统

2) 体系架构及系统部署

综合参考智能电厂的内涵和智能电厂的数字孪生应用,从智能电厂的核心能力要求出发，结合具体的信息系统层次结构和国内电厂组织结构划分，基于数字孪生理论，利用电厂生产运行数据进行相关模型构建和应用，可以在智能设备层、智能控制层、智能监管层和智能决策层这 4 层架构上进一步完善智能电厂的体系架构模型，同时针对电厂的具体智能化要求部署相应的业务应用模块。

（1）核心能力。

智能电厂的核心能力就是智能化。智能化有两方面的含义，一方面是采用人工智能的理论、方法和技术处理信息与问题，另一方面是使之具有“拟人智能”的特性或功能，例如自主性、主动性、敏感性、机动性，即具有泛在感知、自诊断、自校正、自修复、自寻优、自协调、自组织、自学习等能力。

其中，智能设备层将突破传统仪表和控制装置，能够全面采集现场信息，并对采集的信息进行诊断。

智能控制层将突破传统的 DCS，具备各种复杂计算和修正误差的数据处理能力。

智能监管层将突破传统的安全仪表系统（safety instrumented system，SIS），具有设备运行状态的多维度分析能力，能灵活改变和扩展功能。

智能决策层具有学习能力和自适应能力，即通过与环境的相互作用，不断学习、积累知识，使自己能够适应环境变化。

（2）体系架构。

要实现智能电厂的核心能力，需要充分应用当前的云计算、大数据、物联网、移动应用等先进信息技术。在发电厂控制系统、厂级监控系统、管理信息系统、辅助监控系统等基础上，进行数字孪生建模、信息物理融合、交互与协同，促进数字孪生技术的落地应用，必须抓住数字孪生技术的数据和模型这两个核心，以工业互联网平台、管理云平台和电厂信息监控系统（supervisory information system，SIS）数据库为支撑，在智能设备层、智能控制层、智能监管层和智能决策层构建符合智能电厂要求的模型，通过智能电厂生产与管理系统，实现发电过程的全面感知、协同优化、预测预警和科学决策。智能电厂的体系架构如图 7－4 所示。

① 智能设备层。智能设备层与电厂生产经营要素紧密融合，这是物理世界与虚拟世界交互和协同的关键，也是实现数字孪生的关键。要实现全面感知，主要通过先进的测量技术，将电厂所有的设备状态、工艺参数、管理过程及环境条件转换为数字信息，并且能按照自诊断的要求对其进行相应处理和高效传输；同时也要接受智能控制层、智能监管层、智能决策层的指令，将指令准确解析并传达到相对应的电厂生产经营要素，从而实现减少人干预的闭环控制要求。

② 智能控制层。智能控制层需实现对电厂各工艺过程的智能控制，要将生产工艺进行建模，重点是物理实体的行为模型和规则模型。构建生产工艺的数字孪生体，主要通过 DCS 自有的相关高级算法程序，结合边缘计算等先进信息技术，针

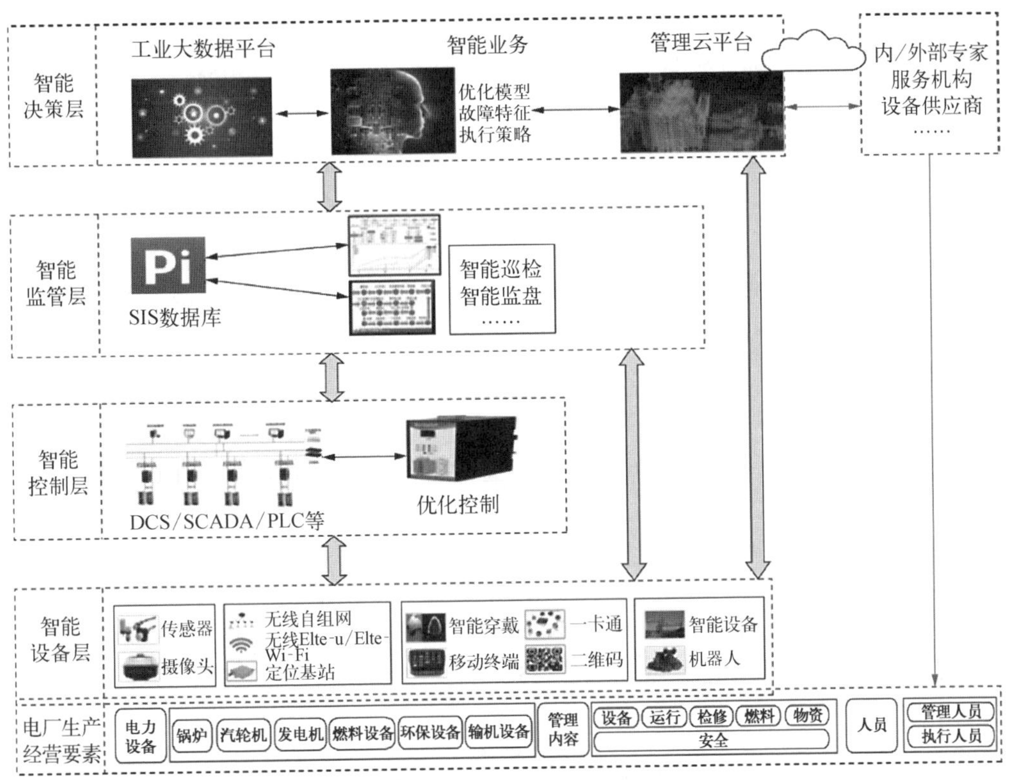

图 7-4 智能电厂的体系架构

对工艺特点，形成自适应控制、预测控制、模糊控制、神经网络控制等具体程序，并综合智能设备层采集的信息和智能监管层的指令要求进行协同优化，形成符合电厂安全、经济、环保要求的控制指令，使电厂在不同条件下运行的安全性、经济性、环保性达到最佳。

③ 智能监管层。智能监管层的重点是实现电厂设备资产的智能化管理，要在生产工艺的基础上，以厂级监控信息系统为核心，汇集、融合全厂生产过程与管理过程中的数据与信息，实现厂级能效对标与考核、运行管理、智能巡检、设备健康管理、设备远程诊断等预测预警功能，在电厂层级实现发电厂的闭环、自组织精细化管理。此时建模的重点是设备的物理模型和运行维护的规则模型，虚拟模型对应的物理实体包括设备资产本身以及维护服务行为，智能监管层接收的输入信息包括来自控制层的生产实时数据，来自智能设备层的现场实时信息以及来自智能决策层的执行策略和优化模型信息等。

④ 智能决策层。智能决策层通过对生产、运营系统提供的海量数据，开展大数据应用及相关模块的开发，促进管理数据与生产数据之间的相互融合，实现辅助决策、仓储成本分析、智能供应链支持、绩效评价等科学决策，从而提升整个企业的

精细化管理水平。智能决策层的核心是工业大数据平台和管理云平台，智能决策层加上智能监管层可将电厂现场的所有生产经营要素都进行数字化，是真正意义上的数字孪生。在这个层级，生产、运行、经营的管理行为等都形成了数字孪生体，甚至包括智能监管层的模型构建行为。

(3) 系统部署。

智能电厂基于现代先进信息技术发展而成，其核心是依托云计算、大数据、物联网等技术的进化而形成的信息系统和装备，智能电厂的体系架构落地最终还是落实到包含工业大数据平台在内的信息系统上。通过相应的现场设备改造和信息系统开发，才能真正完成智能电厂的建设，利用数字孪生技术形成智能电厂生产经营模型，最终达到本质安全、高效清洁、人机协同、智慧决策的目标。智能电厂的系统部署以集团级数据中心(工业大数据平台、管理云平台)和厂级数据中心(SIS 数据库)为核心，按照智能设备层、智能控制层、智能监管层、智能决策层，并根据电厂实际情况进行优化调整。智能电厂的系统部署如图 7-5 所示。

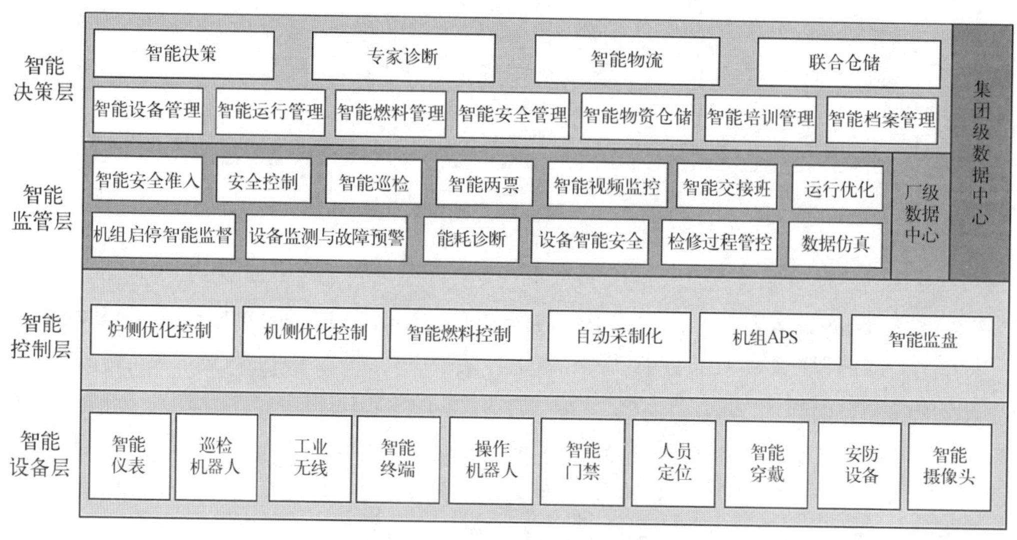

图 7-5 智能电厂的系统部署

在智能设备方面重点部署先进的监测设备，如包含入炉煤质、锅炉入炉煤粉流量、烟气含氧量等机组重要参数的高精度的软测量系统、火焰图像频谱分析系统等；可提升各层级的数据交互和融合能力的工业无线和全厂 Wi-Fi；能完成一些高劳动强度的重复操作和高风险操作的智能机器人等。

智能控制方面着重满足电厂的安全、经济、环保多目标优化控制要求，重点部署燃烧优化、环保优化、锅炉吹灰优化、制粉系统优化等节能环保优化控制算法和系统；在燃料区域结合智能设备改造，实现部分工艺过程无人值守；对部分设备利用智能监控系统实现无人值守；通过进阶生产规划及排程(advanced planning and scheduling，APS)系统实现机组级自启停。

智能监管方面着重关注生产过程和设备健康管控，可以智能化地实现预测预警，智能两票、智能安全准入系统可以强化现场维修作业的安全管理；智能巡检系统可以进一步补充、完善现场设备的健康参数；智能视频监控系统可以及时传送现场的异常情况。

智能决策方面则按照电厂管理职责的分工，利用集团数据中心，围绕设备、运行、燃料、安全、物资、培训、档案的智能化管理，开发相应的系统，建立相应的管理模型，融合生产数据和管理信息，最终实现科学决策。

7.1.3 智慧能源系统

构建智慧能源生态系统是我国能源行业的发展趋势，而融合了物联网技术、通信技术、大数据分析技术、高性能计算技术和先进仿真分析技术的数字孪生技术体系，成为解决当前智慧能源发展面临的问题的关键抓手。在现有能源系统的建模仿真和在线监测技术的基础上，数字孪生技术将进一步涵盖状态感知、边缘计算、智能互联、协议适配、智能分析等技术，为智慧能源系统提供更加丰富和真实的模型，从而全面服务于系统的运行和控制。

1) 数字孪生的架构及特点

结合数字孪生的通用架构，本部分给出了数字孪生技术应用在智慧能源系统中的架构，针对智慧能源系统的特点，该架构分为五部分(见图7-6)：物理层、数据层、机理层、表现层和交互层。数据层首先从物理层中收集大量数据，然后进行预处理并传输；机理层从数据层接收多尺度数据(包括历史数据和实时数据)，通过“数据链”输入仿真模型后进行数据整合和模拟运算；表现层获得机理层仿真的结果，以“沉浸式”方式展现给用户；交互层可以实现精准的人机交互，交互指令可以反馈至物理层对物理设备进行控制，也可以作用于机理层实现仿真模型的更新和迭代生长。相应层次的特点具体阐述如下。

(1) 物理层。进行常规的能源系统状态监测，首先在能源设备上安装传感器，然后由数据采集软件汇总，但分散的数据采集系统交互困难。物理层基于能源物联网平台，在各智能设备中应用先进传感器技术收集系统运行的多模异构数据，集成了物理感知数据、模型生成数据、虚实融合数据等海量数据；该层支持跨接口、跨协议、跨平台交互，可实现能源系统中各子系统的互联互通。

(2) 数据层。常规的能源系统状态监测只关注传感器本身的数据，而数字孪生更关注贯穿智能设备全生命周期的多维度相关数据。数据层在各智能设备本地侧对数据进行实时清洗和规范化，采用高速率、大容量、低延迟的通信线

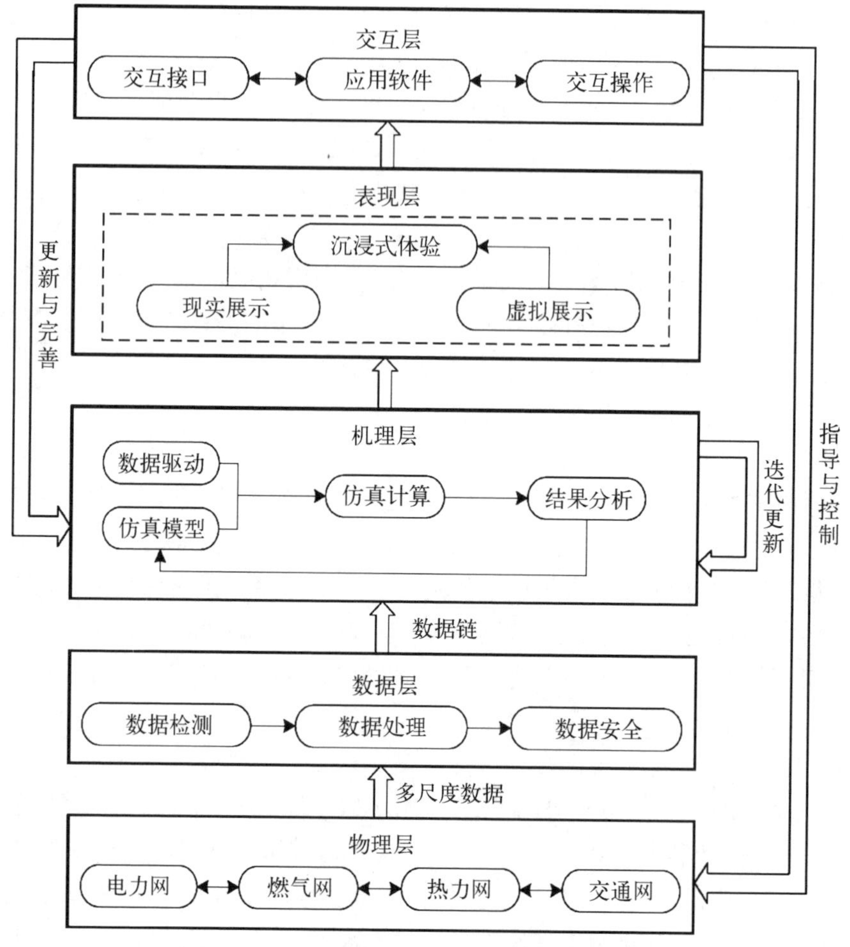

图 7-6　面向智慧能源系统的数字孪生架构

路进行数据传输；同时依托云计算和数据中心，动态地满足各种计算、存储与运行需求。

(3) 机理层。数字孪生所构建的智慧能源系统仿真模型使用了“模型驱动＋数据驱动”的混合建模技术，采用基于模型的系统工程建模方法，以“数据链”为主线，结合 AI 技术对系统模型进行迭代更新和优化，以实现真实的虚拟映射。这一模型对智能设备的选型、设计和生产制造都有指导价值，而不仅限于根据数据变化来决定能源设备是否需要检修或更换。

(4) 表现层。数字孪生技术应用虚拟现实(VR)、增强现实(AR)以及混合现实(MR)的 3R 技术，建立可视化程度极高的智慧能源系统虚拟模型，提升了可视化展示效果[3]。利用计算机生成视、听、嗅等感官信号，将现实与虚拟信息融为一体，增强用户在虚拟世界中的体验感和参与感，辅助技术人员更为直观、高效地洞悉智能设备蕴含的信息和联系。

(5) 交互层。基于数字孪生的智慧能源系统虚拟模型不再仅仅是传统的平面式展示或简单三维展示，而是实现用户与模型之间的实时深度交互。利用语音、姿态、视觉追踪等技术，建立用户与智能设备之间的通道，建立多通道交互体系来进行精准交互，以支持对电力网、燃气网、热力网、交通网、供水网等多能耦合的能源系统的高效精准控制和交互。

整体来看，数字孪生既不是对物理系统进行单纯的数值模拟仿真，也不是进行常规的状态感知，更不是仅仅进行简单的 AI、机器学习等数据分析，而是将这三方面的技术有机整合于其中。利用数字孪生技术对能源系统进行数字化建模，并在数字空间与物理空间实现信息交互，首先应用完整信息和明确机理预测未来，再发展到基于不完全信息和不确定性机理推测未来，最终实现能源系统的数字孪生体之间共享智慧、共同进化的孪生共智状态[4]。

2) 关键技术

(1) 云端-边缘端协同的数字孪生服务平台。

智慧能源系统包含了众多领域的物理设备，数据采集向多样化发展，且数据量呈指数级增长。常规的数据服务平台已无法满足对数据进行快速准确处理的要求，亟须构建云端-边缘端协同的数字孪生服务平台。边缘端需要利用智能设备进行一部分本地计算，云端则要求将各设备的数据整合后进行运算。通过建立“数据链”、通用算法库和模型库，实现多源异构数据分析任务的高效协同分工，从而为数字孪生的应用奠定基础。

① 智慧能源系统的“数据链”设计。智慧能源系统各个设备组件的设计结构、制造工艺、性能参数、运行参数等，对系统运行服务均会产生影响。基于数据采集、传输、分析和输出的全过程“数据链”设计，需要挖掘“数据链”与全生命周期过程的映射关系，通过研究“数据链”与设计云、生产云、知识云、检测云、服务云中的实体与虚体的关联关系，利用数据库和机器学习智能算法，形成全生命周期“数据链”的描述与设计方法。

② 云端和边缘端服务的通用智能算法库。建立精确、可动态拓展的云端和边缘端服务的智能算法库，可加快智慧能源系统分布式计算的速度，实现对网络、计算、存储等计算机资源的高效利用。该算法库是一个体系合理、测试完整且验证充分的智慧能源系统通用智能算法库，包括数据清洗算法子库、性能退化特征提取算法子库和状态趋势预测算法子库等。最为核心的是，基于无端-边缘端协同体系的专业算法的应用部署，可实现专业算法的实例化验证和迭代生长。

③ 智慧能源系统设备的通用精细化模型库。智慧能源系统设备的精细化模型库将有助于实现对模型的精细化和个性化建模。构建云端-边缘端的数据交互

机制，可为数字孪生模型提供所要求的数据及交互接口，实现数据的纵向贯通。应研究云端和边缘端多维数据约简合并技术，设计复杂事件处理引擎，开发能源系统模型库，实现服务的横向融合。

(2) 智慧能源系统的高效仿真与混合建模技术。

智慧能源系统由机械、电气和信息等多系统组成，需要从多物理场和多尺度的角度进行全面、综合、真实地建模和仿真。通过虚实信息的传递并加载到数字孪生模型上，构建"模型驱动＋数据驱动"的混合驱动方式，进行高逼近仿真，在虚拟环境中实现能源系统复杂工况下部件级及系统级性能的预测与分析。

① 基于多物理场和多尺度的建模与仿真技术。鉴于智慧能源系统的复杂性，技术人员不能只考虑单个物理场效应或一维尺度数据，不能忽略多物理场和多尺度之间的耦合关系。应用有限元仿真软件构建包括电、热、磁、力在内的多物理场和体现历史、实时和未来效应的多尺度的仿真模型，支持技术人员从不同的角度对智慧能源系统的仿真模型进行分析与评价。

② 基于"模型驱动＋数据驱动"的建模技术。智慧能源系统的不确定性和复杂化现象突出，而现有状态分析一般采用事先建立的简化机理模型，在实际应用中引入简化的约束，由此导致在复杂环境下无法获得满足性能要求的模型。常规的数据驱动方法不能描述客观物理规律约束，故单独运用模型驱动或数据驱动的方法均不能满足能源系统的智能化和时效性需求。基于"模型驱动＋数据驱动"的混合建模技术，通过类别均衡算法、策略网络和价值网络数据学习，克服原始数据类别不均衡和缺失的问题。基于代价敏感学习和机器学习的反演和参数识别方法，克服机理模型难以建模且忽略部分特征的缺点，运用混合建模技术的集成学习算法，提高系统运行状态评价方法的泛化能力。

(3) 数字孪生技术的信息安全防御机制。

智慧能源系统是一个由信息网络连接各子系统的复杂系统，具有高度网络依赖性。信息交流的可靠与否决定了系统能否正常运行，任何设备的安全问题都可能引发系统数据泄露。针对智慧能源系统面临的恶意解析和篡改风险，需要研究网络攻击检测与防御技术，增强智慧能源系统运行的安全性。

① 基于底层分类模块的多模型检测技术。基于智慧能源系统终端传输的多源传感信息，提升 AI 算法对量测信息攻击行为特征的挖掘能力，并强化模型的泛化能力。针对多种分类模型的底层增量式分类器库，构建分类结果集成输出模块，精准检测对数据完整性的攻击。

② 构建与数据完整性攻击相关的特征属性集。挖掘面向智慧能源系统的数字孪生模型及参数时空耦合物理特征，针对智能终端传输的包含多源异构信息的网络数据，研发基于 AI 的特征提取算法，动态优化选取与数据完整性攻击相关的

最优特征属性集，进而提取其深层次模型特征。

③ 建立安全风险评估准入机制。基于AI、统计学和信息论的方法，建立安全风险评估准入机制。对接入智慧能源系统的各子系统进行大数据分析，对各子系统的信息安全进行风险量化。当子系统的风险数值高于某个设定的阈值时，限制该子系统的准入，从而实现基于安全风险评估的访问控制。

(4) "沉浸式"智慧能源系统可视化和交互技术。

有别于常规数学仿真模型，数字孪生模型强调虚实之间的交互，能实时更新与动态演化，从而实现对物理世界的动态真实映射。"沉浸式"可视化技术，可以帮助用户更清晰、更透彻、更丰富地认识世界，该技术分为算法可视化和模型可视化。

① 智慧能源系统算法应用结果的可视化技术。数据孪生模型的可视化技术既包括典型的可视化技术，如图形化展示、查询、参数更新接口等，也包括图形化展示组件属性数据、状态数据、预测与评估数据的可视化。通过组件属性和组件间关联的图形界面与组件模型接口进行可视化和交互。

② 基于3R技术的人机交互技术。常规仿真模型的展现方式偏向于平面式的展示，局限于通过大量的图表来向用户展现物理实体的状态。基于3R交互技术，运用可视化展示组件，可模拟三维虚拟空间，将智慧能源系统中的物理设备以近乎真实的状态展现在用户面前。通过对虚拟体的操作与控制，间接实现对物理实体、信息网络、仿真模型的操作与控制，极大扩展用户的感官体验，获得系统运行的真实反馈。

(5) 可扩展数字孪生技术的应用新模式。

数字孪生交互技术的实现，提升了人机之间的交互能力。该技术可以结合虚拟体的仿真结果，为物理实体增加或扩展新的能力，实现对设计端和运维端的反馈与控制，最终完成对设备物理实体和虚拟仿真体的精确描述与行为预测；并在此基础上可以提供一系列数字孪生技术的应用新模式。

① 基于数字孪生的智慧能源系统运维新模式。在可扩展的"虚实同步"智慧能源系统运维服务平台的基础上，梳理典型智慧能源系统全生命周期运维需求；针对个性化需求，研发定制化运维服务的移动应用程序(APP)，形成多种远程运维新模式。例如，针对智慧能源系统中的新产品研发周期长、试验费用高的问题，研发远程虚拟仿真试验技术，探索试验检测服务新模式。

② 面向智慧能源系统应用的APP。智慧能源系统具有多领域、多层次、多单元的多维异构特点，深度交互式的APP应用能提高智慧能源系统设备的管理和优化控制能力。

③ 智慧能源系统设备管理APP。智慧能源系统设备管理APP包括设备设置、地图、数据管理、维保管理等模块，具有设备的注册、参数配置，设备定位、设备

状态展示,设备历史数据查询、警报查询,设备维保历史记录、维保单分派、服务质量管理,系统报警设定、系统日志等功能,从而实现设备的全生命周期管理。

④ 智慧能源系统设备优化控制 APP。设备优化控制 APP 包括设备数据源模块、设备资产分析模块、状态检修智能辅助决策模块、设备状态评估模块和控制指令下发模块。APP 根据能源设备的负荷情况进行实时控制,实现智能增效,提高设备利用率和系统稳定性;同时以能源设备为对象,使用集群管理来提供寿命健康预测、故障预测和诊断等增值服务。

3) CloudIEPS 平台

CloudIEPS(Cloud-based Integrated Energy Planning Studio)是一款面向综合能源系统规划的基于数字孪生技术的云平台,采用多能源网络能量流计算和优化内核支撑综合能源系统的规划设计。其用户可根据需求灵活地调整系统能量的梯级利用形式,从而实现综合能源系统的可视化建模、智能化设备配置、全生命周期运行优化和综合效益评价,辅助用户实现综合能源系统方案的规划设计。

CloudIEPS 包含四大模块,分别是数据管理模块、拓扑编辑模块、集成优化模块和方案评估模块,通过流程化设计引导用户快捷操作,各模块相互配合协作,共同完成综合能源系统的规划设计。四大模块的主要功能如下。

数据管理模块:对优化计算、效益评估所需的基础数据进行统一管理,管理对象主要包含了气象数据、负荷数据、能源信息数据和待选设备信息数据。

拓扑编辑模块:用户利用该模块对综合能源系统的拓扑结构(即能量梯级利用的形式)进行设计,包括确定要用哪些种类的设备、设备间的连接方式、设备型号和容量是否限定、设备的容量范围、设备的运行条件、设备或负荷供用能的计价方式等。

集成优化模块:根据用户设置的基础数据和信息,通过优化求解器生成一定数量的满足约束条件的待选方案,各方案按照用户设置的经济性、环保性和能效水平的权重系数进行整体评价并按顺序排列在方案列表中,用户可以查看每种方案对应的详细配置情况,包括各种设备的选型方案及典型运行方式。

方案评估模块:用户根据情况选择集成优化模块中的特定方案后,可以进入方案评估模块对方案进行更详细的评估。这主要体现在财务评价上,用户还需要输入一些金融参数,诸如贷款利率、税率等信息后获得详细的经济性报表。由于不同的方案对应的基础财务评价参数不同(如土石方工程用量、控制系统工程、项目管理费用等),因此一般情况下用户需要对集成优化模块中生成的多个方案分别进行评价,最后选择效益最优的方案。在该模块中用户也可以查看更为详细的环保性和能效水平评价结果。各模块的使用逻辑如图 7-7 所示。

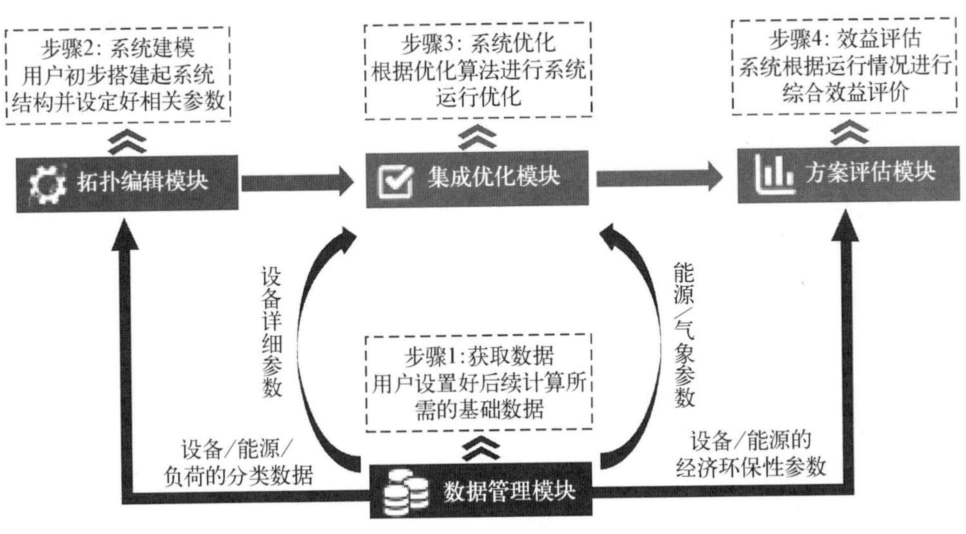

图 7-7 CloudIEPS 的功能模块

7.2 未来趋势

据预测，到 2022 年末，85%的能源互联网平台将使用数字孪生技术进行实时态势感知，并且个别城市将率先利用数字孪生技术进行全面化的管理。数字孪生技术需要进行全域感知、运行监测，并整合历史积累数据进行运算，还要做到快速、及时地输出信息。这首先需要高度依赖传感器所采集的数据和信息，然而在数据的感知方面，就目前的技术水平而言，电厂要实现精确的机器全域感知依然有难度。物理实体的数据不够详尽，因此数字副本也会有所缺失，这就会导致数字副本得出的预测和判断有误差，解决这个问题依赖于芯片、传感器、物联网等技术的进步。其次，软件上需要更加先进的算法并整合各类不同的软件技术。例如利用人工智能、边缘计算等技术，对数据进行更加快速的分析处理，进行可视化呈现。本节将在上一节的基础上结合未来的系统发展水平对 PSDT 在运维管理、策略部署、变电设备、电网运行及综合能源系统中的未来发展趋势进行阐述。

1) 运维管理

电力物联网是指电力系统各个环节达到万物互联、人机交互，实现人与人、人与物、物与物之间的实时交互及高效协同。而数字孪生在数字空间构建了一套表征对象在设计、研发、运行、迭代过程中的虚拟体，犹如物联网中各种实体对象的“基因”，是实现人机协同的重要桥梁，可以说是电力物联网和电力数字化转型升级的底层逻辑。同时，数字孪生技术也将对电力系统的结构、运行逻辑、交易方式、商业模式、技术体系与管理机制等方面带来重要影响。在电力物联网建设的具体场景中，数字孪生技术可应用于支撑虚拟现实下电网的智能规划及优化设计、精准电网故障模拟云测仿真、虚拟电厂、智能设备监控、电力机房调控、变电站设备监控等业务。以数字孪生电力机房应用为例，当前的巡检以人工巡检为主，实时性差，效率较低。在数字孪生技术的支撑下，把人工智能、物联网和三维可视化等技术应用到机房的环境监测和调控中，构建起机房生产运行虚拟环境，可以实时监控机房温度等环境因素。一旦发生预警，系统将及时自动调节，当故障恢复后，机房服务器设备及环境控制设备自动启动，并将环境因素调节至理想状态，保障电力机房安全稳定运行。目前，国网信息通信产业集团有限公司正依托人工智能、物联网、云计算等方面的技术优势，形成多个数字孪生科研项目储备。其中，“基于数字孪生模型的机房运行环境监测及一站式调控的关键技术研究与应用”项目即将实现试点应用。未来，国家电网有限公司经营区域内分布广泛、数量众多的电力机房和变电站都将成为数字孪生节点部署的最佳选择。

2）策略部署

随着云计算、大数据、物联网、AI、区块链等为代表的新一代数字技术的快速发展与应用，数字孪生技术在电力行业的应用有广阔的发展前景，可根据系统的运行需求，研发数字孪生 APP。数字孪生 APP 将为我国能源领域的转型升级提供坚实灵活的应用技术支撑。该应用率先支持常用部署配置，可按照浏览器/服务器(B/S)或客户端/服务器(C/S)架构进行部署，支持手机、平板电脑、个人计算机等访问终端。如果该应用部署于云平台，可实现多人同时访问、协同作业和远程专家指导等服务。通过服务和模式创新，显著提升智慧能源生态系统的工作效率，降低能源产销成本，实现电力系统规划、运行和控制方面的提质增效。

3）变电设备

大型泵站设备用于抽提水资源，是一个融合电气、信息和控制的综合系统，涉及的子系统包括变电系统、水泵系统、监控系统等。基于数字孪生的泵站设备运行平台，采用数字孪生的“数据链”技术，建立多种部件耦合的多物理场、多尺度数字孪生仿真模型；利用数字孪生泵站可视化管理系统，实现虚拟环境中的仿真与现实的运维无缝衔接，提高企业管理与运维的透明化程度。以变电设备为例（见图 7－8），构建电、磁、热耦合的多物理场和考虑多时间尺度的数字孪生仿真模型，为大型泵站的设备选型和系统运行提供精细化模型。

4）电网运行

数字孪生电网首先对电力网络中的智能设备进行数据采集，随后建立电网的数字孪生模型，实现对电网运行状态的实时感知，进而对电网的健康状态进行评估和预测（如异常检测、薄弱环节分析、灾害预警等）。上海交通大学研究团队通过将

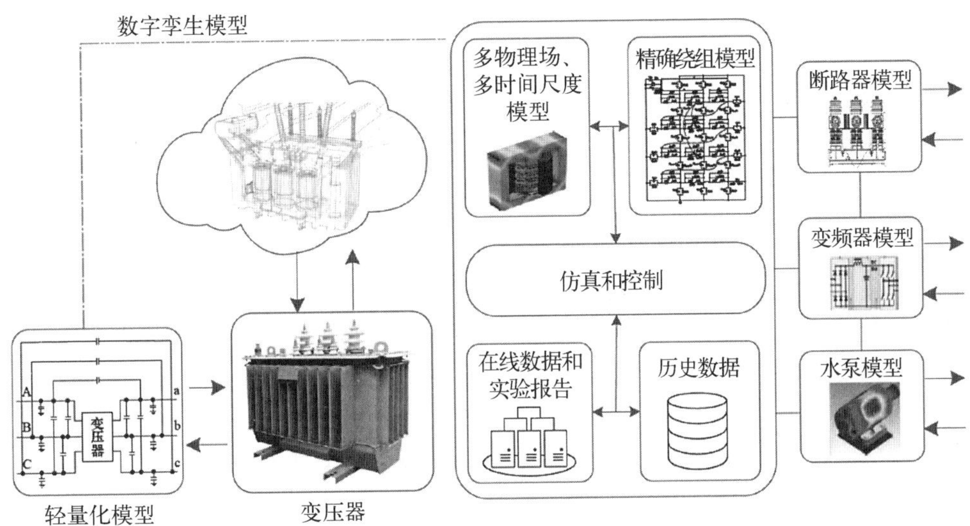

图 7－8　变电设备的数字孪生模型

潮流方程(有导纳信息)和数据驱动(无导纳信息)两种驱动模式进行对比,分析验证了数字孪生电网的可行性,证明了当机理模型存在不足时,数据驱动模式仍能得到满足实际运行需求的结果,此外,对数字孪生电网的可行性开展了有益探索。

5) 综合能源系统

综合能源系统的概念最早起源于热电协同运行领域,目前已发展为整合一定区域内多种能源的一体化能源系统[5]。安世亚太数字孪生体实验室构建了热电厂的数字孪生应用案例,相应模型能准确预测热电厂的运行性能;其基于系统约束解决管理故障和系统瓶颈问题,为日常维修或更换提供前瞻性指导,对停机后的工作优先顺序进行评估。该案例以评估冷凝器内结构的影响为例,判断积垢对主冷凝器背压有负面影响的概率,为相关设备的设计与运维提供了有效参考。清华大学研究团队借助数字孪生 CloudIEPS 平台,建立了包含电负荷、冷负荷、热负荷、燃气发电机、吸收式制冷机、燃气锅炉、光伏、蓄电池、蓄冰空调系统等设备在内的数字孪生综合能源系统模型[6],利用该模型对系统内各装置的容量进行优化可降低系统运行成本。

总之,数字孪生综合能源系统通过工业互联网实现能源系统源、网、荷各环节设备要素的连接,采用多物理场、多尺度建模仿真和工业大数据方法构建能源系统的数字孪生模型,进而基于数字孪生模型进行能源系统的状态监测、故障诊断、运行优化,实现综合能源系统的“共智”。

在能源转型和“互联网＋”的大背景下,应打破各能源行业的政策壁垒,贯通各能源系统的物理连接和交互,建立多种能源优化协调的智慧能源系统。数字孪生技术首先需要构建具有端和云双向数据、信息交互的闭环反馈和优化、决策的支撑平台。该平台是数字孪生技术在智慧能源系统应用的核心环节，有助于解决智慧能源系统发展所面临的技术壁垒和市场壁垒问题，是实现服务的持续创新、需求的即时响应和产业升级优化的有益探索。基于以上背景和思考，下文从技术发展、应用生态和标准建立三方面出发，对数字孪生技术在智慧能源行业的发展提出应用建议。

(1) 建设技术资源共享平台，联合攻坚技术发展难题。

智慧能源行业的各参与方(如企业、高等院校和科研院所等)，不仅需要加快开展面向智慧能源系统的数字孪生技术的体系架构与支撑平台的关键技术研发，还需要加强各方之间的交流合作。建设技术资源共享平台，发挥研究实力较强单位的带头引领作用，分享数字孪生技术应用发展过程中的突破性进展和发展瓶颈判断；加强高等院校和企业之间的合作，联合攻克数字孪生技术实施过程中的关键性技术要素和难点。

(2) 融合能源生态圈各领域学科特色，构建数字孪生综合应用系统。

为了更好地推进数字孪生技术在能源行业全生命周期中的应用，应加快能源行业的价值创造、信息增值、业务革新与效益挖掘。组织智慧能源生态圈中各领域的力量，结合智慧能源系统多学科融合交叉的特点，研发综合不同领域的、具有较强普适性的数字孪生综合应用系统，包括“数据链”设计技术、数字孪生建模技术和动态交互技术等。以先建立前期试点工程，再逐步推进至整个智慧能源行业的方式，减少各领域之间的壁垒，发挥数字孪生技术在构建数字孪生智慧能源生态中的综合效应。

(3) 促进数字孪生技术标准的建设。

数字孪生技术标准建设正处于起步阶段，已有国际标准组织发起了数字孪生标准编制工作。我国的数字孪生技术标准制定尚处于初级阶段，缺乏数字孪生相关术语和适用准则等标准参考，影响了数字孪生技术在智慧能源领域的落地应用，亟须开展数字孪生技术相关标准的制定工作。同时，教育和科研机构也应尽快制定相关人才培养方案，鼓励相关资源向智慧能源行业的数字孪生技术方向倾斜，增强技术推广过程中的应用型人才培育；以全球视野和格局进行人才培养和技术交流，逐步缩小与发达国家的差距，为实现我国能源系统的数字化转型提供坚强的基础支撑。

参考文献

[1] 李子连.火电厂自动化与仪器仪表发展综述[J].中国仪器仪表，2006(11)：25-31.

[2] 任川，陈磊.建立在智能工厂基础上的企业数字孪生体[J].中国石油和化工标准与质量，2018，38(21)：127-128.

[3] Rebenitsch L, Owen C. Review on cybersickness in applications and visual displays[M]. Virtual Reality, 2016, 20(2): 101 - 125.
[4] 安世亚太科技股份有限公司数字孪生体实验室.数字孪生体技术白皮书(2019)[R].北京:安世亚太科技股份有限公司数字孪生体实验室,2019.
[5] 余晓丹,徐宪东,陈硕翼,等.综合能源系统与能源互联网简述[J].电工技术学报,2016,31(1): 1 - 13.
[6] 沈沉,贾孟硕,陈颖,等.能源互联网数字孪生及其应用[J].全球能源互联网,2020(1): 1 - 13.

索　　引